Analysis 2

Ein Lehr- und Arbeitsbuch

von
Karl-August Keil
Johannes Kratz
Hans Müller
Karl Wörle

D1639896

Bayerischer Schulbuch-Verlag · München

bsv mathematik

Bearbeitet von

Professor Dr. Friedrich L. Bauer
Oberstudienrat Walter Czech
Studiendirektor Dr. Helmut Dittmann
Lehrer Werner Fahmüller
Professor Dr. Manfred Feilmeier
Studiendirektor Rainer Feuerlein
Oberstudienrat Jürgen Feuerpfeil
Oberstudienrat Klaus Flensberg
Studiendirektor Dr. Franz Heigl
Studiendirektor Hans Honsberg
Oberstudiendirektor Franz Jehle
Studiendirektor Dr. Karl-August Keil
Studiendirektor Johannes Kratz
Studiendirektor Paul Mühlbauer
Studiendirektor Hans Müller
Oberstudienrat Hans Schmitt
Oberstudienrat Horst Sedlmaier
Privatdozent Dr. Klaus Spremann
Studiendirektor Dr. Helmut Titze
Studiendirektor Helmut Volpert
Professor Dr. Hansjörg Wacker
Oberstudienrat Harald Walter
Studiendirektor Karl Weinhart
Studiendirektor Karl Wörle
Studiendirektor Peter Wohlfarth
Diplom-Physikerin Ilse Zeising
Oberstudiendirektor Herbert Zeitler

und anderen

1976
© Bayerischer Schulbuch-Verlag
München 19, Hubertusstraße 4
Einband: Philipp Luidl, München
Satz: Fotosatz Tutte, Salzweg/Passau
Druck: Sellier GmbH, Freising
ISBN 3-7627-3213-2

2345·7 987

Inhalt

Übersicht der Themen in

Ergänzungen und Ausblicke

Kennzeichnung der Aufgaben

● Diese Aufgaben bilden das Grundgerüst. Ihre Behandlung ist für das Verständnis und die Festigung des Lehrgutes notwendig.

● Aufgaben zur Vertiefung und Weiterführung. Aus ihnen sollte in Anpassung an die zur Verfügung stehende Zeit eine angemessene Auswahl getroffen werden.

● Diese Aufgaben bieten zusätzlichen Stoff oder stellen höhere Anforderungen. Sie können ohne Schaden für den Gesamtlehrgang übergangen werden.

Einsatzpunkte für **bsv** Lehrprogramme

Parallelprogramme

Zu Abschnitt: 10.	Hofmann	Die Umkehrfunktion
12.	Hofmann	Die rationalen Funktionen
12./16. u. a.	Loy	Technik des Integrierens
11.	Röttel	Der Logarithmus — Einführung
11.	Röttel	Der Logarithmus — Anwendungen

Programme zur Wiederholung und Ergänzung

Freyberger	Geometrische Folgen und Reihen
Hofmann	Der Absolutbetrag in Gleichungen und Ungleichungen
Keil/Keil	Wiederholung der Algebra I
Keil/Keil	Wiederholung der Algebra II
Roth/Stingl	Vollständige Induktion
Steidle	Wurzelgleichungen
Walther	Grenzwerte
Wiedling	Wirtschaftsmathematik
Hofmann	Vom Denken in Zinseszinsen

7. EINFÜHRUNG IN DEN INTEGRALBEGRIFF

7.1. Das Problem der Inhaltsmessung

Die vorausgegangenen Abschnitte im 1. Teil der Analysis haben uns mit den Grundlagen der Differentialrechnung, mit der Technik des Differenzierens sowie mit ersten Anwendungen vertraut gemacht. Dabei zeigte sich bereits deutlich, wie vielfältig die Aufgaben und Problemstellungen sein können, die sich mit den Methoden der Differentialrechnung bewältigen lassen.

Wir wollen uns nun einem weiteren Teilgebiet der Analysis zuwenden, dessen Rüstzeug neue Anwendungsmöglichkeiten eröffnet. Wir haben darauf schon zu Beginn der Einführung in die Analysis unter der Überschrift „Maßprobleme" (siehe 1.1.3.) kurz hingewiesen. Die dort am Beispiel der Funktion f: $x \mapsto x^2$ angeschnittene Frage nach dem Inhalt der Fläche zwischen Funktionsgraph, x-Achse und zwei Parallelen zur y-Achse soll nun den Ausgangspunkt für einen weiteren Grenzwertprozeß bilden. Wir kommen dabei zunächst sogar ohne Kenntnisse aus der Differentialrechnung aus. Sie werden erst wieder in Abschnitt 8.2. benötigt.

Die Frage nach dem Inhalt krummlinig begrenzter ebener Flächen[1] hat uns schon bei der Kreismessung im Geometrieunterricht der Mittelstufe beschäftigt[2]. Dort mußte der Begriff „Flächeninhalt", der zunächst nur für Vielecke einen wohldefinierten Sinn hatte, durch eine geeignete Meßvorschrift so erweitert werden, daß er auch auf Kreisflächen anwendbar ist. Das hier aufgeworfene Flächeninhaltsproblem geht jedoch noch weit darüber hinaus. Wir müssen also in einer möglichst umfassenden Weise definieren, was unter dem Flächeninhalt zu verstehen ist, den der Graph einer Funktion mit der x-Achse in einem beschränkten Intervall einschließt. Eine solche Definition kann natürlich nicht willkürlich formuliert werden. Sie soll ja unsere bisherigen Fälle von Inhaltsmessung mit einschließen und außerdem alle Forderungen erfüllen, die vernünftigerweise an einen Flächeninhalt gestellt werden[3]. Es fragt sich daher, wie umfassend eine solche Inhaltsdefinition überhaupt sein kann, oder mit anderen Worten, bei welchen Funktionsgraphen in sinnvoller Weise von einem Flächeninhalt zwischen Graph und x-Achse gesprochen werden kann. Wir beginnen unsere Untersuchung mit einem einfachen Beispiel.

7.1.1. Einführungsbeispiel zur Inhaltsmessung

Für die Funktion f: $x \mapsto \frac{1}{2}x^2$, $D_f = \mathbb{R}$ soll ein Verfahren entwickelt werden, das eine sinnvolle Definition und Berechnung des Flächeninhalts zwischen Funktionsgraph und x-Achse im Intervall [0; 2] ermöglicht.

Es liegt nahe, zunächst anzunehmen, daß der gesuchte Flächeninhalt, ähnlich wie beim Kreis, als Supremum der Inhalte aller einbeschriebenen Vielecke definiert werden kann. Dies ist jedoch im allgemeinen nur dann sinnvoll, wenn noch gewisse Zusatzbedingungen erfüllt sind, die auch für die Kreismessung gelten, dort aber nicht eigens erwähnt worden sind. Außerdem müssen wir das Verfahren etwas abwandeln,

---

[1] Da wir nur ebene Flächen in Betracht ziehen, werden wir künftig auf den Zusatz „eben" verzichten.
[2] Vgl. Kratz-Wörle, Geometrie 2, § 13.
[3] Vgl. Kratz, Geometrie 1, § 18.

weil es häufig – wie übrigens auch in unserem Beispiel – keine einbeschriebenen Viel-
ecke zwischen Graph und x-Achse gibt. Wir betrachten daher die Inhalte geeigneter
Rechtecke, die ganz innerhalb des zu messenden Flächenstücks liegen.
Wie Fig. 7.1a und b zeigen, kommen diese Rechtecke folgendermaßen zustande:

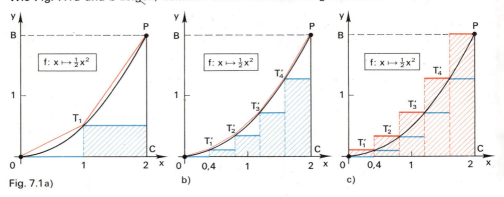

Fig. 7.1 a)   b)   c)

Zunächst wird das Intervall $J = [0; 2]$ in Teilintervalle zerlegt[1], die wir der Einfachheit
halber alle als abgeschlossene Teilintervalle betrachten wollen.

In Fig. 7.1a wird J in die Teilintervalle $[0; 1]$ und $[1; 2]$, in Fig. 7.1b in die Teilintervalle $[0; 0,4]$,
$[0,4; 0,8]$, $[0,8; 1,2]$, $[1,2; 1,6]$, $[1,6; 2]$ zerlegt.

Wir bezeichnen die Zerlegung von $[0; 2]$ in Fig.7.1 a kurz mit $Z = (0; 1; 2)$, in Fig. 7.1b
mit $Z' = (0; 0,4; 0,8; 1,2; 1,6; 2)$.

Über jedem der Teilintervalle einer Zerlegung von J wird dasjenige Rechteck betrachtet, dessen ‚Höhe' mit dem *kleinsten* Funktionswert von f in diesem Teilintervall übereinstimmt. Die Summe der Inhalte dieser Rechtecke über den einzelnen Teilintervallen
einer Zerlegung von J wollen wir die zur Zerlegung gehörende *Untersumme bezüglich
der Funktion f* nennen. Wir bezeichnen sie mit dem Buchstaben A, weil sie die Maßzahl eines Flächeninhalts darstellt[2].

Für die Untersumme zur Zerlegung Z' erhalten wir:

$$\underline{A}(Z') = f(0) \cdot 0,4 + f(0,4) \cdot 0,4 + f(0,8) \cdot 0,4 + f(1,2) \cdot 0,4 + f(1,6) \cdot 0,4 = 0,96.$$

Demgegenüber ergibt sich $\underline{A}(Z) = f(0) \cdot 1 + f(1) \cdot 1 = 0,5$. Der Strich *unter* dem Buchstaben A
soll an Untersumme erinnern.

Es leuchtet ein, daß dieses Verfahren immer weiter verfeinert werden kann, wenn die
Teilintervalle von J nur genügend klein gewählt werden. Dabei brauchen natürlich
die Teilintervalle nicht alle gleich lang zu sein.

Wir erkennen ferner, daß die Menge aller möglichen Untersummen bezüglich f nach
oben beschränkt ist. Denn die Zahl 4 als Inhaltsmaßzahl des Quadrats OCPB ist offensichtlich eine obere Schranke. Nach dem Satz vom Supremum (vgl. 1.2.3.) hat also
die Menge der Untersummen zu allen denkbaren Zerlegungen von J ein Supremum $\underline{A}$.

---

[1] Wir sprechen hier mehr im umgangssprachlichen Sinne von einer Zerlegung eines Intervalls. Streng genommen dürften nämlich die einzelnen Teilintervalle paarweise keinen Punkt gemeinsam haben, was bei
lauter abgeschlossenen Teilintervallen sicher nicht zutrifft.
[2] Wir betrachten künftig stets nur *Maßzahlen* von Flächeninhalten, ohne immer eigens darauf hinzuweisen.

Es fragt sich jedoch, ob dieses Supremum den gesuchten Flächeninhalt in sinnvoller Weise repräsentiert. Es könnte ja sein, daß trotz Verfeinerung des Verfahrens das Flächenstück zwischen dem Graphen G_f und der x-Achse nicht restlos durch solche Rechtecke „ausgeschöpft" werden kann.

Zur weiteren Klärung betrachten wir Fig. 7.1c. Hier wird über den einzelnen Teilintervallen der Zerlegung $Z' = (0; 0,4; 0,8; 1,2; 1,6; 2)$ jeweils dasjenige Rechteck betrachtet, dessen „Höhe" mit dem *größten* Funktionswert von f in diesem Teilintervall übereinstimmt. Die Summe der Inhalte dieser Rechtecke nennen wir die zur Zerlegung Z' gehörende *Obersumme bezüglich f* und bringen dies in der Schreibweise durch einen Querstrich *über* dem Buchstaben A zum Ausdruck. Wir erhalten:

$$\overline{A}(Z') = f(0,4) \cdot 0,4 + f(0,8) \cdot 0,4 + f(1,2) \cdot (0,4) + f(1,6) \cdot (0,4) + f(2) \cdot (0,4) = 1,76.$$

Für $\overline{A}(Z)$ würde sich $\overline{A}(Z) = f(1) \cdot 1 + f(2) \cdot 1 = 2,5$ ergeben.

Die Menge der Obersummen bezüglich f zu allen möglichen Zerlegungen von J hat sicher die untere Schranke 0, ist also nach unten beschränkt und besitzt daher ein Infimum $\overline{A}$. Wir vermuten nun, daß $\overline{A} = \underline{A}$ gilt, d. h., daß das Infimum der Obersummen mit dem Supremum der Untersummen übereinstimmt. Um dies einzusehen, bilden wir für eine beliebige Zerlegung Z_k von [0; 2] die Differenz aus der Ober- und Untersumme bezüglich f. Wir entnehmen dann aus Fig. 7.2:

$$\overline{A}(Z_k) - \underline{A}(Z_k) = d_1 h_1 + d_2 h_2 + \cdots + d_k h_k.$$

Ist d das längste Teilintervall von Z , so gilt:

$$\overline{A}(Z_k) - \underline{A}(Z_k) \leqq d(h_1 + h_2 + \cdots + h_k) = 2d.$$

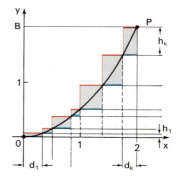

Fig. 7.2

Diese Differenz, die nicht negativ werden kann, unterscheidet sich beliebig wenig von Null, wenn nur d entsprechend klein ist. Wegen $\overline{A}(Z_k) \geqq \overline{A} \geqq \underline{A} \geqq \underline{A}(Z_k)$ muß also $\overline{A} = \underline{A}$ gelten. Den gemeinsamen Zahlenwert bezeichnen wir mit A und erklären ihn als Maßzahl des gesuchten Flächeninhalts zwischen Funktionsgraph und x-Achse im Intervall [0; 2]. Vorerst wissen wir nur:

$$0,96 < A < 1,76.$$

Den genauen Wert für A, nämlich $A = \frac{4}{3}$, werden wir später bestätigen.

7.1.2. Allgemeine Betrachtungen zur Messung der Fläche zwischen Funktionsgraph und x-Achse

Unser Einführungsbeispiel in 7.1.1. zeigt den Grundgedanken für eine sinnvoll erscheinende Definition und Berechnung des Flächeninhalts, den der Graph G_f einer Funktion f mit der x-Achse im Intervall $J = [a; b]$ einschließt. Wir wollen diese Überlegungen nun verallgemeinern und präzisieren.

Wir gehen von einer im *abgeschlossenen* Intervall $J = [a; b]$ definierten Funktion f aus – wir schreiben kurz f: $[a; b] \longrightarrow \mathbb{R}$. Dabei wird f in J als *beschränkt* vorausgesetzt, was für die weiteren Überlegungen entscheidend ist. Fig. 7.3a, b zeigen monotone Funktionen f, während f in Fig. 7.4 nicht monoton ist. Im übrigen braucht f in J nicht einmal stetig zu sein. Wir wollen jedoch zunächst noch $f(x) \geqq 0$ für alle $x \in J$ voraussetzen.

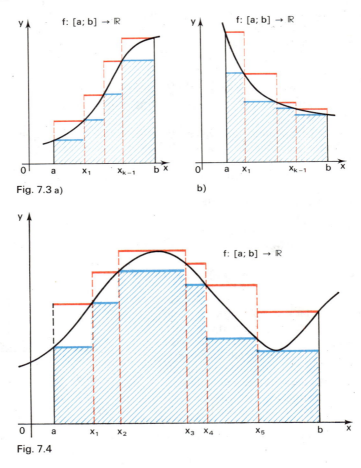

Fig. 7.3 a)   b)

Fig. 7.4

Definition:

> Eine endliche Folge von reellen Zahlen a, $x_1, x_2, \ldots, x_{k-1}$, b bestimmt eine Zerlegung Z des abgeschlossenen Intervalls $[a; b]$, wenn die Ungleichungskette $a < x_1 < x_2 < \ldots < x_{k-1} < b$ gilt. Man schreibt:
>
> $$Z = (a, x_1, x_2, \ldots, x_{k-1}, b);^{[1]}$$

---

[1] Man beachte, daß hier vermieden wird, den Begriff der Zerlegung Z selbst zu definieren, um auch weiterhin nach Möglichkeit mit abgeschlossenen Teilintervallen arbeiten zu können.

Die Zahlen x_1, x_2, ..., x_{k-1} heißen die *Teilpunkte* der Zerlegung Z. Sie zerlegen $[a; b]$ in k *Teilintervalle* $J_1, J_2, ..., J_k$, die offen, halboffen oder abgeschlossen sein können, wobei jeder Punkt von $[a; b]$ *genau einem* Teilintervall angehören soll. Häufig setzt man der einfacheren Schreibweise wegen $x_0 := a$ und $x_k := b$.

Eine Zerlegung von $[a; b]$ heißt *äquidistant*, wenn alle Teilintervalle gleich lang sind, d. h., wenn $x_1 - a = x_2 - x_1 = \cdots = b - x_{k-1}$ gilt.
Für die Bildung von Unter- und Obersummen bezüglich der Funktion f werden über jedem Teilintervall der Zerlegung Z Rechtecke errichtet, deren ,Höhe' jeweils gleich dem Infimum bzw. Supremum von f in diesem Teilintervall ist.

Bemerkung: Da f in $[a; b]$ als beschränkt vorausgesetzt worden ist, hat f auch in jedem Teilintervall J eine obere und eine untere Schranke, also auch ein Supremum und ein Infimum. Dabei braucht f im abgeschlossenen Intervall J das Supremum bzw. Infimum als Funktionswert nicht anzunehmen. Ist allerdings f in $[a; b]$ stetig, so besagt der Extremwertsatz für stetige Funktionen (vgl. 3.5.), daß Supremum und Infimum im abgeschlossenen Intervall auch Funktionswerte von f sind. Wir nennen sie dann Maximum bzw. Minimum von f in diesem Intervall.

Für das Teilintervall $J_\mu = [x_{\mu-1}; x_\mu]$ mit $x_0 := a$, $x_k := b$ bezeichnen $l(J_\mu) = x_\mu - x_{\mu-1}$ die Länge von J_μ sowie $\sup_\mu(f)$ bzw. $\inf_\mu(f)$ das Supremum bzw. Infimum von f in J_μ.

Definition:

Als Untersumme $\underline{A}(Z)$ bzw. als Obersumme $\overline{A}(Z)$ bezüglich f zur Zerlegung Z von $[a; b]$ bezeichnet man den Wert der folgenden Summe:

$$\underline{A}(Z) = \sum_{\mu=1}^{k} \inf_\mu(f) \cdot (x_\mu - x_{\mu-1}) \quad \text{bzw.} \quad \overline{A}(Z) = \sum_{\mu=1}^{k} \sup_\mu(f) \cdot (x_\mu - x_{\mu-1})$$

Bemerkung: Gehören die Teilpunkte x_μ bzw. $x_{\mu-1}$ nicht zu J_μ, d.h., ist J_μ halboffen oder offen, so gilt ebenfalls $l(J_\mu) = x_\mu - x_{\mu-1}$.

Wegen der Beschränktheit von f in $J = [a; b]$ gibt es eine Zahl $s > 0$ mit $|f(x)| \leq s$ für alle $x \in J$. Die Menge der Untersummen bezüglich f zu allen möglichen Zerlegungen von J hat demnach die obere Schranke $s(b-a)$. Dies gilt auch, wenn f in J negative Funktionswerte annimmt. Entsprechend ist $-s(b-a)$ eine untere Schranke für die Menge der Obersummen zu allen möglichen Zerlegungen von J. Daraus folgt nach dem Satz vom Supremum: Die Menge der Untersummen bezüglich f hat ein Supremum $\underline{A}$, die Menge der Obersummen bezüglich f hat ein Infimum $\overline{A}$ in J.

Definition:

Das Flächenstück zwischen dem Graphen einer in J definierten, nichtnegativen beschränkten Funktion f und der x-Achse heißt *meßbar*, wenn das Supremum der Untersummen mit dem Infimum der Obersummen bezüglich f in J übereinstimmt. Der gemeinsame Zahlenwert ergibt die Maßzahl A des Flächeninhalts.

Bemerkungen

(1) Nicht bei jeder Funktion f schließt der Funktionsgraph mit der x-Achse im Sinne der vorstehenden Definition einen meßbaren Flächeninhalt ein.

Beispiel: $f: x \longmapsto \begin{cases} 0 & \text{für} \quad x \in \mathbb{Q} \\ 1 & \text{für} \quad x \in \mathbb{R}\backslash\mathbb{Q} \end{cases}$ in $J = [a; b]$

Da es kein Teilintervall von J gibt, das nur aus irrationalen oder nur aus rationalen Zahlen besteht, gilt für jedes beliebige J_μ einer Zerlegung Z:

$\inf_\mu(f) = 0 \;\Rightarrow\; \underline{A}(Z) = 0 \;\Rightarrow\; \underline{A} = 0$ sowie

$\sup_\mu(f) = 1 \;\Rightarrow\; \overline{A}(Z) = b - a = \overline{A} \neq \underline{A}$.

(2) Um den Flächeninhalt zwischen Funktionsgraph und x-Achse für den Fall zu bestimmen, daß f in J das Vorzeichen wechselt (Fig. 7.5), kann man zur Funktion $f^*: x \longmapsto |f(x)|$ übergehen. Der Graph von f^* ergibt sich aus dem Graphen von f dadurch, daß alle Punkte des Graphen von f mit $f(x) < 0$ an der x-Achse gespiegelt werden. Dabei ändert sich der Flächeninhalt nicht, wie wir hier ohne Beweis feststellen wollen.

(3) Bei der Definition des Flächeninhalts eines Kreises[1] haben wir nur die Existenz des Supremums der dem Kreis einbeschriebenen Polygone gefordert. Dies steht nicht im Widerspruch zu der hier gegebenen Definition, weil beim Kreis stets das Supremum der einbeschriebenen Vielecke mit dem Infimum der umbeschriebenen Vielecke übereinstimmt.

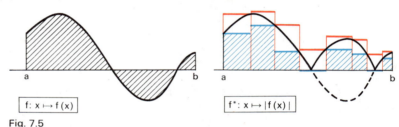

Fig. 7.5

Mit Hilfe unserer Inhaltsdefinition läßt sich allgemein präzisieren, unter welchen Bedingungen und in welcher Weise dem Flächenstück zwischen Funktionsgraph und x-Achse in einem Intervall J ein meßbarer Inhalt zugeordnet werden kann. Wir kennen allerdings noch kein hinreichendes Kriterium, das in einfacher Weise den Nachweis gestattet, daß das Supremum der Untersummen mit dem Infimum der Obersummen übereinstimmt. Außerdem fehlt uns noch ein Verfahren, nach dem wir im Falle einer meßbaren Fläche deren Inhalt beliebig genau berechnen können. Wir werden darauf im nächsten Abschnitt weiter eingehen.

Aufgaben

1. Berechne für die Funktion $f: x \longmapsto \frac{1}{2}x^2$ (vgl. Einführungsbeispiel in 7.1.1.) zu folgenden Zerlegungen Z von $[0; 2]$ die Obersumme $\overline{A}(Z)$ und die Untersumme $\underline{A}(Z)$:

   a) $Z = (0; 0,2; 0,4; \ldots, 1,8; 2)$

   b) $Z = (0; 0,2; 0,4; 0,5; 0,6; \ldots; 1,9; 2)$

2. Für die Funktion $f: x \longmapsto \frac{1}{2}x^2$ (siehe Einführungsbeispiel) sei eine äquidistante Zerlegung des Intervalls $[0; 2]$ zugrunde gelegt. Die Länge jedes Teilintervalls betrage $\frac{1}{n}$.

   a) Man berechne die zugehörige Unter- und Obersumme in Abhängigkeit von n unter Verwendung der Formel:

$$1^2 + 2^2 + \cdots + n^2 = \sum_{k=1}^{n} k^2 = \frac{n(n+1)(2n+1)}{6}$$ (vgl. 2.5.2., 1. Beispiel)

---

[1] Vgl. J. Kratz u. K. Wörle: Geometrie 2, § 13, A. 3.

b) Welcher Grenzwert ergibt sich für die Unter- und Obersummen, wenn n über alle Grenzen wächst? Wie läßt sich hier der Grenzwert deuten?

3. Gegeben sind die folgenden Funktionen:

(1) $f: x \mapsto x^2$ in $J = [-2; 2]$

(2) $f: x \mapsto 2 - x^2$ in $J = [0; 2]$

(3) $f: x \mapsto x^3 - 3x^2 + 4$ in $J = [-1; 3]$

a) Zeichne jeweils den Graphen von f im Intervall J auf Millimeterpapier ein! (1 LE = 2 cm).

b) Zerlege J im Falle (1) in vier, im Falle (2) in drei und im Falle (3) in fünf nichtäquidistante Teilintervalle und zeichne die zum Graphen gehörigen ein- und umbeschriebenen Rechtecksflächen! Schraffiere die Rechtecke wie in Fig. 7.4!

4. Man bestimme den Inhalt der Fläche zwischen Graph und x-Achse für die Funktion

$$f: x \mapsto 3 - 2x; \quad D_f = \mathbb{R} \text{ in } J = [-2; 1]$$

a) durch Anwendung einer bekannten geometrischen Flächenformel,

b) durch äquidistante Zerlegungen von J mit Hilfe von Unter- und Obersummen. Man verwende hierzu die Beziehung

$$1 + 2 + 3 + \cdots + n = \frac{n}{2}(n+1),$$

die sich unmittelbar aus der Summenformel für die arithmetische Reihe (s. 2.4.2.) oder auch aus Aufgabe 6a in 2.4.3. ergibt.

c) Warum ist hier der Grenzwert der Untersummen bei äquidistanter Zerlegung gleich dem Supremum aller Untersummen bzgl. f und auch gleich dem Infimum aller Obersummen bzgl. f in J?

5. Man begründe an Hand einer sauberen Zeichnung für eine in [a; b] streng monotone Funktion f: Jede Obersumme bezüglich f in [a; b] ist eine obere Schranke für die Menge aller Untersummen bzgl. f.

6. Über Treppenfunktionen

In den Figuren 7.1 bis 7.4 können die blau bzw. rot ausgezeichneten, zur x-Achse parallelen Rechtecksseiten jeweils als Graph einer Funktion gedeutet werden, die man Treppenfunktion nennt.[1] Allgemein gilt folgende Definition:

Eine in [a; b] *definierte Funktion* f *heißt eine Treppenfunktion über* [a; b], *wenn sich eine Zerlegung Z von* [a; b] *angeben läßt, bei der* f *innerhalb jedes Teilintervalls von Z konstant ist.*

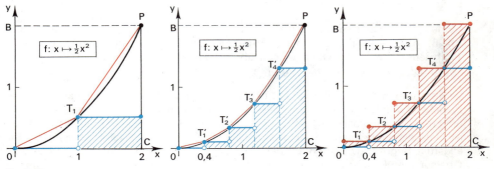

Fig. 7.1*

---

[1] In der graphischen Darstellung einer Treppenfunktion muß allerdings deutlich zum Ausdruck kommen, welchen Wert die Funktion jeweils an den Sprungstellen annimmt. Dies ist in den genannten Figuren nicht erkennbar. Daher ist hier Fig. 7.1 als Fig. 7.1* mit einer exakten Darstellung der Rechtseiten als Treppenfunktion nochmals angegeben.

a) Wie lautet die Zuordnungsvorschrift für die in Fig. 7.1* dargestellten Treppenfunktionen über [0; 2] ?

b) Ist die folgende Funktion eine Treppenfunktion über [0; 1] (mit Begründung):

$$f: x \mapsto \begin{cases} 0 & \text{für} \quad x \in \mathbb{Q} \cap [0; 1] \\ 1 & \text{für} \quad x \in (\mathbb{R}\setminus\mathbb{Q}) \cap [0; 1] \end{cases}$$

c) Man berechne für die Treppenfunktion t: $x \mapsto t(x)$ über [1; 5] mit

$$t(x) = \begin{cases} 1 & \text{für} \quad 1 \;\leqq x < 2 \\ 3 & \text{für} \quad 2 \;\leqq x < 3 \\ 2 & \text{für} \quad 3 \;\leqq x < 4,5 \\ 1 & \text{für} \quad 4,5 \leqq x \leqq 5 \end{cases}$$

die Maßzahl des Flächeninhalts zwischen Graph und x-Achse. Man zeichne dazu auch den Graphen G_t.

d) Man bestimme für die Treppenfunktion t: $x \mapsto t(x)$ über [a; b] mit

$$t(x) = \begin{cases} c_\mu & \text{für} \quad x \in [x_{\mu-1}; x_\mu[; \; \mu = 1, 2,\ldots, k-1 \text{ und } x_0 := a \\ c_k & \text{für} \quad x \in [x_{k-1}; b] \end{cases}$$

die allgemeine Formel für die Maßzahl des Flächeninhalts zwischen Graph und x-Achse in [a; b] unter Beachtung der beiden Fälle: $c_\mu \geqq 0$ für $\mu = 1, 2, \ldots, k-1, k$ bzw. des Gegenteils.

e) Beweise:
Sind t_1 und t_2 zwei Treppenfunktionen über [a; b], *so sind auch* $t_1 + t_2$ *und* $t_1 \cdot t_2$ *Treppenfunktionen über* [a; b].
Zeige die Gültigkeit des Satzes zunächst an einem Zahlenbeispiel!

7.2. Das bestimmte Integral

7.2.1. Definition der Integrierbarkeit und des bestimmten Integrals

Die Überlegungen in 7.1. zum Problem der Inhaltsmessung haben einige wichtige Begriffe der Analysis vorbereitet, die die Grundlage der sogenannten Integralrechnung bilden.

Definition der Integrierbarkeit (1. Fassung):

> Eine im abgeschlossenen Intervall $J = [a; b]$ definierte und beschränkte Funktion f heißt in J integrierbar, wenn das Supremum der Untersummen bezüglich f in J mit dem Infimum der Obersummen übereinstimmt. Der gemeinsame Zahlenwert wird das bestimmte Integral[1] von f in J genannt.

Vergleicht man diese Definition mit der Definition der Meßbarkeit des Flächenstücks zwischen Funktionsgraph und x-Achse, so erkennt man, daß bei nichtnegativen Funktionen die Integrierbarkeit gleichbedeutend mit der Meßbarkeit dieses Flächenstücks ist. Das bestimmte Integral ist in diesem Fall die Maßzahl des Flächenstücks. Die oben erklärten Begriffe gelten jedoch ganz allgemein. Wir bezeichnen daher Unter- und Obersummen künftig mit dem Buchstaben S. Wir erhalten dann bei der Zerlegung Z von [a; b] analog zu 7.1.2.:

---

[1] Die Bezeichnung „Integral" rührt vom lateinischen Wort *integer*, ganz, her. In der Tat ist die Integrierbarkeit einer Funktion eine Eigenschaft, die vom Verhalten der Funktion im *ganzen* Intervall abhängt und nicht nur von einer bestimmten Stelle im Intervall, wie z. B. die Stetigkeit oder Differenzierbarkeit.

$$\underline{S}(Z) = \sum_{\mu=1}^{k} \inf_\mu(f) \cdot (x_\mu - x_{\mu-1}) \quad \text{und} \quad \bar{S}(Z) = \sum_{\mu=1}^{k} \sup_\mu(f) \cdot (x_\mu - x_{\mu-1})$$

mit $a = x_0 < x_1 < \cdots < x_{k-1} < x_k = b$.

Mit $\underline{S} = \sup[\underline{S}(Z)]$ und $\bar{S} = \inf[\bar{S}(Z)]$ nimmt die Definition der Integrierbarkeit von f in [a; b] die folgende Kurzform an:

$$\boxed{\underline{S} = \bar{S} =: S} \tag{1}$$

Der Zahlenwert S bezeichnet dann das bestimmte Integral von f in [a; b]. Wir führen dafür folgende Schreibweise ein:

$$S =: \int_a^b f(x)\, dx$$

Lies: „Integral $f(x)\,dx$ von a bis b". Das Integralzeichen soll als stilisiertes S an die Summenbildung erinnern. $f(x)$ heißt der *Integrand*, a und b heißen *Integrations-grenzen*. Das Symbol „dx" soll an die Längen $\Delta x_\mu := x_\mu - x_{\mu-1}$ der einzelnen Teil-intervalle erinnern. Es darf hier nicht als Faktor von $f(x)$ angesehen werden. Das Verfahren zur Berechnung von S heißt *Integration*.

> **Beispiel:** Für f: $x \mapsto \dfrac{x^2}{2}$ im Einführungsbeispiel 7.1.1. müßte man schreiben $\int_0^2 \dfrac{x^2}{2} dx = \dfrac{4}{3}$.
>
> Der Nachweis erfolgt in 7.2.3., 1. Beispiel.

Bemerkung: Nach unserer Definition ist es nur bei beschränkten, in einem abgeschlossenen Intervall definierten Funktionen sinnvoll, nach ihrer Integrierbarkeit zu fragen. Wir legen uns damit auf einen ganz bestimmten Integralbegriff fest, der auf den Mathematiker Bernhard *Riemann* (1826–1866) zurückgeht.[1] Wir werden an späterer Stelle in gewissen Fällen auch unendliche Intervalle und nichtbeschränkte Funktionen in Betracht ziehen und dabei den Integralbegriff auf sogenannte uneigentliche Integrale erweitern.

Für f: $x \mapsto c$ mit $c \in \mathbb{R}$ gilt insbesondere im Intervall [a; b] für jede Zerlegung Z:

$$\underline{A}(Z) = c(b-a) = \bar{A}(Z).$$

Daraus folgt $\underline{A} = \bar{A} = c(b-a)$. Wir erhalten die wichtige Formel:

$$\boxed{\int_a^b c\, dx = c(b-a)} \tag{2}$$

Für $c = 1$ schreibt man meist $\int_a^b dx$ statt $\int_a^b 1\, dx$.

7.2.2. Grenzwertbetrachtungen zur Integration

Für den Nachweis der Integrierbarkeit einer Funktion f in J und für die Berechnung des bestimmten Integrals ist die Gleichung (1) im allgemeinen ungeeignet. Wir wollen daher ein bequemer anwendbares Verfahren entwickeln. Die dazu erforderlichen Vor-überlegungen in Abschnitt A können bei Zeitknappheit ohne Schaden übergangen werden.

---

[1] Daneben sind in der Mathematik noch einige andere Integralbegriffe erklärt, auf die wir jedoch nicht eingehen können.

A.* Ein Grenzwertmerkmal für Integrierbarkeit[1]

Wir führen zunächst den Begriff der *Überlagerung zweier Intervallzerlegungen* Z und $\bar{Z}$ ein und betrachten dazu Fig. 7.6. Hier werden die beiden Zerlegungen $Z = (a, x_1, x_2, x_3, b)$ und $\bar{Z} = (a, \bar{x}_1, \bar{x}_2, \bar{x}_3, \bar{x}_4, b)$ auf $[a; b]$ zugleich angewandt. Es entsteht durch Überlagerung die Zerlegung

$$Z' = (a, x'_1, x'_2, x'_3, x'_4, x'_5, x'_6, x'_7, b)\,.$$

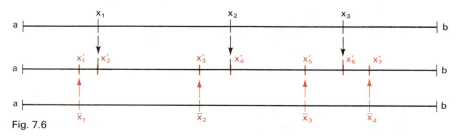

Fig. 7.6

Allgemein ist die Überlagerung zweier Zerlegungen Z und $\bar{Z}$ von $[a; b]$ diejenige Zerlegung Z' von $[a; b]$, die genau die Teilpunkte von Z und $\bar{Z}$ enthält. Wir führen dafür folgende symbolische Schreibweise ein: $Z + \bar{Z} := Z'$.

Man beachte, daß das Zeichen „+" hier nicht die Bedeutung des Additionszeichens für Zahlen hat.

Man nennt eine Zerlegung Z' die alle Teilpunkte von Z enthält, eine *Verfeinerung von Z.* Die Überlagerung von Z und $\bar{Z}$ ist demnach stets eine Verfeinerung sowohl von Z als auch von $\bar{Z}$.
Der Begriff „Verfeinerung einer Zerlegung" erfordert ein Maß für die *Feinheit einer Zerlegung.* Man definiert in naheliegender Weise:

Definition:

> Die maximale Intervallänge in einer Zerlegung Z heißt die Feinheit von Z.

Die Feinheit einer Zerlegung Z bezeichnen wir mit $\delta(Z)$.

Ist Z' eine Verfeinerung von Z, so ist die Aussage: $\delta(Z') \leqq \delta(Z)$ unmittelbar einsichtig. Insbesondere gilt:

$$\delta(Z + \bar{Z}) \leqq \delta(Z) \qquad \text{sowie} \qquad \delta(Z + \bar{Z}) \leqq \delta(\bar{Z}) \tag{3}$$

Das Gleichheitszeichen darf hier nicht weggelassen werden. Warum?
Für die Unter- und Obersummen zu zwei Zerlegungen Z und Z' von $J = [a; b]$ bezüglich einer in J definierten Funktion f gilt der folgende

Satz 1:

> Ist Z' eine Verfeinerung von Z, so gelten die Ungleichungen:
>
> $$\underline{S}(Z') \geqq \underline{S}(Z) \qquad \text{sowie} \qquad \bar{S}(Z') \leqq \bar{S}(Z)$$

---

[1] Abschnitte mit einem * sind nur für den Leistungskurs gedacht und können bei Zeitknappheit auch hier ohne Schaden für den weiteren Lehrgang übergangen werden.

Beweis:

Wir beschränken uns auf den Beweis der ersten Ungleichung

$$\underline{S}(Z') \geqq \underline{S}(Z).$$

Wie Fig. 7.7a, b zeigt, wird bei einer Verfeinerung der Zerlegung die Inhaltssumme der schraffierten Rechtecke oberhalb der x-Achse um die Inhalte der blau umrandeten Rechtecke vergrößert. Unterhalb der x-Achse entfallen dagegen bei der Verfeinerung die doppelt schraffierten Rechtecke. Da aber die Inhalte aller Rechtecke unterhalb der x-Achse negative Zahlenwerte ergeben, wird durch den Wegfall negativer Inhalte der Wert der Untersumme ebenfalls vergrößert.

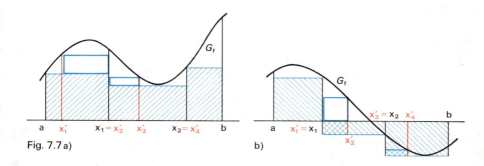

Fig. 7.7 a)   b)

Bemerkung: Um die Ungleichung ohne Zuhilfenahme der Anschauung exakt zu beweisen, kann man sich auf ein einziges Intervall $[x_{\mu-1}; x_\mu] = J_\mu$ beschränken, das durch x' in die Intervalle $[x_{\mu-1}; x'] = J'_{\mu-1}$ und $[x'; x_\mu] = J'_\mu$ zerlegt wird. Alsdann gilt:

$$\inf J'_{\mu-1}(f) \cdot (x' - x_{\mu-1}) + \inf J'_\mu(f) \cdot (x_\mu - x') \geqq \inf J_\mu(f) \cdot (x_\mu - x_{\mu-1})$$

In ganz entsprechender Weise läßt sich die zweite Ungleichung bestätigen. Man vergleiche dazu Fig. 7.8.a, b.

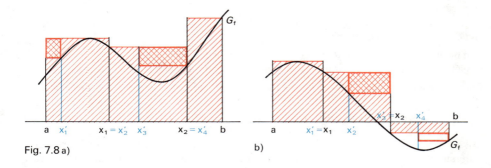

Fig. 7.8 a)   b)

Daraus folgt

Satz 2:

> Sind Z_1 und Z_2 zwei Zerlegungen ein und desselben Intervalls, so gilt stets:
>
> $$\underline{S}(Z_1) \leqq \overline{S}(Z_2)$$

Beweis:

Da die Überlagerung von Z_1 und Z_2 eine Verfeinerung sowohl von Z_1 als auch von Z_2 ist, folgt unmittelbar aus Satz 1:

$$\underline{S}(Z_1) \leqq \underline{S}(Z_1 + Z_2) \leqq \overline{S}(Z_1 + Z_2) \leqq \overline{S}(Z_2)$$

Die Gültigkeit der zweiten Ungleichung ist anschaulich unmittelbar einsichtig und folgt aus $\inf_\mu(f) \leqq \sup_\mu(f)$.

Satz 2 besagt, daß jede Obersumme eine obere Schranke für die Menge aller Untersummen bezüglich f in J ist und damit auch für das Supremum $\underline{S}$ der Untersummen. Daraus folgt die wichtige Beziehung:

$$\boxed{\underline{S} \leqq \overline{S}} \tag{4}$$

Damit ergibt sich folgende notwendige und zugleich hinreichende Bedingung für die Integrierbarkeit einer Funktion.

Satz 3:

> Eine in $J = [a; b]$ definierte und beschränkte Funktion f ist in J genau dann integrierbar, wenn sich eine Folge $\langle Z_n \rangle$ von Zerlegungen des Intervalls J so angeben läßt, daß gilt:
>
> $$\lim_{n \to \infty} [\overline{S}(Z_n) - \underline{S}(Z_n)] = 0.$$

Beweis:

Nach Definition des Supremums bzw. Infimums gelten die Ungleichungen:

$$\underline{S} \geqq \underline{S}(Z_n) \qquad \text{und} \qquad \overline{S} \leqq \overline{S}(Z_n)$$

für *jede* Zerlegung Z_n von J. Daraus folgt zusammen mit (4):

$$0 \leqq \overline{S} - \underline{S} \leqq \overline{S}(Z_n) - \underline{S}(Z_n)$$

Aus $\lim_{n \to \infty} [\overline{S}(Z_n) - \underline{S}(Z_n)] = 0$ ergibt sich $\overline{S} = \underline{S}$ und damit die Integrierbarkeit von f wegen der vorausgesetzten Beschränktheit gemäß Definition.

Ist umgekehrt f in J integrierbar, d. h. gilt $\overline{S} = \underline{S} = S$, so folgt wegen $\overline{S} = \inf \overline{S}(Z)$ bzw. $\underline{S} = \sup \underline{S}(Z)$ und der Definition des Supremums bzw. Infimums:

Es gibt eine Zerlegung Z von J mit $\overline{S}(Z) < S + \frac{1}{2n}$ für jedes $n \in \mathbb{N}$

Es gibt eine Zerlegung Z' von J mit $\underline{S}(Z') > S - \frac{1}{2n}$ für jedes $n \in \mathbb{N}$.

Durch Überlagerung von Z und Z' entsteht eine Zerlegung Z_n, die wegen Satz 1 beide Ungleichungen erfüllt, und wir erhalten durch Subtraktion:

$$\overline{S}(Z_n) - \underline{S}(Z_n) < \frac{1}{n} \quad \Rightarrow \quad \lim_{n \to \infty} [\overline{S}(Z_n) - \underline{S}(Z_n)] = 0.$$

Mit Hilfe von Satz 3 kann die Integrierbarkeit einer Funktion durch eine Grenzwertuntersuchung nachgewiesen werden. Man geht dazu von einer geeigneten Folge von Intervallzerlegungen aus, die bezüglich der Funktion eine Folge von Ober- und Untersummen erzeugt. Haben Ober- und Untersummenfolge den gleichen Grenzwert, so ist damit die Integrierbarkeit der Funktion gezeigt.

Die Anschauung legt es nahe, daß für diese Untersuchung im allgemeinen nur Zerlegungsfolgen $\langle Z_n \rangle$ in Betracht kommen, deren Feinheit $\delta(Z_n)$ den Grenzwert 0 hat.

Bemerkung: Man kann allgemein zeigen, daß *jede* Folge $\langle Z_n \rangle$ mit $\lim_{n \to \infty} \delta(Z_n) = 0$ für den Integrierbarkeitsnachweis mit Hilfe von Satz 3 geeignet ist. Auf den Beweis verzichten wir.

Eine sehr einfache Zerlegungsfolge entsteht durch *n-Teilung* des Intervalls [a; b] mit

$$Z_n = \left(a,\ a + \frac{1}{n}\ (b - a),\ \ldots,\ a + \frac{n-1}{n}\ (b - a),\ b \right).$$

Da Z_n äquidistant ist, ergibt sich für die Feinheit $\delta(Z_n)$ die Länge $(b - a):n$ eines Teilintervalls. Wir werden in allen konkreten Beispielen die Zerlegungsfolge durch n-Teilung heranziehen.

Daneben ist auch die Zerlegungsfolge der *fortgesetzten Intervallhalbierung* mit $\delta(Z_n) = (b - a):2^n$ gebräuchlich. Vergleiche dazu Aufgabe 6!

Beispiel: Man zeige die Integrierbarkeit von f: $x \mapsto x^2$ in [a; b].

Lösung: Zur Zerlegung Z_n aus der Zerlegungsfolge durch n-Teilung von [a; b] gehört die Ungleichungskette

$$a < a + \frac{b-a}{n} < \cdots < a + \mu\ \frac{b-a}{n} < \cdots < b \quad \text{mit} \quad \mu = 1, \ldots, n$$

Da f in jedem Zerlegungsintervall $J_{n\mu}$ streng monoton ist, können wir für

$$\bar{S}(Z_n) - \underline{S}(Z_n) = \sum_{\mu=1}^{n}\ [\sup_{n\mu}(f) - \inf_{n\mu}(f)] \cdot \frac{b-a}{n}$$

von der Beziehung ausgehen

$$\sup_{n\mu}(f) - \inf_{n\mu}(f) = \left| \left(a + \mu\ \frac{b-a}{n} \right)^2 - \left(a + (\mu - 1)\ \frac{b-a}{n} \right)^2 \right|$$

Die Absolutstriche sind erforderlich, weil je nach der Lage des Zerlegungsintervalls auf der x-Achse $\sup_{n\mu}(f)$ mit dem Funktionswert am rechten oder am linken Endpunkt des Intervalls übereinstimmt. Nach kleiner Umformung erhalten wir:

$$\sup_{n\mu}(f) - \inf_{n\mu}(f) = \left| \left(2a + (2\mu - 1)\ \frac{b-a}{n} \right) \frac{b-a}{n} \right|$$

Für die weitere Rechnung beschränken wir uns auf den Fall $a > 0$, um die Absolutstriche vermeiden zu können. Es ergibt sich dann:

$$\bar{S}(Z_n) - \underline{S}(Z_n) = \left(\frac{b-a}{n} \right)^2 \sum_{\mu=1}^{n} \left(2a + (2\mu - 1)\ \frac{b-a}{n} \right) =$$

$$= \frac{b-a}{n} \left[2an\ \frac{b-a}{n} + \left(\frac{b-a}{n} \right)^2 \sum_{\mu=1}^{n} (2\mu - 1) \right]$$

Nach der Summenformel für die arithmetische Reihe (vgl. Aufgabe 6 zu 2.4.) gilt

$$\sum_{\mu=1}^{n} (2\mu - 1) = 1 + 3 + \cdots + (2n - 1) = \frac{n}{2}\ (1 + (2n - 1)) = n^2$$

Daraus folgt:

$$\bar{S}(Z_n) - \underline{S}(Z_n) = \frac{b-a}{n}\ (2ab - 2a^2 + b^2 - 2ab + a^2)$$

und damit

$$\lim_{n \to \infty}\ [\bar{S}(Z_n) - \underline{S}(Z_n)] = 0$$

Zum gleichen Ergebnis kommt man für $a < 0$. Die Funktion f: $x \mapsto x^2$ ist also in jedem Intervall [a; b] integrierbar.

B. Die Grenzwertdarstellung des bestimmten Integrals

Bereits das Einführungsbeispiel zur Flächenmessung in 7.1.1. läßt vermuten, daß das bestimmte Integral als Grenzwert von Summenfolgen berechnet werden kann.

Wir gehen dazu von einer Folge von Zerlegungen des Integrationsintervalls [a; b] aus und betrachten zu jeder dieser Zerlegungen die zugehörige Ober- und Untersumme bezüglich einer Funktion f: [a; b] $\longrightarrow$ $\mathbb{R}$. Damit für die Folge der Ober- und Untersummen ein gemeinsamer Grenzwert erwartet werden darf, wählen wir eine Folge von Zerlegungen, deren Teilpunkte auf [a; b] zunehmend dichter liegen. Dies leistet z. B. die durch n-Teilung von [a; b] entstehende Zerlegungsfolge $\langle Z_n \rangle$ mit

$$Z_n = \left(a, a + \frac{1}{n}(b-a), \dots, a + \frac{n-1}{n}(b-a), b \right).$$

Damit ist der Anschluß an die Überlegungen in Abschnitt A erreicht. Diese werden jedoch für das Folgende nicht vorausgesetzt. Lediglich bei einzelnen Begründungen, die auch übergangen werden können, wird auf die Ergebnisse in 7.2.2.A verwiesen.

Definition der Integrierbarkeit (2. Fassung):

> Eine im abgeschlossenen Intervall J definierte und beschränkte Funktion f heißt in J integrierbar, wenn für die Zerlegungsfolge $\langle Z_n \rangle$ durch n-Teilung von J die zugehörigen Folgen der Ober- und Untersummen einen gemeinsamen Grenzwert haben. Dieser Grenzwert heißt das bestimmte Integral von f in J.

Formelmäßig gilt:

$$\lim_{n \to \infty} \overline{S}(Z_n) = \lim_{n \to \infty} \underline{S}(Z_n) \quad \text{mit} \quad Z_n = \left(a, a + \frac{b-a}{n}, \dots, a + \frac{n-1}{n}(b-a), b \right),$$

bzw.:

$$\lim_{n \to \infty} \sum_{\mu=1}^{n} \sup_{n\mu}(f) \cdot \frac{b-a}{n} = \lim_{n \to \infty} \sum_{\mu=1}^{n} \inf_{n\mu}(f) \cdot \frac{b-a}{n} = S' \qquad (5)$$

Dabei beziehen sich $\sup_{n\mu}(f)$ und $\inf_{n\mu}(f)$ auf das μ-te Teilintervall $J_{n\mu}$ des n-ten Gliedes der Zerlegungsfolge.

Ist $x_{n\mu} \in J_{n\mu}$, so gilt $\sup_{n\mu}(f) \geqq f(x_{n\mu}) \geqq \inf_{n\mu}(f)$, und wir erhalten aus (5) die folgende

Grenzwertdarstellung des bestimmten Integrals für eine integrierbare Funktion f:

$$\boxed{\int_a^b f(x)\, dx = \lim_{n \to \infty} \frac{b-a}{n} \sum_{\mu=1}^{n} f(x_{n\mu})} \qquad (6)$$

Beweis:* Aus der Begründung zu Satz 3 in Abschnitt A folgt:

$$\lim_{n \to \infty} \overline{S}(Z_n) = \lim_{n \to \infty} \underline{S}(Z_n) \;\Rightarrow\; \lim_{n \to \infty} [\overline{S}(Z_n) - \underline{S}(Z_n)] = 0 \;\Rightarrow\; \overline{S} = \underline{S} = S.$$

Weil $\overline{S}(Z_n) \geqq S \geqq \underline{S}(Z_n)$ gilt, folgt aus

$$\lim_{n \to \infty} [\overline{S}(Z_n) - \underline{S}(Z_n)] = \lim_{n \to \infty} [\overline{S}(Z_n) - S] + \lim_{n \to \infty} [S - \underline{S}(Z_n)] = 0 \qquad \text{auch}$$

$$\lim_{n \to \infty} \overline{S}(Z_n) = \lim_{n \to \infty} \underline{S}(Z_n) = S$$

und wegen (5) weiter S' = S.

Damit ist gezeigt, daß jede nach der Grenzwertdefinition integrierbare Funktion auch im Sinne der Definition in 7.2.1. integrierbar ist und daß der gemeinsame Grenzwert S' in (5) mit dem gemeinsamen Zahlenwert S von Supremum und Infimum aller Ober- und Untersummen übereinstimmt. Es ist also berechtigt, in (1) und (5) denselben Buchstaben S zu verwenden, und es gilt: (5) $\Rightarrow$ (1). Auf den Beweis der Umkehrung: (1) $\Rightarrow$ (5) wollen wir verzichten.

Wie schon in 7.2.2.A erwähnt wurde, kann das bestimmte Integral einer integrierbaren Funktion f mit Hilfe *jeder* Folge von Zerlegungen Z_n berechnet werden, deren maximale Intervallänge mit $n \to \infty$ den Grenzwert 0 hat. Die Formel (6) ist daher nicht die einzig mögliche Grenzwertdarstellung des bestimmten Integrals einer in [a; b] integrierbaren Funktion f; sie ist aber für die praktische Berechnung besonders einfach, weshalb wir im folgenden immer von der n-Teilung des Intervalls [a; b] ausgehen werden.

Für die konkrete Berechnung des bestimmten Integrals nach der Formel (6) wird man im allgemeinen für $x_{n\mu}$ eine der beiden Intervallgrenzen von $J_{n\mu}$ wählen. Wir erhalten dann beispielsweise für

$$x_{n\mu} = a + \mu \, \frac{b-a}{n} \quad \text{die folgende}$$

Berechnungsformel für das bestimmte Integral einer integrierbaren Funktion f:

$$\int_a^b f(x)\,dx = \lim_{n \to \infty} \frac{b-a}{n} \cdot \sum_{\mu=1}^n f\left(a + \mu \cdot \frac{b-a}{n}\right) \qquad (7)$$

Beispiel: Die Integrierbarkeit der Funktion f: $x \mapsto x^2$ in [a; b] wurde im Beispiel zu Abschnitt A gezeigt. Es soll jetzt der Wert des Integrals

$$S = \int_a^b x^2\,dx$$

berechnet werden.

Lösung: Wegen $f\left(a + \mu \, \frac{b-a}{n}\right) = \left(a + \mu \cdot \frac{b-a}{n}\right)^2$ folgt nach (7):

$$S = \int_a^b x^2\,dx = \lim_{n \to \infty} \frac{b-a}{n} \cdot \sum_{\mu=1}^n \left(a + \mu \, \frac{b-a}{n}\right)^2 =$$

$$= \lim_{n \to \infty} \left[\frac{b-a}{n}\left(na^2 + 2a\,\frac{b-a}{n} \cdot \sum_{\mu=1}^n \mu + \left(\frac{b-a}{n}\right)^2 \sum_{\mu=1}^n \mu^2\right)\right] =$$

$$= \lim_{n \to \infty} \left[(b-a)\,a^2 + a\,(b-a)^2\,\frac{n+1}{n} + \left(\frac{b-a}{n}\right)^3 \frac{n\,(n+1)\,(2n+1)}{6}\right] = {}^1$$

$$= (b-a)\left[a^2 + a\,(b-a) \cdot \lim_{n \to \infty} \frac{n+1}{n} + (b-a)^2 \cdot \lim_{n \to \infty} \frac{n\,(n+1)\,(2n+1)}{6n^3}\right] =$$

$$= (b-a)\,[a^2 + a\,(b-a) \cdot 1 + (b-a)^2 \cdot \tfrac{1}{3}] =$$

$$= \tfrac{1}{3}\,(b-a)\,(b^2 + ab + a^2) =$$

$$= \frac{b^3}{3} - \frac{a^3}{3}$$

Ergebnis: $$\int_a^b x^2\,dx = \frac{b^3}{3} - \frac{a^3}{3} \qquad (8)$$

---

[1] Wegen der beiden Summenwerte vgl. Aufgabe 4b und 2a in 7.1.2.

Bemerkung: Da $x^2 \geqq 0$ für *jedes* Intervall [a; b] gilt, gibt die Formel zugleich die Maßzahl des
                Flächeninhalts an, den der Graph f: $x \mapsto x^2$ über [a; b] mit der x-Achse einschließt.
                Fig. 7.9 veranschaulicht die Gleichung

$$\int_{-1}^{2} x^2\, dx = 3$$

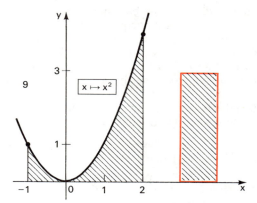

Fig. 7.9

Aufgaben

1. Man zeige in anschaulicher Weise, daß die Funktion f: $x \mapsto x$; $D_f = \mathbb{R}$, in jedem abgeschlossenen
   Intervall im Sinne der Definition in 7.2.1. integrierbar ist und bestimme sodann mit Hilfe einer
   Zeichnung:

   a) $\int_{0}^{2} x\, dx$ b) $\int_{-2}^{0} x\, dx$ c) $\int_{0}^{a} x\, dx,\ (a > 0)$ d) $\int_{a}^{b} x\, dx,\ (0 < a < b)$

2.* Die Teilpunkte einer Zerlegung Z_1 teilen das Intervall $J = [2; 10]$ in n gleiche Teile, die Teilpunkte
    einer Zerlegung Z_2 teilen J in

   a) n + 1,   b) 2n,   c) 2^n,   d) n^2 gleiche Teile.

   (1) In welchen Fällen ist Z_2 eine Verfeinerung von Z_1?

   (2) Gib für n = 8 die zu Z_2 gehörende Ungleichungskette für die Fälle a) und b), für n = 3 dagegen
       im Falle c) und d) an!

   (3) In welchen der vier Fälle ist die Überlagerung von Z_1 und Z_2, also $Z_1 + Z_2$, eine äquidistante
       Zerlegung?

   (4) Man berechne die Feinheit $\delta(Z_1 + Z_2)$ für n = 5 in allen vier Fällen.

3.* Gegeben sei eine Folge von Zerlegungen Z_n des Intervalls J mit $\lim\limits_{n \to \infty} \delta(Z_n) = 0$. Man zeige, daß
    für jede beliebige Zerlegung Z von J gilt:

   $$\lim_{n \to \infty} \delta(Z_n + Z) = 0$$

   Erläutere diesen Sachverhalt an einer Zeichnung!

4. Wiederholungsaufgaben zur Verwendung des Summenzeichens (vgl. 2.5., Aufgabe 3).
   Man beweise folgende Formeln:

   a) $\sum\limits_{\mu=1}^{n} k = nk$

   b) $\sum\limits_{\mu=1}^{n} (x_\mu + y_\mu) = \sum\limits_{\mu=1}^{n} x_\mu + \sum\limits_{\mu=1}^{n} y_\mu$

c) $\displaystyle\sum_{\mu=1}^{n} (x_\mu - x_{\mu-1}) = x_n - x_0$

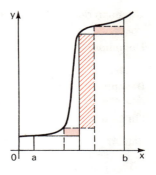

d) $\displaystyle\sum_{\mu=1}^{k} c\,(x_\mu - x_{\mu-1}) = c\,(x_k - x_0)$

e) $\displaystyle\sum_{\mu=1}^{n} (k + mx_\mu)^2 = nk^2 + 2mk \sum_{\mu=1}^{n} x_\mu + m^2 \sum_{\mu=1}^{n} x_\mu^2$

5. Gegeben sei eine in $J = [a; b]$ definierte und beschränkte Funktion f und $\langle Z_n \rangle$ eine Folge von Zerlegungen des Intervalls J mit

$$\lim_{n \to \infty} [\overline{S}(Z_n) - \underline{S}(Z_n)] = 0.$$

Darf daraus der Schluß gezogen werden, daß die Folge $\overline{S}(Z_n)$ der Obersummen und die Folge $\underline{S}(Z_n)$ der Untersummen bezüglich f eine Intervallschachtelung bilden?

Fig. 7.10

Hinweis: Für die Beantwortung der Frage beachte Fig. 7.10.

6.* Warum bestimmen im Fall der fortgesetzten Intervallhalbierung eines Intervalls $J = [a; b]$ die Folgen $\overline{S}(Z_n)$ und $\underline{S}(Z_n)$ bezüglich *jeder* Funktion f: $[a; b] \longrightarrow \mathbb{R}$ mit den Bedingungen der Aufgabe 5 eine Intervallschachtelung? Auf welches Zahlenintervall bezieht sich diese Schachtelung?

7. Warum gilt: $\displaystyle\int_{-a}^{+a} x^2\,dx = 2 \cdot \int_{0}^{a} x^2\,dx,$ $(a \in \mathbb{R})$

Wie ist dieses Ergebnis geometrisch zu deuten?

8. Beweise mit Hilfe der Berechnungsformel (7):

$$\int_a^b x\,dx = \frac{b^2}{2} - \frac{a^2}{2}$$

9. Beweise mit Hilfe der Berechnungsformel (7) für eine integrierbare Funktion f:

a) $\displaystyle\int_a^b k \cdot f(x)\,dx = k \cdot \int_a^b f(x)\,dx$ b) $\displaystyle\int_a^b f(x)\,dx = -\int_b^a f(x)\,dx$

7.2.3. Eigenschaften des bestimmten Integrals

Wir wollen nun einige wichtige Gesetze der Integration kennenlernen, die die Berechnung und Umformung bestimmter Integrale erleichtern. Dabei wollen wir zunächst den Begriff des bestimmten Integrals durch eine geeignete Definition erweitern. In der Schreibweise

$$\int_a^b f(x)\,dx$$

war bisher immer $b > a$ vorausgesetzt. Bei manchen Umformungen ist es aber zweckmäßig, die Integrationsgrenzen zu vertauschen bzw. für $b > a$ auch den Ausdruck

$$\int_b^a f(x)\,dx$$

zuzulassen. Die Berechnungsformel (7) läßt folgende Definition sinnvoll erscheinen:

Definition: $\displaystyle\int_b^a f(x)\,dx := -\int_a^b f(x)\,dx; \quad (a < b)$ (9a)

Um auch den Fall $b = a$ mit einzuschließen, muß weiter vereinbart werden:

Definition: $\displaystyle\int_a^a f(x)\, dx := 0$ (9b)

Beachte: Wird das Integrationsintervall mit $[a; b]$ angegeben, so ist stets $b \geq a$ vorausgesetzt.

Für bestimmte Integrale gelten die sogenannten *Linearitätseigenschaften*:

Satz 4:

Sind f und g in $[a; b]$ integrierbar und ist k eine feste reelle Zahl, so sind auch die Funktionen $k \cdot f$ und $f + g$ in $[a; b]$ integrierbar und es gilt:

$$\int_a^b k \cdot f(x)\, dx = k \cdot \int_a^b f(x)\, dx$$

$$\int_a^b [f(x) + g(x)]\, dx = \int_a^b f(x)\, dx + \int_a^b g(x)\, dx$$

Beweis:

Beide Formeln ergeben sich leicht aus (7) unter Anwendung der Grenzwertsätze in 3.2.2. Wir beschränken uns auf die Begründung der zweiten Formel:

$$\int_a^b [f(x) + g(x)]\, dx = \lim_{n \to \infty} \frac{b-a}{n} \sum_{\mu=1}^{n} \left[f\left(a + \mu\, \frac{b-a}{n}\right) + g\left(a + \mu\, \frac{b-a}{n}\right) \right] =$$

$$= \lim_{n \to \infty} \frac{b-a}{n} \sum_{\mu=1}^{n} f\left(a + \mu\, \frac{b-a}{n}\right) + \lim_{n \to \infty} \frac{b-a}{n} \sum_{\mu=1}^{n} g\left(a + \mu\, \frac{b-a}{n}\right)$$

$$= \int_a^b f(x)\, dx + \int_a^b g(x)\, dx$$

Die Anwendung von (7) setzt den Nachweis voraus, daß mit f und g auch die Funktion $f + g$ in $[a; b]$ im Sinne der Grenzwertdefinition integrierbar ist, was dem Leser überlassen sei (vgl. Aufgabe 12).

Bemerkung: Die Bezeichnung „Linearitätseigenschaften" soll an die entsprechenden Eigenschaften der linearen Funktion $f: x \mapsto ax$; $D_f = \mathbb{R}$ erinnern. Hier gilt:

$$f(k \cdot x) = k \cdot f(x) \qquad \text{sowie} \qquad f(u + v) = f(u) + f(v)$$

Auch bei der Differentiation macht man von derartigen Linearitätseigenschaften Gebrauch, wie die Ableitungsregeln in 4.3. zeigen. Differentiation und Integration heißen daher auch *lineare Operationen*.

1. Beispiel: Mit Satz 4 und Formel (8) in 7.2.2. können wir die im Einführungsbeispiel zu 7.1.1. mitgeteilte Maßzahl für den Inhalt der Fläche, die der Graph von $f: x \mapsto \frac{1}{2}x^2$ in $[0; 2]$ mit der x-Achse einschließt, berechnen:

$$\int_0^2 \frac{x^2}{2}\, dx = \frac{1}{2} \int_0^2 x^2\, dx = \frac{1}{2}\left(\frac{2^3}{3} - \frac{0^3}{3}\right) = \frac{4}{3}$$

2. Beispiel: Unter Verwendung der bisher gefundenen Formeln:

$$\int_a^b c\, dx = c(b-a); \qquad \int_a^b x\, dx = \frac{b^2}{2} - \frac{a^2}{2}; \qquad \int_a^b x^2\, dx = \frac{b^3}{3} - \frac{a^3}{3}$$

lassen sich z.B. folgende Integrale berechnen:

a) $\int_0^2 (3x^2 - 5x + 8)\,dx = 3 \int_0^2 x^2\,dx - 5 \int_0^2 x\,dx + 8 \int_0^2 dx =$

$$= 3\left(\frac{2^3}{3} - \frac{0^3}{3}\right) - 5\left(\frac{2^2}{2} - \frac{0^2}{2}\right) + 8\,(2-0) = 8 - 10 + 16 = \mathbf{14}$$

b) $\int_2^4 \left(2x - \frac{1}{2}\right)^2 dx = \int_2^4 \left(4x^2 - 2x + \frac{1}{4}\right) dx = 4\int_2^4 x^2\,dx - 2\int_2^4 x\,dx + \frac{1}{4}\int_2^4 dx =$

$$= 4\left(\frac{4^3}{3} - \frac{2^3}{3}\right) - 2\left(\frac{4^2}{2} - \frac{2^2}{2}\right) + \frac{1}{4}\,(4-2) = \mathbf{63\tfrac{1}{6}}$$

Die aus Satz 4 folgende Formel

$$\int_a^b [f(x) - g(x)]\,dx = \int_a^b f(x)\,dx - \int_a^b g(x)\,dx$$

läßt eine wichtige geometrische Deutung zu. Wir setzen dabei zunächst $f(x) \geqq 0$ und $g(x) \geqq 0$ in $[a; b]$ voraus (vgl. Fig. 7.11). Es ergibt sich der Inhalt A der von den Graphen G_f und G_g innerhalb von $[a; b]$ eingeschlossenen Fläche, sofern $f(x) \geqq g(x)$ für alle $x \in [a; b]$. Unter dieser Voraussetzung gilt die folgende Formel auch noch für $f(x) < 0$ bzw. $g(x) < 0$, wie man sich leicht überlegt.

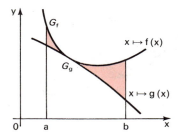

Fig. 7.11

Für das Inhaltsmaß A des Flächenstücks zwischen den Graphen G_f und G_g in $[a; b]$ gilt demnach:

$$\boxed{A = \int_a^b [f(x) - g(x)]\,dx \quad \text{mit} \quad f(x) \geqq g(x)}$$

Daneben ergibt sich für das bestimmte Integral unmittelbar aus der Berechnungsformel (7) die sogenannte *Monotonieeigenschaft*:

Satz 5:

Sind f und g in $[a; b]$ integrierbare Funktionen und ist $f(x) < g(x)$ für alle $x \in [a; b]$, so gilt:

$$\int_a^b f(x)\,dx < \int_a^b g(x)\,dx$$

Dieser Satz findet bei der Abschätzung bestimmter Integrale mit Hilfe von Schrankenfunktionen Anwendung.

Insbesondere folgt aus $m \leqq f(x) \leqq M$ für alle $x \in [a; b]$:

$$\boxed{m\,(b-a) \leqq \int_a^b f(x)\,dx \leqq M\,(b-a)} \tag{10}$$

Schließlich gilt über die *abschnittsweise Integration*:

Satz 6:

Eine in [a; b] integrierbare Funktion f ist auch in jedem Teilintervall von [a; b] integrierbar. Insbesondere gilt für $a < c < b$:

$$\int_a^b f(x)\,dx = \int_a^c f(x)\,dx + \int_c^b f(x)\,dx.$$

Beweis: [*]

Wir beschränken uns auf den Integrierbarkeitsnachweis für die Teilintervalle $J_1 = [a; c]$ und
$J_2 = [c; b]$.
Für eine beliebige Zerlegung Z_n von [a; b] und die Zerlegung $Z = (a, c, b)$ gilt:

$$\left.\begin{array}{l} \bar{S}(Z_n + Z) \leqq \bar{S}(Z_n) \\ \underline{S}(Z_n + Z) \geqq \underline{S}(Z_n) \end{array}\right\} \Rightarrow 0 \leqq \bar{S}(Z_n + Z) - \underline{S}(Z_n + Z) \leqq \bar{S}(Z_n) - \underline{S}(Z_n) \tag{A}$$

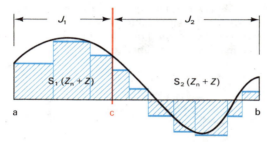

Fig. 7.12

Wir betrachten nun die Ober- und Untersummen $\bar{S}_1(Z_n + Z)$, $\underline{S}_1(Z_n + Z)$ bzw. $\bar{S}_2(Z_n + Z)$, $\underline{S}_2(Z_n + Z)$
bezüglich f in den Teilintervallen J_1 bzw. J_2 (vgl. Fig. 7.12). Es ist:

$$\bar{S}(Z_n + Z) = \bar{S}_1(Z_n + Z) + \bar{S}_2(Z_n + Z); \quad \underline{S}(Z_n + Z) = \underline{S}_1(Z_n + Z) + \underline{S}_2(Z_n + Z)$$

und damit:

$$\bar{S}(Z_n + Z) - \underline{S}(Z_n + Z) = [\bar{S}_1(Z_n + Z) - \underline{S}_1(Z_n + Z)] + [\bar{S}_2(Z_n + Z) - \underline{S}_2(Z_n + Z)] \tag{B}$$

Wegen der Integrierbarkeit von f in J (im Sinne von Satz 3) gilt:

$$\lim_{n \to \infty} [\bar{S}(Z_n) - \underline{S}(Z_n)] = 0 \Rightarrow \lim_{n \to \infty} [\bar{S}(Z_n + Z) - \underline{S}(Z_n + Z)] = 0 \text{ wegen (A)}.$$

Da die eckigen Klammern in (B) nichtnegativ sind, folgt daraus für J_1, J_2:

$$\lim_{n \to \infty} [\bar{S}_1(Z_n + Z) - \underline{S}_1(Z_n + Z)] = \lim_{n \to \infty} [\bar{S}_2(Z_n + Z) - \underline{S}_2(Z_n + Z)] = 0$$

Damit ist die Integrierbarkeit von f in J_1 und J_2 wegen Satz 3 gezeigt, und es gilt:

$$\lim_{n \to \infty} \bar{S}_1(Z_n + Z) = \int_a^c f(x)\,dx \quad \text{sowie} \quad \lim_{n \to \infty} \bar{S}_2(Z_n + Z) = \int_c^b f(x)\,dx \quad \text{und damit}$$

$$\lim_{n \to \infty} \bar{S}(Z_n + Z) = \int_a^b f(x)\,dx = \int_a^c f(x)\,dx + \int_c^b f(x)\,dx, \quad \text{w.z.b.w.}$$

3. Beispiel: Aus Satz 6 folgt für $a = -b$ und $c = 0$ zunächst

$$\int_{-b}^b f(x)\,dx = \int_{-b}^0 f(x)\,dx + \int_0^b f(x)\,dx$$

Gilt nun für alle $x \in D_f$ die Gleichung $f(x) = f(-x)$, so ist die y-Achse eine Sym-
metrieachse des Graphen von f, und wir erhalten wegen (7):

$$\int_{-b}^b f(x)\,dx = 2\int_0^b f(x)\,dx \qquad \text{(vgl. auch Aufgabe 7 in 7.2.2.)}$$

Bemerkung: Die Gleichung in Satz 6 kann auch von rechts nach links gelesen werden. Geht man dabei von der Integrierbarkeit der Funktion f in [a; c] und [c; b] aus, so kann daraus die Integrierbarkeit in [a; b] gefolgert werden. Diese sogenannte *Additivitätseigenschaft* des bestimmten Integrals bedarf eines gesonderten Beweises, der allerdings aus dem Beweis zu Satz 6 leicht gefolgert werden kann. Man beachte dazu Aufgabe 19.

Aufgaben

1. Berechne folgende Integrale unter Verwendung der schon entwickelten, im 2. Beispiel zusammengestellten drei Formeln:

a) $\int\limits_{1}^{4} 3x\,dx$ b) $\int\limits_{0}^{3} 4x^2\,dx$ c) $\int\limits_{0}^{\sqrt{c}} \frac{x^2}{c}\,dx$ (c > 0)

d) $\int\limits_{-1}^{2} (1 + x + x^2)\,dx$ e) $\int\limits_{-1}^{2} (3 - 2x + 3x^2)\,dx$ f) $\int\limits_{-1}^{-2} (3x - 2)^2\,dx$

2. Gegeben sind die Funktionen f: $x \mapsto 2x$ und g: $x \mapsto kx^2$, $(k \in \mathbb{R})$, die beide in $\mathbb{R}$ definiert sind.

a) Man bestimme die Schnittpunkte der beiden Funktionsgraphen in Abhängigkeit vom Parameter k.

b) Zeichne die Graphen von f und g in [−1; 5] für k = 0,5 (1 LE = 1 cm)!

c) Berechne den Inhalt des Flächenstücks, das die Graphen von f und g in Teilaufgabe b) einschließen! Wie lautet die Inhaltsformel allgemein für k > 0? Wie läßt sich der Fall k < 0 geometrisch interpretieren?

3. Welchen Inhalt hat die Fläche, die die Gerade mit der Gleichung 3x − 2y = 0 mit dem Graphen der Funktion f: $x \mapsto 0,5x^2$ einschließt?

4. Auf dem Graphen G_f von f: $x \mapsto \frac{1}{4}x^2 + 1$ liegen die Punkte P_1 (4; ?) und P_2 (−2; ?). Berechne den Inhalt des von der Geraden $P_1 P_2$ abgeschnittenen Kurvensegments!

5. Es ist der Inhalt der Fläche zu berechnen, die der Graph von f: $x \mapsto -\frac{1}{3}x^2 + 2x + 1$ mit der Ordinate des höchsten Punktes, der x-Achse und der y-Achse einschließt.

6. Für welche Werte von λ > 0 gilt:

a) $\int\limits_{0}^{\lambda} x^2\,dx = 72$ b) $\int\limits_{0}^{\sqrt{\lambda}} (x + 1)\,dx = 12$ c) $\int\limits_{\lambda}^{2\lambda} x\,dx = 6$

7. Gegeben ist die Funktion

$$f: x \mapsto f(x) = \begin{cases} \frac{3}{2}x & \text{für } -2 \leq x \leq 4 \\ 0,5x^2 - x + 2 & \text{für } 4 < x \leq 6 \end{cases}$$

a) Man untersuche f auf Stetigkeit an der Stelle x = 4.

b) Warum ist f in [−2; 6] integrierbar? Berechne:

$$\int\limits_{-2}^{6} f(x)\,dx$$

8. Der Graph einer in [−a; a] integrierbaren Funktion f ist punktsymmetrisch zum Ursprung des Koordinatensystems. Was ergibt:

$$\int\limits_{-a}^{a} f(x)\,dx\,?$$

Wie ist das Ergebnis geometrisch zu deuten?

9. Gegeben ist die Funktion f: $x \mapsto 2x^2 - 3x - 2$; $x \in \mathbb{R}$.

a) Man zeichne den Graphen von f in [0; 3] (1 LE = 2 cm).

b) Welchen Inhalt hat das Flächenstück, das der Graph mit der x-Achse zwischen den Ordinaten zu x = 0 und x = 3 einschließt?

10. Für den Term $f(x)$ einer in $\mathbb{R}$ definierten und in $[0; 0,5]$ integrierbaren Funktion f: $x \mapsto f(x)$ gelte die Ungleichung:

$$x - x^2 \leqq f(x) \leqq x + x^2$$

Es soll für das Integral

$$\int_0^{0,5} f(x)\,dx$$

eine möglichst kleine obere Schranke S und eine möglichst große untere Schranke s bestimmt werden, so daß die Abschätzung gilt:

$$s \leqq \int_0^{0,5} f(x)\,dx \leqq S$$

11. Man zeige mit Hilfe der Monotonieeigenschaft des bestimmten Integrals für jede in $[a; b]$ integrierbare Funktion f:

$$f(x) > 0 \quad \text{für} \quad x \in [a; b] \;\Rightarrow\; \int_a^b f(x)\,dx > 0$$

$$f(x) < 0 \quad \text{für} \quad x \in [a; b] \;\Rightarrow\; \int_a^b f(x)\,dx < 0$$

Gilt jeweils auch die Umkehrung? Begründe die Antwort, ggf. durch ein Gegenbeispiel!

12. Mit Hilfe der Grenzwertdefinition der Integrierbarkeit ist zu zeigen:

Sind die Funktionen f *und* g *in* $[a; b]$ *integrierbar, so gilt dies auch für die Funktionen* $k \cdot f$, $(k \in \mathbb{R})$ *und* $f + g$.

13. Beweise die folgende Additivitätseigenschaft des bestimmten Integrals:

Ist eine Funktion f *in* $J_1 = [a; b]$ *und in* $J_2 = [b; c]$ *integrierbar, so ist sie auch in* $[a; c]$ *integrierbar.*

 Ergänzungen und Ausblicke

Das bestimmte Integral in der Physik

1. Das Arbeitsintegral

a) Arbeit bei konstanter Kraft (Fig. 7.13)

Wirkt eine konstante Kraft $F = c$ in Richtung eines Weges s, so errechnet sich die verrichtete Arbeit zu $W = c \cdot s$. In einem kartesischen Koordinatensystem mit der x-Achse als Weg-Achse und der y-Achse als Kraft-Achse läßt sich die Größe W durch den Inhalt eines Rechtecks veranschaulichen. Beginnt der Weg bei $x = a$ und endet bei $x = b$, so gilt:

$$W = c \cdot (b - a)$$

Man nennt die Darstellung in Fig. 7.13 ein Kraft–Weg-Diagramm.

b) Arbeit bei veränderlicher Kraft (Fig. 7.14)

Bei vielen Arbeitsvorgängen in der Physik wirkt nicht an jeder Stelle des zurückgelegten Weges die gleiche Kraft, d.h., die Kraft-Weg-Funktion ist nicht die konstante Funktion.

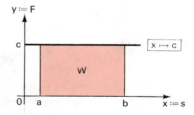

Fig. 7.13

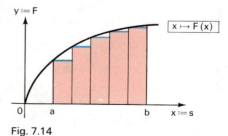

Fig. 7.14

Wir schreiben allgemein:

$$F: x \longmapsto F(x) \quad \text{für } x \in [a; b]$$

Der Graph einer solchen Funktion ist im Kraft-Weg-Diagramm der Fig. 7.14 dargestellt.

Zur Definition der Arbeit bei veränderlicher Kraft denken wir uns das zurückgelegte Weg-Intervall [a; b] in Teilintervalle zerlegt, in denen die wirkende Kraft jeweils als konstant angenommen wird. Und zwar wählen wir in jedem Teilintervall (einer Zerlegung Z_n mit n Teilintervallen) jeweils das Infimum von F als Konstante. Wir ersetzen damit die Kraft-Weg-Funktion durch eine Treppenfunktion. Die Gesamtarbeit längs dieser stückweise konstanten Kraft im Weg-Intervall [a; b] ist ihrer Maßzahl nach gleich der des Inhalts der entstehenden Rechteckssumme und damit gleich der Untersumme $\underline{W}(Z_n)$ bezüglich F zur Zerlegung Z_n.

Ist nun F eine in [a; b] *integrierbare Funktion*, so ergibt sich aus den früheren Überlegungen zur Flächenmessung und zum bestimmten Integral als *Definition der Arbeit* bei veränderlicher Kraft F: $x \longmapsto F(x)$ längs des Wegintervalls [a; b]:

$$W := \int_a^b F(x)\, dx \qquad \text{(Arbeitsintegral der Physik)}$$

2. Energie einer gespannten Feder

Für eine Schraubenfeder gilt innerhalb der Elastizitätsgrenze das Hookesche Gesetz: Die Kraft F ist der Dehnung x proportional.

$$F(x) = k \cdot x$$

k heißt die Federkonstante. Sie hängt von der Form und vom Material der Feder ab und gibt den Betrag der Kraft an, die aufgewendet werden muß, um die Feder im Gleichgewicht zu halten, wenn sie um $x = 1$ gedehnt wurde (Fig. 7.15). Soll die Feder von der Marke $x = a$ bis zur Marke $x = b$ gedehnt werden, ist dazu die Arbeit

$$W = \int_a^b F(x)\, dx = \int_a^b k \cdot x\, dx = k \cdot \int_a^b x\, dx =$$

$$= \frac{k}{2}(b^2 - a^2)$$

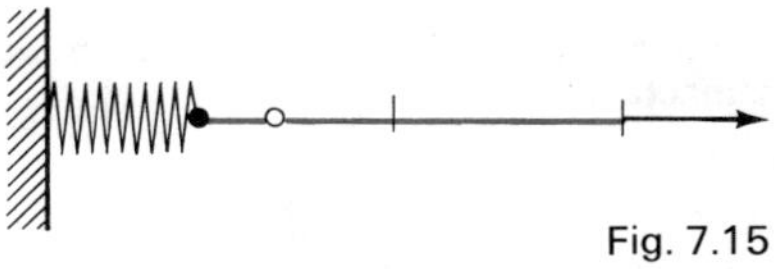

Fig. 7.15

nötig. Die aufgewendete Arbeit steckt als Energie in der Feder.

Wird die Feder insbesondere aus der Ruhelage $x = 0$ um s gedehnt, ist $a = 0$ und $b = s$, und wir erhalten als Energie der gespannten Feder

$$W = \frac{k}{2} s^2$$

Beispiel: Um eine entspannte Feder mit der Federkonstanten $k = 800$ N m^{-1} um 10 cm zu spannen, ist die Arbeit $W = 400$ N m^{-1} $(0{,}1$ m$)^2 = 4$ N m $= 4$ J nötig.

Aufgabe

Auf eine Feder läßt man die Kraft 5 N wirken. Sie dehnt sich um 2 cm. Dann dehnt man die Feder um weitere 8 cm. Welche Energie hat sie jetzt? Fertige ein Kraft-Weg-Diagramm an mit 1 N $\hat{=} 0{,}5$ cm und erläutere die geometrische Deutung der berechneten Energie!

8. WEITERFÜHRENDE BETRACHTUNGEN ZUR INTEGRATION

8.1. Klassen integrierbarer Funktionen

Bislang haben wir immer nur spezielle Funktionen, wie z. B. f: $x \mapsto x^2$, auf Integrierbarkeit untersucht. Dabei konnten wir mit Hilfe von Satz 4 in 7.2.3. weitere integrierbare Funktionen gewinnen, ohne in jedem Einzelfall den Nachweis dafür erbringen zu müssen.

Wir wollen nun in aller Allgemeinheit zeigen, daß alle in [a; b] definierten monotonen Funktionen, aber auch alle in [a; b] stetigen Funktionen integrierbar sind. Ist dieser Nachweis erbracht, so brauchen wir eine Funktion aus den genannten Funktionsklassen nicht mehr gesondert auf Integrierbarkeit zu untersuchen. Die Berechnung des bestimmten Integrals wird allerdings dadurch noch nicht erleichtert.

8.1.1. Die Integrierbarkeit monotoner Funktionen

Satz 1:

> Jede im abgeschlossenen Intervall $J = [a; b]$ definierte und monotone Funktion ist in J integrierbar.

Beweis:[1]

Ohne Beschränkung der Allgemeinheit führen wir den Beweis für eine in [a; b] monoton wachsende Funktion f: $x \mapsto f(x)$. Definitionsgemäß gilt für eine solche Funktion:

$$x_1, x_2 \in [a; b] \wedge x_1 < x_2 \Rightarrow f(x_1) \leqq f(x_2) \tag{A}$$

Der Nachweis der Integrierbarkeit ergibt sich aufgrund der Grenzwertdefinition in 7.2. Dabei gilt zunächst:

$$\overline{S}(Z_n) - \underline{S}(Z_n) =$$

$$\sum_{\mu=1}^{n} [\sup_{n\mu}(f) - \inf_{n\mu}(f)] \frac{b-a}{n} = \frac{b-a}{n} \cdot \sum_{\mu=1}^{n} [\sup_{n\mu}(f) - \inf_{n\mu}(f)] \tag{B}$$

Da f als monoton wachsend vorausgesetzt wird, folgt aus (A):

$$\sup_{n\mu}(f) = f\left(a + \mu \frac{b-a}{n}\right) \quad \text{sowie} \quad \inf_{n\mu}(f) = f\left(a + (\mu-1) \frac{b-a}{n}\right)$$

Das heißt: Das Infimum liegt jeweils am linken, das Supremum am rechten Rand des Teilintervalls. Damit heben sich bei der Aufsummierung in (B) alle Funktionswerte bis auf f(a) und f(b) gegenseitig auf (vgl. Aufgabe 4c in 7.2.2.). Es ergibt sich also:

$$\overline{S}(Z_n) - \underline{S}(Z_n) = \frac{b-a}{n} [f(b) - f(a)] \Rightarrow \lim_{n \to \infty} [\overline{S}(Z_n) - \underline{S}(Z_n)] = 0$$

Somit ist $\lim_{n \to \infty} \overline{S}(Z_n) = \lim_{n \to \infty} \underline{S}(Z_n)$, w.z.b.w.

Aus Satz 1 folgt wegen der Additivitätseigenschaft des bestimmten Integrals, daß jede beschränkte Funktion f: [a; b] $\to \mathbb{R}$ in [a; b] integrierbar ist, falls gilt: Das Definitionsintervall [a; b] zerfällt in endlich viele abgeschlossene Teilintervalle, in denen f monoton ist. Man nennt solche Funktionen *abschnittsweise monoton*. Damit

---

[1] Der Beweis kann im Grundkurs übergangen werden.

ergibt sich z. B. die Integrierbarkeit der folgenden Funktionen in jedem abgeschlossenen Intervall [a; b]:

$$f_1: x \mapsto x^2, \qquad f_2: x \mapsto x^3, \qquad f_3: x \mapsto \sin x,$$

$$f_4: x \mapsto \frac{1}{1 + x^2}, \qquad f_5: x \mapsto \sqrt{1 + x^2}$$

Aufgrund der vorausgegangenen Bemerkung könnte man der Meinung sein, daß Satz 1 zusammen mit der Additivitätseigenschaft des bestimmten Integrals die Integrierbarkeit aller in einem abgeschlossenen Intervall stetigen Funktionen sichert. Dies würde jedoch nur dann zutreffen, wenn jede stetige Funktion immer auch eine abschnittsweise monotone Funktion wäre. Eine solche Annahme ist aber falsch. Sie wird *widerlegt* durch folgendes Gegenbeispiel (Fig. 8.1):

 Beispiel: Die schon im 4. Beispiel zu 3.4.3. betrachtete Funktion

$$f: x \mapsto \begin{cases} x \sin \dfrac{1}{x} & \text{für} \quad x \neq 0 \\ 0 & \text{für} \quad x = 0 \end{cases}$$

ist in jedem Intervall, das den Ursprung enthält, nicht abschnittsweise monoton. Denn es ist nicht möglich, ein solches Intervall in *endlich* viele ‚Monotonieabschnitte' zu zerlegen. Andererseits ist aber f überall in $\mathbb{R}$ stetig. (Fig. 8.1)

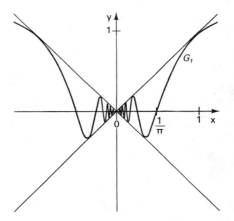

Fig. 8.1

8.1.2.* Die Integrierbarkeit stetiger Funktionen

Bevor wir die Integrierbarkeit aller in einem abgeschlossenen Intervall stetigen Funktionen zeigen können, müssen wir zunächst über eine wichtige Eigenschaft stetiger Funktionen in einem abgeschlossenen Intervall sprechen. Diesem Zweck dienen die folgenden Überlegungen, auf die ebenso wie auf die weiteren Beweise von 8.1. verzichtet werden kann.[1]

Definitionsgemäß ist eine Funktion f in $x_0 \in D_f$ stetig, wenn es zu jedem $\varepsilon > 0$ ein $\delta > 0$ gibt, so daß für alle $x \in D_f$ gilt:

$$x_0 - \delta < x < x_0 + \delta \quad \Rightarrow \quad f(x_0) - \varepsilon < f(x) < f(x_0) + \varepsilon$$

oder kürzer:

$$x \in U_\delta(x_0) \quad \Rightarrow \quad f(x) \in V_\varepsilon(f(x_0))$$

---

[1] Von diesem Abschnitt braucht notfalls nur der Inhalt von Satz 3 zur Kenntnis genommen zu werden.

Bemerkung: $V_\varepsilon(f(x_0))$ ist die ε-Umgebung von $f(x_0)$. Gleichwertig mit der obenstehenden Schreibweise ist schließlich auch:

$$|x - x_0| < \delta \;\Rightarrow\; |f(x) - f(x_0)| < \varepsilon \tag{A}$$

Ist die Funktion f überall in einem Intervall $J \subseteq D_f$ stetig, so gilt für jedes $x_0 \in J$ eine derartige Aussage. Dennoch kann es vorkommen, daß zu einem bestimmten Zahlenwert $\varepsilon_0 > 0$ für *jedes* $\delta > 0$ eine Zahl u und eine Zahl v mit u, v $\in D_f$ so gefunden werden können, daß gilt:

$$|u - v| < \delta \quad \textit{und zugleich} \quad |f(u) - f(v)| \geqq \varepsilon \tag{B}$$

Beispiel: Die Funktion f: $x \mapsto \dfrac{1}{x}$ ist überall in $J = \,]\,0;\,1]$ stetig.

Denn es gilt für alle $x \in J$

falls $x < x_0$: $|x - x_0| < \delta = \varepsilon x^2 \Rightarrow \left|\dfrac{1}{x} - \dfrac{1}{x_0}\right| = \dfrac{x_0 - x}{xx_0} < \dfrac{\varepsilon x^2}{x^2} = \varepsilon$

falls $x > x_0$: $|x - x_0| < \delta = \varepsilon x_0^2 \Rightarrow \left|\dfrac{1}{x} - \dfrac{1}{x_0}\right| = \dfrac{x - x_0}{xx_0} < \dfrac{\varepsilon x_0^2}{x_0^2} = \varepsilon$

Wählen wir nun $\varepsilon_0 = 1$, so gilt für $u = \frac{1}{10}$, $v = \frac{1}{11}$:

$$|u - v| < \dfrac{1}{100} \quad \textit{und zugleich} \quad \left|\dfrac{1}{u} - \dfrac{1}{v}\right| = 1$$

Entsprechend gilt z. B. für $u = \frac{1}{100}$, $v = \frac{1}{102}$:

$$|u - v| < \dfrac{1}{5000} \quad \textit{und zugleich} \quad \left|\dfrac{1}{u} - \dfrac{1}{v}\right| = 2 > 1$$

Man kann diese Überlegung für jedes $\delta > 0$ anstellen, indem man

$$u = \dfrac{1}{n} \quad \text{und} \quad v = \dfrac{1}{n + 1} \quad \text{mit} \quad n^2 > \dfrac{1}{\delta}$$

wählt. Der Nachweis sei dem Leser überlassen.

Diese Erkenntnis veranlaßt uns, im folgenden nur solche in einem Intervall J stetigen Funktionen f zu betrachten, für die (B) *nicht* zutrifft. Man nennt solche Funktionen in J *gleichmäßig stetig*.

Definition:

> Eine in J definierte Funktion f heißt dort gleichmäßig stetig, wenn es zu jedem $\varepsilon > 0$ ein $\delta > 0$ gibt, so daß für alle u, v $\in J$ gilt:
> $$|u - v| < \delta \;\Rightarrow\; |f(u) - f(v)| < \varepsilon$$

Man sieht sofort, daß die gleichmäßige Stetigkeit die gewöhnliche Stetigkeit mit einschließt, darüber hinaus aber die Möglichkeit (B) nicht zuläßt.

Ist J ein abgeschlossenes Intervall, so gilt:

Satz 2:

> Eine in einem abgeschlossenen Intervall stetige Funktion ist dort gleichmäßig stetig.

Beweis: (indirekt)

Wir gehen von einer im abgeschlossenen Intervall $J = [a; b]$ definierten und überall stetigen Funktion f aus. Wir nehmen nun an, daß Satz 2 nicht gilt, d. h., daß f in J nicht gleichmäßig stetig ist. Dann kann man J durch Intervallhalbierung in zwei abgeschlossene Teilintervalle $J_1 = [a; t]$ und $J_2 = [t; b]$ mit $t = \frac{1}{2}(a + b)$ zerlegen. Dann ist f wenigstens in einem der beiden Teilintervalle nicht gleichmäßig stetig, z. B. in J_1.

J_1 läßt sich durch eine weitere Intervallhalbierung der geschilderten Art wieder in zwei abgeschlossene Teilintervalle zerlegen, von denen wieder wenigstens eines die Eigenschaft hat, daß f dort nicht gleichmäßig stetig ist.

Dieses Verfahren läßt sich nach dem Prinzip der Intervallschachtelung beliebig weit fortsetzen und definiert genau eine reelle Zahl — wir nennen sie x_0 — als gemeinsamen Grenzwert der Folgen der Intervallgrenzen (man vergleiche 3.2.3.). Da alle vorkommenden Teilintervalle abgeschlossen und Teilmengen des abgeschlossenen Intervalls J sind, gilt $x_0 \in J$.

Da f in den einzelnen ineinandergeschachtelten Intervallen aufgrund unserer Annahme nicht gleichmäßig stetig ist, ist f in jeder δ-Umgebung von x_0 nicht gleichmäßig stetig.

Die Annahme, daß f in $J = [a; b]$ nicht gleichmäßig stetig ist, läuft also auf die Annahme hinaus, daß zu einem bestimmten $\varepsilon_0 > 0$ für *jedes* $\delta > 0$ eine Zahl u und eine Zahl v so gefunden werden können, daß gilt:

$$u, v \in U_{\delta/2}(x_0) \cap J \quad \text{und zugleich} \quad |f(u) - f(v)| \geqq \varepsilon_0$$

Daraus folgt zunächst:

$$|u - v| = |u - x_0 + x_0 - v| \leqq |u - x_0| + |v - x_0| < \frac{\delta}{2} + \frac{\delta}{2} = \delta$$

Zum anderen ergibt sich aus der vorausgesetzten Stetigkeit von f in $J = [a; b]$, also auch in x_0, bei geeigneter Wahl von δ:

$$x \in U_{\delta/2}(x_0) \cap J \;\Rightarrow\; |f(x) - f(x_0)| < \frac{\varepsilon_0}{2}$$

Daraus folgt für *je* zwei Zahlen u, v $\in U_{\delta/2}(x_0) \cap J$

$$|f(u) - f(v)| \leqq |f(u) - f(x_0)| + |f(v) - f(x_0)| < \frac{\varepsilon_0}{2} + \frac{\varepsilon_0}{2} = \varepsilon_0$$

Dies aber steht im Widerspruch zu der Annahme

$$u, v \in U_{\delta/2}(x_0) \cap J \quad \text{und zugleich} \quad |f(u) - f(v)| \geqq \varepsilon_0$$

Die Annahme, daß f in $[a; b]$ nicht gleichmäßig stetig ist, erweist sich also als unhaltbar, womit Satz 2 bewiesen ist.

Damit liegt das Rüstzeug bereit, um die Integrierbarkeit von Funktionen, die in einem abgeschlossenen Intervall stetig sind, beweisen zu können.

Satz 3:

> Jede im abgeschlossenen Intervall $J = [a; b]$ definierte und stetige Funktion ist in J integrierbar.

Beweis:

Wir stützen uns wie beim Beweis von Satz 1 auf Satz 3 aus 7.2.2., wobei wir wieder die Zerlegungsfolge $\langle Z_n \rangle$ durch n-Teilung des Intervalls $J = [a; b]$ heranziehen:

$$\overline{S}(Z_n) - \underline{S}(Z_n) = \sum_{\mu=1}^{n} [\sup_{n_\mu}(f) - \inf_{n_\mu}(f)] \cdot \frac{b-a}{n}$$

Da f im abgeschlossenen Intervall J wegen Satz 2 gleichmäßig stetig ist, gibt es zu jedem $\varepsilon > 0$ eine Zahl $\delta > 0$, so daß für *alle* $x_0 \in J$ und alle $x \in J \cap U_\delta(x_0)$ gilt:

$$|f(x) - f(x_0)| < \varepsilon$$

Wir wählen nun die Länge $l\,(J_{n\mu})$ des μ-ten Zerlegungsintervalls $J_{n\mu}$ kleiner als diese Zahl δ, d.h.

$$\frac{b-a}{n} < \delta, \quad \text{was für} \quad n > \frac{b-a}{\delta} \quad \text{sicher erfüllt ist.}$$

Dann gilt (vgl. Fig. 8.2a und b):

$$\sup_{n\mu}(f) - \inf_{n\mu}(f) < \varepsilon;^1$$

Daraus folgt:

$$\overline{S}(Z_n) - \underline{S}(Z_n) < \frac{b-a}{n} \cdot n \cdot \varepsilon = (b-a) \cdot \varepsilon$$

Da ε eine beliebig kleine positive Zahl sein kann, gilt $\lim\limits_{n \to \infty} [\overline{S}(Z_n) - \underline{S}(Z_n)] = 0$.

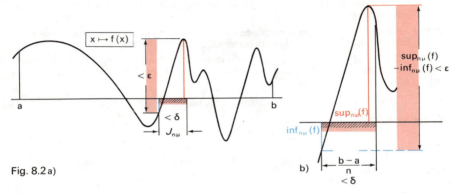

Fig. 8.2 a)   b)

Mit der Integrierbarkeit der stetigen Funktionen haben wir für unsere weiteren Betrachtungen einen großen Vorrat von Funktionen bereitgestellt, deren Integrierbarkeit in einem abgeschlossenen Intervall nicht mehr gesondert untersucht werden muß. Wegen der Additivitätseigenschaft des bestimmten Integrals gilt dies übrigens auch für abschnittsweise stetige Funktionen, d.h. für Funktionen, deren (abgeschlossenes) Integrationsintervall in endlich viele abgeschlossene Teilintervalle so zerlegt werden kann, daß diese Funktionen dort jeweils stetig sind.

Aufgaben

1. Zerlege die Definitionsmenge D der folgenden Funktionen in eine möglichst kleine Zahl von abgeschlossenen Teilintervallen, in denen die Funktionen jeweils monoton sind:

   a) $f: x \mapsto 3x^3 - 7x^2 + 5x - 5;$ $D = [-1; 5]$ b) $f: x \mapsto \sin 2x;$ $D = [-2\pi; \frac{5}{2}\pi]$

   c) $f: x \mapsto \begin{cases} x^2 - 0,5 & \text{für} \quad 1 < x \leq 3 \\ \dfrac{1}{1+x^2} & \text{für} \quad -2 \leq x \leq 1 \end{cases}$ d) $f: x \mapsto |x^3 + 4x^2 + 4x|;$ $D = [-3; 1]$

   In den Fällen b), c) und d) soll auch der Graph der Funktion skizziert werden (1 LE = 1 cm).

2.* Bestimme zu $\varepsilon = 0,1$ eine Zahl δ so, daß für die nachfolgenden Funktionen f: $D \longrightarrow \mathbb{R}$ folgende Ungleichung gilt:

$$|f(x) - f(x_0)| < 0,1 \quad \text{für alle } x_0 \in D \quad \text{und alle} \quad x \in D \cap U_\delta(x_0)$$

---

[1] Man beachte, daß nach dem Extremwertsatz für stetige Funktionen (vgl. 3.5.) $\sup_{n\mu}(f)$ und $\inf_{n\mu}(f)$ auch als Funktionswerte auftreten.

a) $f: x \mapsto 2x - 3$; $D = \mathbb{R}$ b) $f: x \mapsto 2x^2$; $D = [0; 10]$ c) $f: x \mapsto \dfrac{1}{x}$; $D = [1; 2]$

Wie lautet in den Fällen a) und c) jeweils der größtmögliche δ-Wert?

3.* Beweise, daß für $|x| \leq 10$ und $|x_0| \leq 10$ gilt:

$$|x^3 - x_0^3| < \varepsilon \quad \text{für} \quad |x - x_0| < \frac{\varepsilon}{300}$$

4.* Man zeige, daß die Funktion

$$f: x \mapsto \begin{cases} \sin \dfrac{1}{x} & \text{für} \quad x \neq 0 \\ 0 & \text{für} \quad x = 0 \end{cases}$$

im Intervall $]0; 1]$ nicht gleichmäßig stetig ist.

Hinweis: Es genügt nachzuweisen, daß es in jeder noch so kleinen Umgebung von $x = 0$ innerhalb des Intervalls zwei Zahlen u und v gibt, für die gilt: $|f(u) - f(v)| > 1$

5. Näherungsweise Berechnung eines bestimmten Integrals.
Warum ist die Funktion

$$f: x \mapsto \frac{1}{x}$$

in jedem abgeschlossenen Intervall, das den Nullpunkt nicht enthält, integrierbar?
Berechne näherungsweise durch n-Teilung des Intervalls $[1; 2]$ das Integral

$$\int_1^2 \frac{dx}{x}$$

und zwar für $n = 10$ und für $n = 100$, unter Verwendung eines elektronischen Taschenrechners!
Welche Fehlerschranken lassen sich jeweils angeben?

Bemerkung: Der genaue Zahlenwert ist $0{,}693147\ldots$

8.2. Integralfunktion und Stammfunktion

8.2.1. Das Integral als Funktion der oberen Grenze

Der Zahlenwert des bestimmten Integrals einer Funktion f hängt von der Wahl der Integrationsgrenzen ab. Diese müssen zum Integrierbarkeitsintervall von f gehören.
Wir betrachten nun Integrale mit der festen unteren Grenze a und einer variablen oberen Grenze, die wir mit x bezeichnen wollen. Um Verwechslungen mit der meist üblichen Variablenbezeichnung x im Integranden f(x) auszuschließen — man nennt diese Variable die *Integrationsvariable* —, wählen wir hierfür einen anderen Buchstaben, z. B. t. Denn der Wert des Integrals ist natürlich von der Bezeichnung der Integrationsvariablen völlig unabhängig. Wir erhalten damit die Schreibweise

$$\int_a^x f(t)\, dt,$$

die den Term F(x) einer im Integrationsintervall J definierten Funktion F bezeichnet.
Man nennt sie eine *Integralfunktion* von f.

Definition:

> Ist f in J integrierbar, so heißt jede in J definierte Funktion der Form
>
> $$F: x \mapsto F(x) = \int_a^x f(t)\, dt \qquad \text{mit } a \in J$$
>
> eine Integralfunktion von f in J.

Beispiel: Für die Funktion $f: x \mapsto \dfrac{x}{2}$; $D = \mathbb{R}$ führt

$$F(x) = \int_2^x \frac{t}{2}\, dt$$

auf die Integralfunktion $F: x \mapsto \dfrac{x^2}{4} - 1$, während

$$F_0(x) = \int_0^x \frac{t}{2}\, dt$$

Term der Integralfunktion $F_0: x \mapsto \dfrac{x^2}{4}$ ist.

Allgemein gilt wegen (9b) in 7.2.3. stets

$$F(a) = \int_a^a f(t)\, dt = 0$$

Das heißt:

Für jede Integralfunktion F von f ist die untere Integrationsgrenze eine Nullstelle.

Im Hinblick auf die Anwendungen der Integralrechnung, z. B. bei der Messung von Flächeninhalten oder bei der Energieberechnung (vgl. den Ergänzungsabschnitt zu 7.2.), hat die Einführung einer variablen Integrationsgrenze *zunächst* die Bedeutung, das Lösungsschema für eine ganze Klasse von Problemen formelmäßig darzustellen. Während z. B. das bestimmte Integral einer Funktion f mit den Integrationsgrenzen a und b einen ganz bestimmten Flächeninhalt zwischen Funktionsgraph und x-Achse (falls f in [a; b] nicht negativ wird) errechnet, ergibt sich durch die Variation der oberen Grenze die Formel für die Inhalte aller einschlägigen Flächenstücke mit der festen unteren Grenze a. Die variable obere Integrationsgrenze kann daher auch als der Parameter einer Rechenvorschrift gedeutet werden.

8.2.2. Der Begriff der Stammfunktion zu einer Funktion

Wir haben bei unseren bisherigen Betrachtungen zur Integralrechnung die Differentialrechnung völlig außer acht gelassen. Mit der Einführung der Integralfunktion liegt es aber nahe, nach Zusammenhängen zwischen Integration und Differentiation zu fragen.
Betrachten wir z. B. die beiden Integralfunktionen F und F_0 zu

$$f: x \mapsto \frac{x}{2}$$

im Beispiel zu 8.2.1., so erkennen wir sofort, daß beide Funktionen die gleiche Ableitungsfunktion haben und daß diese Ableitungsfunktion mit der Integrandenfunktion übereinstimmt. Ist dies nur zufällig so oder steht dahinter eine fundamentale mathematische Gesetzmäßigkeit? Man vergleiche auch Aufgabe 4.

Bevor wir diese Frage in aller Allgemeinheit klären können, wollen wir zur Kennzeichnung von Funktionen, die in der ersten Ableitung übereinstimmen, einen neuen Begriff einführen.

Definition:

Eine differenzierbare Funktion F heißt Stammfunktion zu einer Funktion f im gemeinsamen Definitionsbereich *D*, wenn $F' = f$ in *D* gilt.

1. Beispiel: F und F_0 im oben erwähnten Beispiel sind Stammfunktionen zu $f: x \mapsto \dfrac{x}{2}$.

Offensichtlich sind sämtliche Integralfunktionen zu f, wenn die untere Integrationsgrenze alle reellen Zahlen durchläuft, auch Stammfunktionen zu f, weil sie sich nur durch eine additive Konstante von einander unterscheiden:

$$F_a(x) = \int\limits_a^x \frac{t}{2}\, dt = \frac{x^2}{4} - \frac{a^2}{4} \;\Rightarrow\; F_a'(x) = \frac{x}{2} = f(x)\,; \qquad (a \in \mathbb{R})$$

2. Beispiel: Wegen $\sin' = \cos$ ist die in $\mathbb{R}$ definierte Funktion $\sin: x \mapsto \sin x$ eine Stammfunktion zu $\cos: x \mapsto \cos x$. Natürlich ist auch die Funktion $F: x \mapsto \sin x + 3$ eine Stammfunktion zu $\cos: x \mapsto \cos x$, denn es ist $F' = \cos$.

Die folgende Tabelle führt die Stammfunktionen zu einigen besonders wichtigen Funktionen auf. Die additive Konstante $C \in \mathbb{R}$ soll zum Ausdruck bringen, wie man eine ganze Schar von Stammfunktionen zu einer Funktion f erhält.

Funktion $f: x \mapsto f(x)$	Stammfunktion $F: x \mapsto F(x)$ zu f	Begründung
$f(x) = x^n; \quad (n \in \mathbb{N})$	$F(x) = \dfrac{x^{n+1}}{n+1} + C$	$F'(x) = x^n = f(x)$
$f(x) = \sin x$	$F(x) = -\cos x + C$	$F'(x) = \sin x = f(x)$
$f(x) = \cos x$	$F(x) = \sin x + C$	$F'(x) = \cos x = f(x)$
$f(x) = \dfrac{1}{x^2}; \quad (x \neq 0)$	$F(x) = -\dfrac{1}{x} + C; \quad (x \neq 0)$	$F'(x) = \dfrac{1}{x^2} = f(x)$

In diesem Zusammenhang stellt sich die Frage, ob die Tabelle jeweils *alle* Stammfunktionen zu einer Funktion f liefert, wenn die Konstante C als Parameter einer Funktionenschar alle reellen Zahlen durchläuft, oder ob es z. B. zu $f: x \mapsto \sin x$ vielleicht eine Stammfunktion F gibt, die *nicht* auf die Form: $x \mapsto -\cos x + C$ gebracht werden kann. Hierüber gibt der folgende Satz in aller Allgemeinheit Auskunft.

Satz:

Die Differenz $F_1 - F_2$ zweier Stammfunktionen zur Funktion f ist eine konstante Funktion.

Beweis:

Sind F_1 und F_2 zwei verschiedene Stammfunktionen von f, so gilt:

$$F_1' = f, \; F_2' = f \;\Rightarrow\; F_1' - F_2' = 0 \;\Rightarrow\; (F_1 - F_2)' = 0, \quad \text{(vgl. 4.3.1.)}$$

Das heißt: Die Ableitung der Differenz zweier Stammfunktionen ist konstant Null, oder mit anderen Worten: Die Differenz zweier Stammfunktionen ist eine Funktion, deren Ableitung überall den Wert 0 annimmt. Aufgrund des Mittelwertsatzes der Differentialrechnung haben wir in 6.3. den Satz 1 bewiesen, der besagt:

$$F'(x) = 0 \quad \text{für alle } x \in \,]a; b[\;\Rightarrow\; F(x) = C \quad \text{für alle } x \in [a; b]$$

Daraus folgt: $F_1(x) - F_2(x) = C$, was zu beweisen war.

3. Beispiel: Die Funktionen der Schar

$$F_c: x \mapsto \tfrac{1}{4} \sin 2x + C; \qquad C \in \mathbb{R}$$

bilden die Menge *aller* Stammfunktionen von

$$f: x \mapsto \tfrac{1}{2} \cos 2x, \qquad \text{(vgl. Fig. 8.3.).}$$

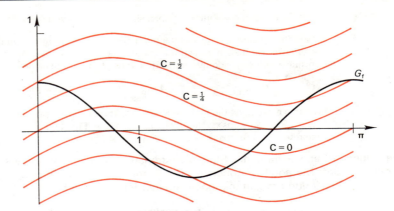

Fig. 8.3

1. Schreibe die folgenden in $\mathbb{R}$ definierten Funktionen ohne Integralzeichen:

$$F_1 : x \mapsto \int_{-1}^{x} t^2\, dt \qquad F_2 : x \mapsto \int_{0}^{x} t^2\, dt \qquad F_3 : x \mapsto \int_{1}^{x} t^2\, dt \qquad F_4 : x \mapsto \int_{2}^{x} t^2\, dt$$

Erläutere an einer Skizze, wie die Graphen der vier Integralfunktionen auseinander hervorgehen!

2. Bei den folgenden Integralfunktionen ist die untere Integrationsgrenze a so zu bestimmen, daß der Graph G_F den jeweils angegebenen Punkt enthält:

a) $F : x \mapsto \int_{a}^{x} dt$, $P\,(-3;\,0)$

b) $F : x \mapsto \int_{a}^{x} t\, dt$, $Q\,(0;\,-2)$

c) $F : x \mapsto \int_{a}^{x} t^2\, dt$, $R\,(3;\,6\tfrac{1}{3})$

3. Gegeben ist eine Funktionenschar f_p mit dem Scharparameter p:

$$f_p : x \mapsto 3x^2 - px + 1; \quad D = \mathbb{R}, \quad p \in \mathbb{R}$$

a) Bestimme p so, daß die zugehörige Integralfunktion mit der unteren Grenze 2 bei $x = 3$ eine Nullstelle hat! Wie lauten die weiteren Nullstellen dieser Integralfunktion?

b) Warum gibt es in der Schar der Integralfunktionen mit der unteren Grenze 2, wenn der Scharparameter p alle reellen Zahlen durchläuft, keine Funktion, deren Graph den Punkt $R\,(-2;\,0)$ enthält?

c) Beweise, daß alle Graphen aus der Schar der Integralfunktionen mit der unteren Grenze 2 zwei Punkte gemeinsam haben!

4. Berechne für folgende Integralfunktionen F die Ableitungsfunktion F' und vergleiche sie mit der Integrandenfunktion:

a) $F : x \mapsto \int_{a}^{x} (t^2 - 2t - 3)\, dt$

b) $F : x \mapsto \int_{a}^{x} (2 - 3t)\,(2 + 3t)\, dt$

c) $F : x \mapsto \int_{b}^{x} (\sqrt{2y} + 5)^2\, dy$

5. Warum ist $F : x \mapsto \tfrac{1}{4}x^2 + 5$ zwar eine Stammfunktion, aber keine Integralfunktion zu $f : x \mapsto \tfrac{1}{2}x$?

6. Bestimme durch Probieren eine Stammfunktion zu f: $x \mapsto \sin 2x - \cos x$!

7. Stammfunktionen und Integralfunktionen in der Physik

In 4.5. haben wir die zu einem geradlinigen Bewegungsablauf[1] gehörende Weg-Zeit-Funktion: $t \mapsto s = f(t)$ betrachtet und deren Ableitung zum Zeitpunkt t_1 als Momentangeschwindigkeit identifiziert. Mit unserer jetzigen Bezeichnungsweise gilt daher:

Die Weg-Zeit-Funktion: $t \mapsto s = F(t)$ *ist eine Stammfunktion zur Geschwindigkeit-Zeit-Funktion*: $t \mapsto v = f(t)$.

a) Bei einer Bewegung, z.B. auf der schiefen Ebene, ist die Geschwindigkeit der Dauer t der Bewegung proportional (c sei der Proportionalitätsfaktor). Bestimme den zwischen den Zeitpunkten t_1 und t_2 zurückgelegten Weg! Es ist $t_2 > t_1$ anzunehmen.

b) Die Funktion f: $t \mapsto v = 0{,}1 \cdot t + v_0 = f(t)$ beschreibt den Geschwindigkeits-Zeit-Verlauf einer Bewegung, die vom Zeitpunkt $t = 0$ an beobachtet wird. Man bestimme eine Integralfunktion von f (beachte, daß t nicht mehr als Integrationsvariable verwendet werden darf!). Wie muß die untere Grenze gewählt werden, damit die Integralfunktion die zum Bewegungsablauf gehörende Weg-Zeit-Funktion ergibt?
Wie läßt sich diese Bewegung physikalisch realisieren?

8. Die Integralfunktion zu einer Treppenfunktion[2]

Fig. 8.4 zeigt den Graphen der in $[0; 6]$ definierten Treppenfunktion

$$t: x \mapsto t(x) = \begin{cases} 1 & \text{für} \quad x \in [0; 2[\\ 2{,}5 & \text{für} \quad x \in [2; 3{,}5[\\ -1 & \text{für} \quad x \in [3{,}5; 5] \\ 2 & \text{für} \quad x \in]5; 6] \end{cases}$$

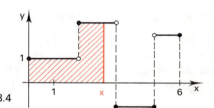

Fig. 8.4

a) Wie lautet die Zuordnungsvorschrift für die in $[0; 6]$ definierte Integralfunktion

$$F: x \mapsto \int_0^x t(u)\, du \ ?$$

b) Zeichne den Graphen G_F von F! Ist F in der Definitionsmenge überall stetig?

c) Untersuche die Integralfunktion F von t auf Differenzierbarkeit!

d) Welche Zuordnungsvorschrift definiert die Integralfunktion

$$F_a: x \mapsto \int_a^x t(u)\, du \quad \text{mit} \quad 0 < a \leq 6 \ ? \qquad \text{(Fallunterscheidung)}$$

Ist $F_a - F$ eine nur von a abhängende konstante Funktion?

9. a) Berechne $\int_{-4}^{2} (x^2 + 2x - 3)\, dx$ und $\int_{-4}^{2} (|x^2 + 2x - 3|)\, dx$!

b) Welche reellen Zahlen sind für a einzusetzen, damit die Funktion

$$F: z \mapsto F(z) = \int_a^z (x^2 + 2x - 3)\, dx$$

an der Stelle $z = 0$ eine Nullstelle hat? (3 Lösungen!)

c) Man beschreibe die in $\mathbb{R}$ definierte Funktion

$$F: z \mapsto \int_0^z (|x^2 + 2x - 3|)\, dx$$

durch eine Zuordnungsvorschrift ohne Verwendung des Integralzeichens.

---

[1] Die Voraussetzung der Geradlinigkeit ist für unsere sehr vereinfachten Betrachtungen erforderlich.
[2] Man beachte auch Aufgabe 6 zu Abschnitt 7.1.

8.3. Der Hauptsatz der Differential- und Integralrechnung

8.3.1. Hinführung und Beweis

In 8.2. haben wir für einzelne Beispiele zeigen können, daß die Ableitung der Integralfunktion zu einer Funktion f mit f übereinstimmt. In derartigen Fällen ist also die Integralfunktion zugleich eine Stammfunktion von f. Wir wollen nun untersuchen, ob dies immer, d.h. für jede Integralfunktion zu einer integrierbaren Funktion f gilt. Im Hinblick auf die Aufgabe 8 in 8.2.2. wollen wir allerdings die Integrandenfunktion f als *stetig* voraussetzen. Denn die Integralfunktion zu einer nicht stetigen Funktion braucht nicht überall differenzierbar zu sein. Es sei nun

$$F: x \mapsto \int_c^x f(t)\,dt$$

eine Integralfunktion zu einer im Integrierbarkeitsintervall $[a; b]$ stetigen Funktion f mit $c \in [a; b]$. Wir bilden zunächst:

$$F(x_0 + h) - F(x_0) = \int_c^{x_0+h} f(t)\,dt - \int_c^{x_0} f(t)\,dt$$

mit $x_0, x_0 + h \in [a; b]$. Unter Anwendung von Satz 6 in 7.2. ergibt sich:

$$F(x_0 + h) - F(x_0) = \int_c^{x_0} f(t)\,dt + \int_{x_0}^{x_0+h} f(t)\,dt - \int_c^{x_0} f(t)\,dt = \int_{x_0}^{x_0+h} f(t)\,dt \qquad (1)$$

Dabei wird zunächst $c < x_0 < x_0 + h$ vorausgesetzt, doch gilt die Umformung ganz allgemein für $c, x_0, x_0 + h \in [a; b]$ (vgl. Aufgabe 4). Das Integral

$$\int_{x_0}^{x_0+h} f(t)\,dt$$

können wir nach Satz 5 und (10) in 7.2.3. abschätzen. Denn f nimmt wegen der vorausgesetzten Stetigkeit in $[x_0; x_0 + h] =: J_h$ einen kleinsten Wert $f(x_m)$ und einen größten Wert $f(x_M)$ an. Mit $x_m, x_M \in J_h$ gilt demnach

$$h \cdot f(x_m) \leq \int_{x_0}^{x_0+h} f(t)\,dt \leq h \cdot f(x_M) \qquad (2)$$

Dividieren wir die Ungleichungskette (2) durch $h > 0$, so erhalten wir wegen (1):

$$f(x_m) \leq \frac{F(x_0 + h) - F(x_0)}{h} \leq f(x_M) \qquad (3)$$

Mit $h \to 0$ gilt $x_m \to x_0$ und $x_M \to x_0$. Aus der Stetigkeit von f ergibt sich:

$$\lim_{x_m \to x_0} f(x_m) = \lim_{x_M \to x_0} f(x_M) = f(x_0)$$

Damit folgt aus (3):

$$F'(x_0) = \lim_{h \to 0} \frac{F(x_0 + h) - F(x_0)}{h} = \lim_{h \to 0} \frac{1}{h} \int_{x_0}^{x_0+h} f(t)\,dt = f(x_0) \qquad (4)$$

Da diese Überlegung von der Wahl der Stelle x_0 in $[a; b]$ unabhängig ist, erhalten wir allgemein: $F'(x) = f(x)$.

Daraus folgt die wichtige Erkenntnis:

Jede Integralfunktion einer stetigen Funktion f ist eine Stammfunktion zu f.

Umgekehrt braucht aber nicht jede Stammfunktion zu einer stetigen Funktion f eine Integralfunktion von f zu sein. Denn wir wissen ja aus 8.2.1, daß jede Integralfunktion F von f an der unteren Integrationsgrenze eine Nullstelle hat, während es auch Stammfunktionen zu f gibt, die nirgends den Wert Null annehmen.

Beispiel: $\quad$ F: $x \mapsto x^2 + 1$ ist eine Stammfunktion zu f: $x \mapsto 2x$,
aber sicher keine Integralfunktion von f, weil F keine Nullstelle hat.

Man beachte in diesem Zusammenhang auch Fig. 8.3.

Unsere soeben gewonnene Erkenntnis, daß die Integralfunktion F einer stetigen Funktion f eine Stammfunktion zu f ist und daher $F'(x) = f(x)$ gilt, macht einen einfachen Zusammenhang zwischen Integration und Differentiation deutlich:

Hauptsatz der Differential- und Integralrechnung (HDI):

Jede Integralfunktion einer stetigen Integrandenfunktion ist differenzierbar und ihre Ableitung ist die Integrandenfunktion.

Kurzschreibweise: $\quad F(x) = \int\limits_a^x f(t)\, dt \;\Rightarrow\; F'(x) = f(x)$

Dieser Sachverhalt ist gemeint, wenn die Integration, etwas vereinfacht, als die Umkehrung der Differentiation bezeichnet wird.

1. Beispiel: $\quad$ Ist $F(x) = \int\limits_2^x (t^3 - 2t^2 + t)\, dt$, so folgt ohne weitere Rechnung:

$F'(x) = x^3 - 2x^2 + x$

2. Beispiel: $\quad$ Es soll die Steigung m_P des Graphen der Funktion

$F: x \mapsto \int\limits_0^x \dfrac{\sin t}{1-t}\, dt$

im Punkt $P\left(\frac{\pi}{6};\, ?\right)$ berechnet werden.

Lösung: $\quad$ Zunächst erkennen wir, daß f: $t \mapsto \dfrac{\sin t}{1-t}$ in $[0;\, 1[$ stetig ist. Folglich ist F dort differenzierbar und es gilt:

$F': x \mapsto F'(x) = \dfrac{\sin x}{1-x} \;\Rightarrow\; F'\left(\tfrac{\pi}{6}\right) = \dfrac{0,5}{1 - \frac{\pi}{6}} = \dfrac{3}{6 - \pi} \approx 1,05 = m_P.$

Der Neigungswinkel der Tangente in P an G_F ist daher $46^0\, 24'$.

Mit dem HDI eröffnet sich für die Berechnung bestimmter Integrale ein neuer Weg, der wesentlich bequemer ist als das im Abschnitt 7.2. aus der Grenzwertdefinition entwickelte Verfahren, sofern dieses überhaupt anwendbar ist.

3. Beispiel: $\quad$ Es soll das bestimmte Integral $\int\limits_0^\pi \sin x\, dx$ berechnet werden.

Lösung: $\quad$ Die Existenz des bestimmten Integrals folgt aus der Stetigkeit von f: $x \mapsto \sin x$ in $[0;\, \pi]$. Nach dem HDI ist die Integralfunktion

$F_0: x \mapsto F_0(x) = \int\limits_0^x \sin t\, dt$

eine Stammfunktion zur Integrandenfunktion $f: x \mapsto \sin x$. Durch Probieren finden wir:

$$F(x) = -\cos x \Rightarrow F'(x) = \sin x$$

Damit kennen wir bereits eine Stammfunktion F zu $f: x \mapsto \sin x$.

Nun ist nach dem Satz in 8.2.2. die Differenz zweier Stammfunktionen immer eine konstante Funktion. Es gilt somit:

$$F_0(x) - F(x) = C, \quad \text{das heißt:}$$

$$\int_0^x \sin t \, dt - (-\cos x) = C \Rightarrow \int_0^x \sin t \, dt = -\cos x + C$$

Die Konstante C bestimmen wir durch Einsetzen eines speziellen Wertes für x. Wählen wir $x = 0$ und beachten Formel (9b) in 7.2.3., so folgt:

$$0 = -\cos 0 + C \Rightarrow C = 1$$

Somit können wir den Term $F_0(x)$ integralfrei schreiben. Wir erhalten:

$$\int_0^x \sin t \, dt = -\cos x + 1$$

Durch Einsetzen von $x = \pi$ folgt nun sofort:

$$\int_0^\pi \sin t \, dt = -\cos \pi + 1 = 2$$

Das Ergebnis, das mit Hilfe der Grenzwertdefinition nur sehr mühsam zu erhalten gewesen wäre, ist vor allem in seiner geometrischen Deutung als Flächenmaßzahl bemerkenswert. Man vergleiche Fig. 8.5.

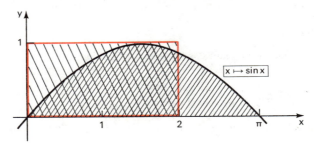

Fig. 8.5

Das im 3. Beispiel gezeigte Integrationsverfahren läßt sich in folgender Weise verallgemeinern:

Ist f eine in [a; b] stetige Integrandenfunktion und F *irgendeine* Stammfunktion zu f, so gilt für eine geeignet gewählte reelle Zahl C die folgende Gleichung:

$$\int_a^x f(t) \, dt - F(x) = C \qquad \text{für alle } x \in [a; b]$$

Daraus folgt für $x = b$: $\int_a^b f(t) \, dt = F(b) + C,$

für $x = a$: $\dfrac{0 \qquad\qquad = F(a) + C}{\int_a^b f(t) \, dt = F(b) - F(a)}$

und damit:

Bezeichnen wir die Integrationsvariable wieder mit x, so erhalten wir die Formel:

$$\int_a^b f(x)\, dx = F(b) - F(a)$$

In Worten:

Das bestimmte Integral einer stetigen Funktion f *zwischen der unteren Grenze* a *und der oberen Grenze* b *ist gleich der Differenz* $F(b) - F(a)$ *der Funktionswerte einer beliebigen Stammfunktion* F *zu* f.

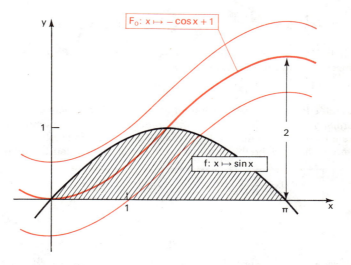

Fig. 8.6

Im vorausgegangenen Beispiel veranschaulicht Fig. 8.6. die Integrationsformel. Da die Graphen zweier Stammfunktionen zu f durch eine Verschiebung längs der y-Achse ineinander abgebildet werden können, gilt allgemein:

$$F(\pi) - F(0) = F_0(\pi) - F_0(0) = 2$$

Abkürzend schreiben wir

$$\int_a^b f(x)\, dx =: \left[F(x) \right]_a^b$$

Wir betrachten noch ein weiteres,

4. Beispiel: Man berechne

$$\int_a^b x^2\, dx.$$

Lösung: Durch Probieren finden wir die Stammfunktion $F: x \mapsto \dfrac{x^3}{3}$ und erhalten damit:

$$\int_a^b x^2\, dx = \left[\frac{x^3}{3} \right]_a^b = \frac{b^3}{3} - \frac{a^3}{3}$$

in Übereinstimmung mit Formel (8) in 7.2.2.B.

8.3.2. Integrationsregeln für einige wichtige Funktionen

Mit Hilfe des HDI können wir aus der Tabelle in 8.2.2. folgende Integrationsregeln ablesen:

$$\int_a^b x^n\,dx = \left[\frac{x^{n+1}}{n+1}\right]_a^b = \frac{b^{n+1}}{n+1} - \frac{a^{n+1}}{n+1}, \qquad (n \in \mathbb{N})$$

$$\int_a^b \sin x\,dx = [-\cos x]_a^b = -\cos b + \cos a$$

$$\int_a^b \cos x\,dx = [\sin x]_a^b = \sin b - \sin a$$

$$\int_a^b \frac{1}{x^2}\,dx = \left[-\frac{1}{x}\right]_a^b = -\frac{1}{b} + \frac{1}{a} \qquad \text{für } 0 \notin [a; b]$$

Um eine beliebige Stammfunktion zur Integrandenfunktion f zu kennzeichnen, bedient man sich häufig der folgenden Schreibweise:

$$\int f(x)\,dx := F_s(x) + C \qquad\qquad\qquad\qquad\qquad (\#)$$

Dabei bedeutet F_s eine spezielle Stammfunktion zu f, die bereits aus irgendeinem Zusammenhang bekannt ist. C heißt *Integrationskonstante*, obwohl sie *jede* reelle Zahl vertreten kann und somit die Rolle einer Formvariablen spielt.
Wir erhalten in dieser Schreibweise insbesondere die folgenden Integrationsformeln:

$$\int x^n\,dx = \frac{x^{n+1}}{n+1} + C, \quad (n \in \mathbb{N}) \qquad\qquad \int \sin x\,dx = -\cos x + C$$

$$\int \frac{1}{x^2}\,dx = -\frac{1}{x} + C, \quad (0 \neq x) \qquad\qquad \int \cos x\,dx = \sin x + C$$

Die Schreibweise (#) ist als Kurzform einer Integrationsformel anzusehen, die Auskunft darüber gibt, wie die Schar der Stammfunktionen zu einer Funktion f lautet. Sie bringt lediglich zum Ausdruck, daß

$$(F_s(x) + C)' = f(x);^1$$

Das Zeichen $\int f(x)\,dx$ nennt man ein *unbestimmtes Integral*. Das hier „erklärend" gebrauchte Gleichheitszeichen darf allerdings nicht transitiv verwendet werden, wie etwa der falsche Schluß $1 = 2$ aus $\int \cos x\,dx = \sin x + 1$ und $\int \cos x\,dx = \sin x + 2$ zeigt. Wenn man will, kann man die Nichttransitivität durch einen über das Gleichheitszeichen gesetzten Punkt oder ähnliches andeuten. Wir verzichten auf eine solche Kennzeichnung, weil in diesem Buch — wie auch sonst in der Literatur — das unbestimmte Integral lediglich als Formel, nicht aber (im algebraischen Sinn) als Term in Gleichungen verwendet wird.
Der Vorteil der Schreibweise (#) liegt vor allem darin, daß sie leicht überprüfbare Integrationsformeln liefert.

Beispiele: a) $\int_1^2 x^4\,dx = \left[\frac{x^5}{5} + C\right]_1^2 = \left[\frac{2^5}{5} + C\right] - \left[\frac{1^5}{5} + C\right] = \frac{31}{5}$

Die Größe der (hier fest zu denkenden) Integrationskonstanten C spielt, wie man sieht, keine Rolle. Man kann daher $C = 0$ setzen:

---

[1] Neue mögliche Schreibweise für: $\phi_s(x) = F_s(x) + C \;\Rightarrow\; \phi_s'(x) = f(x)$. Man überprüfe die obigen vier Integrationsformeln in dieser Richtung.

b) $\int_2^3 \frac{1}{x^2} dx = \left[-\frac{1}{x} \right]_2^3 = \left[-\frac{1}{3} \right] - \left[-\frac{1}{2} \right] = \frac{1}{6}$

Formel (#) gilt nur für den Differenzierbarkeitsbereich von F_s, der mit dem Integrierbarkeitsbereich von f (x) identisch ist. Sie ist auf jedes bestimmte Integral zwischen der unteren Grenze a und der oberen Grenze b anwendbar, sofern [a; b] ein *Intervall* auf $D_{f(x)}$ ist.

Beispiel: Man beweise die Integralformel

$\int \frac{1}{\sqrt{x}} dx = 2\sqrt{x} + C,$

gebe ihren Geltungsbereich an und berechne den Wert des dazugehörigen bestimmten Integrals zwischen den Grenzen 4 und 9.

Lösung: Nach 4.2.2.E und 4.3.2. gilt:

$(2\sqrt{x} + C)' = 2 \cdot \frac{1}{2\sqrt{x}} + 0 = \frac{1}{\sqrt{x}},$ was zu zeigen ist.

Die Formel gilt für alle $x \in \mathbb{R}^+$. Das Intervall [4; 9] ist Teilmenge von $\mathbb{R}^+$. Folglich ist mit C = 0:

$\int_4^9 \frac{1}{\sqrt{x}} dx = [2\sqrt{x}]_4^9 = 2\sqrt{9} - 2\sqrt{4} = 2$

8.3.3. Anwendungen in der Physik

In Aufgabe 7 zu 8.2. wurde die Weg-Zeit-Funktion einer geradlinigen Bewegung als Stammfunktion zur Geschwindigkeit-Zeit-Funktion erkannt. Damit können wir auf Grund des HDI für jede im Zeitintervall $[t_1; t_2]$ stetige Funktion v: $t \mapsto v(t)$ die zugehörige Weg-Zeit-Funktion s: $t \mapsto s(t)$ als Integralfunktion schreiben:

$t \mapsto s(t) = \int_{t_1}^t v(x) dx + s_0$ für alle $t \in [t_1; t_2]$

Beachte, daß hier die Integrationsvariable nicht mit t bezeichnet werden darf. Außerdem gilt $s_c = s(t_1)$.

Beispiel: Ein Stein wird zur Zeit $t_1 = 0$ aus der Höhe h_0 über dem Erdboden lotrecht nach oben mit der Anfangsgeschwindigkeit v_0 geworfen. Wie lautet die Weg-Zeit-Funktion für den Bewegungsablauf?

Lösung: (Fig. 8.7)

Für die Geschwindigkeit-Zeit-Funktion v gilt:

$t \mapsto v(t) = v_0 - gt;$ $t \in [0; t_2]$

Die Definitionsmenge von v steht erst dann fest, wenn wir den Zeitpunkt t_2 des Aufpralls, z. B. auf dem Erdboden, kennen.

Wegen $s(0) = h_0$ erhalten wir für die Weg-Zeit-Funktion s:

$t \mapsto s(t) = \int_0^t (v_0 - gx) dx + h_0,$ oder

$$t \mapsto s(t) = v_0 t - \frac{g}{2} t^2 + h_0 \quad \text{mit} \quad t \in [0; t_2]$$

Zur Bestimmung von t_2 lösen wir wegen $s(t_2) = 0$ die Gleichung:

$$v_0 t - \frac{g}{2} \cdot t^2 + h_0 = 0$$

Aus ihr ergibt sich

$$t_2 = (v_0 + \sqrt{v_0^2 + 2h_0 g}) : g$$

Die zweite Lösung der Gleichung wäre negativ und scheidet daher aus. Für die größte Höhe H über dem Erdboden zum Zeitpunkt τ gilt $\dot{s}(\tau) = v(\tau) = 0$. Daraus folgt: $\tau = v_0 : g$ und damit

$$H = h_0 + \frac{v_0^2}{2g}$$

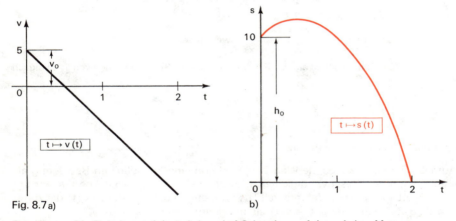

Fig. 8.7 a)   b)

Bemerkung: Die Einheiten auf der t-Achse sind Sekunden, auf der s-Achse Meter.

In entsprechender Weise ergibt sich die Geschwindigkeit-Zeit-Funktion als eine Stammfunktion zur Beschleunigung-Zeit-Funktion a. Denn nach 4.5 ist die Momentanbeschleunigung die zweite Ableitung der Weg-Zeit-Funktion, also die (erste) Ableitung der Geschwindigkeit-Zeit-Funktion. Unter der Voraussetzung der Stetigkeit der Funktion a: $t \mapsto a(t)$ im Zeitintervall $[t_1; t_2]$ erhalten wir demnach:

$$t \mapsto v(t) = \int_{t_1}^{t} a(x)\,dx + v_0 \qquad \text{für alle } t \in [t_1; t_2]$$

8.3.4. Abschließende Betrachtungen zum Hauptsatz (HDI)

Mit der durch den HDI vermittelten Einsicht, daß die Integration stetiger Funktionen als Umkehrung der Differentiation aufgefaßt werden kann, hat unsere Einführung in die Integralrechnung einen gewissen Abschluß errreicht. Es liegt daher nahe, den zurückgelegten Weg nochmals zu überdenken. Die folgende Übersicht soll die einzelnen Gedankenschritte auf diesem Weg in knapper Form vor Augen führen.

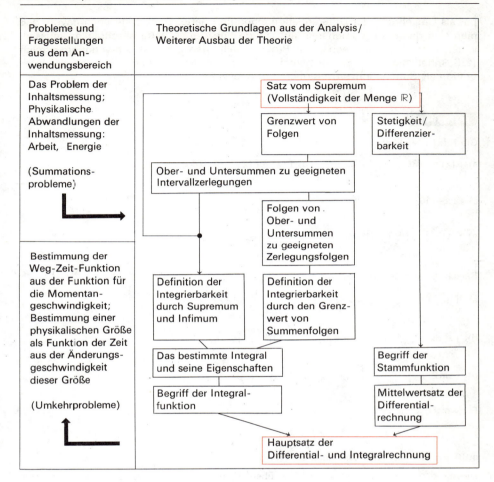

| Probleme und Fragestellungen aus dem Anwendungsbereich | Theoretische Grundlagen aus der Analysis / Weiterer Ausbau der Theorie |

Die Übersicht zeigt, daß die beiden Deutungen der Integration, zum einen als Grenzwertprozeß[1], zum andern als Umkehrprozeß der Differentiation, aus ganz verschiedenartigen Problemstellungen erwachsen. Zugleich wird deutlich, daß Integral- und Differentialrechnung zunächst unabhängig voneinander auf der Grundlage des Satzes vom Supremum entwickelt werden können. Es ist also prinzipiell möglich, mit der Integralrechnung *vor* der Differentialrechnung zu beginnen. Andererseits wird aber erst durch den HDI die Integralberechnung im größeren Umfang praktikabel, so daß die Theorie der Differentialrechnung für den weiteren Ausbau der Integralrechnung eine unverzichtbare Hilfe darstellt.

Man sollte aber auch nicht meinen, daß man auf den mühsamen Weg über Supremum-Infimum und Grenzwert hätte verzichten können, wenn man die Integration unmittel-

---

[1] Von der Definition der Integrierbarkeit durch die Gleichheit des Supremums der Untersummen und des Infimums der Obersummen wollen wir hier absehen.

bar als Umkehrung der Differentiation eingeführt hätte. Ganz abgesehen davon, daß man sich dann von vornherein auf stetige Funktionen hätte beschränken müssen, wären dabei die entsprechenden Problemstellungen aus dem Anwendungsbereich (z. B. Inhaltsmessung, Energieberechnung) sowie die begriffliche Klärung der Integration als Summationsprozeß unerörtert geblieben.

Aufgaben

1. Gib $F'(x)$ bzw. F' an:

   a) $F(x) = \int\limits_{-1}^{x} (3t^2 - 5t + 8)\,dt$

   b) $F(x) = \int\limits_{0}^{x} (2\sin 2u + (\cos u)^2 - u)\,du$

   c) $F: x \mapsto \int\limits_{a}^{x} (|t-3| - t^4)\,dt$

   d) $F: x \mapsto \int\limits_{1}^{x} \dfrac{dt}{t}, \quad (t > 0)$

   e) $F: t \mapsto \int\limits_{\sqrt{3}}^{t} (x + \sqrt{1+x^2})\,dx$

2. Berechne unter Berufung auf den HDI:

   a) $\int\limits_{2}^{5} dx$

   b) $\int\limits_{1}^{3} x\,dx$

   c) $\int\limits_{0}^{\sqrt{3}} x^3\,dx$

   d) $\int\limits_{-a}^{+a} x^5\,dx$

   e) $\int\limits_{-\pi/2}^{+\pi/2} \sin x\,dx$

   f) $\int\limits_{-\pi/4}^{+\pi/4} \cos x\,dx$

   g) $\int\limits_{0}^{2\pi} \sin 2x\,dx$

   h) $\int\limits_{1}^{2} \cos\left(\tfrac{\pi}{2}x\right) dx$

   i) $\int\limits_{a}^{-a} x^{2n-1}\,dx, \quad (n \in \mathbb{N})$

3. Für welche x hat die Funktion

   $$F: x \mapsto \int\limits_{0}^{x} (\sin t - \cos t)\,dt$$

   in $[0; 2\pi[$ Extremwerte? Wie lautet der Funktionsterm $F(x)$ ohne Integralzeichen?

4. Die in $\mathbb{R}$ definierte Funktion $f: x \mapsto f(x)$ sei überall stetig. Man beweise für *jede* Integralfunktion F von f:

   $$F(x+h) - F(x) = \int\limits_{x}^{x+h} f(t)\,dt \qquad \text{mit} \qquad x, h \in \mathbb{R}$$

5. Welche ganzrationale Funktion 3. Grades der Form

   $$f: x \mapsto f(x) = x^3 + ax^2 + bx + c$$

   hat die folgenden drei Eigenschaften:

   (1) $\int\limits_{-1}^{+1} f(x)\,dx = 0$

   (2) $F(1) = 1$ mit $F(x) = \int\limits_{0}^{x} f(t)\,dt$

   (3) Alle Stammfunktionen zu f haben bei $x = 1$ eine Wendestelle.

6. Schreibe die folgenden Funktionen als Integralfunktionen mit geeigneter unterer Integrationsgrenze a:

   a) $f: x \mapsto (2x-3)^3 - 1$

   b) $f: x \mapsto \tfrac{3}{2}\pi + x \cdot \sin x$

   c) $f: x \mapsto \dfrac{5-x}{x^2+1}$

7. Bestimme jeweils zur Funktion f: $x \mapsto f(x)$ diejenige Stammfunktion F, deren Graph durch den angegebenen Punkt P geht, für:

a) $f(x) = 1 - \sin x$; P $(0; 2)$ b) $f(x) = \sin x + \cos x$; P $(\pi; -3)$

c) $f(x) = x + \sin x$; P $(0; -1)$ d) $f(x) = 2x - \cos x$; P $(\pi; \pi^2)$

8. Fig. 8.8. zeigt den Graphen der Funktion

$$f: x \mapsto x - \frac{1}{x^2}, \quad (x > 0)$$

und einer Stammfunktion F zur Funktion f.

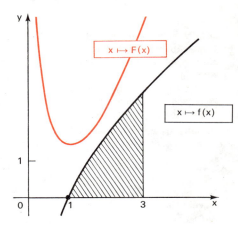

a) Wie kann man durch Abgreifen mit dem Stechzirkel auf graphischem Wege die Inhaltsmaßzahl der schraffierten Fläche bestimmen?

b) Zeichne die Graphen von f und F auf Millimeterpapier (1 LE = 2 cm) und überprüfe das Meßergebnis durch Rechnung!

9. Die Funktion $f: x \mapsto \frac{1}{4}x(x-6)^2$ sei in $[-1; 8]$ definiert. Man zeichne den Graphen von f (1 LE = 1 cm) und berechne den Inhalt des Flächenstücks zwischen Graph und x-Achse.

10. Der Graph der ganzrationalen Funktion

$f: x \mapsto x^3 - 6x^2 + 9x - 2; \quad x \in \mathbb{R}$

Fig. 8.8

hat ein relatives Minimum M und einen Wendepunkt W. Welchen Inhalt hat das Flächenstück, das der Graph mit der Sekante MW einschließt?

11. Gegeben sind die in $\mathbb{R}$ definierten Funktionen

$$g: x \mapsto k - \frac{x^2}{k} \quad \text{und} \quad h: x \mapsto x^3 - kx^2$$

mit dem Parameter $k \in \mathbb{R}^+ \setminus \{1\}$.

a) Man zeichne beide Graphen für $k = 2$ (1 LE = 1 cm).

b) Welchen Flächeninhalt hat das oberhalb der x-Achse von beiden Graphen begrenzte Flächenstück?

c) Für welchen Parameterwert ist dieser Flächeninhalt ein Maximum und wie groß ist dieser maximale Inhalt?

12. In einer Formelsammlung zur Integralrechnung finden sich folgende Integrationsregeln in Kurzschreibweise:

$$\int \sin 2x \, dx = (\sin x)^2 + C$$

$$\int \sin 2x \, dx = C - (\cos x)^2$$

$$\int (\cos x)^2 \, dx = \frac{1}{4} \sin 2x + \frac{1}{2}x + C$$

a) Beweise die Gültigkeit dieser drei Integrationsregeln!

b) Wie lautet die Integralfunktion zu f: $x \mapsto \sin 2x$ in $D = [0; \pi]$, die das Wertepaar $(\frac{\pi}{4}; \frac{1}{4})$ enthält, in Integralschreibweise? (2 mögliche Schreibweisen)

c) Berechne mit Hilfe der vorstehenden Formeln:

$$\int_{\pi/3}^{\pi} (\sin x)^2 \, dx$$

Wie lautet die zugehörige Integrationsregel in Kurzschreibweise?

13. Die Bewegung eines Massenpunktes längs einer Geraden wird durch den folgenden Geschwindigkeit-Zeit-Verlauf beschrieben (die Maßzahlen für s und t beziehen sich auf die Einheiten 1 m bzw. 1 s):
Im Zeitintervall $[0; 10]$ gilt: $t \mapsto v(t) = 2t + 1$, im Zeitintervall $[10; 15]$ bleibt die Geschwindigkeit konstant, während für $t > 15$ die folgende Geschwindigkeit-Zeit-Funktion gilt:

$$t \mapsto v(t) = 21 - 0{,}5 \cdot (t - 15)^2.$$

a) Die Bewegung sei zum Zeitpunkt t_0 mit $v(t_0) = 0$ beendet. Wie lautet die Geschwindigkeit-Zeit-Funktion für den gesamten Bewegungsablauf in übersichtlicher Schreibweise?

b) Zum Zeitpunkt $t = 0$ befindet sich der Massenpunkt im Ursprung der mit der Bewegungsbahn zusammenfallenden Wegachse. Wie lautet die Weg-Zeit-Funktion für den gesamten Bewegungsablauf?

c) Man stelle die Geschwindigkeit-Zeit-Funktion und die Weg-Zeit-Funktion für jeden der drei Zeitintervalle im Bewegungsablauf nach geeigneter Wahl der Einheiten auf den Koordinatenachsen graphisch dar.

14. Bei einer längs einer Geraden verlaufenden Bewegung im Zeitintervall $[0; T]$ ergibt sich für die Momentanbeschleunigung a die folgende Funktion:

$$t \mapsto a(t) = k \sin\left[\frac{2\pi}{T} t\right] \qquad (k < 0)$$

a) Man bestimme die Geschwindigkeit-Zeit-Funktion. In welchem Zeitpunkt ist die Geschwindigkeit dem Betrage nach am größten? (für $v(0) = 0$)

b) Wie lautet die Weg-Zeit-Funktion der Bewegung, wenn im Zeitpunkt T gelten soll: $s(T) = 0$?

Vermischte Aufgaben

15. Berechne:

a) $\int\limits_{1}^{2} |x|\, dx$

b) $\int\limits_{-1}^{2} |x|\, dx$

c) $\int\limits_{-2}^{-1} \sqrt{x^2}\, dx$

d) $\int\limits_{-3}^{2} (2 + 0{,}5|x|)\, dx$

e) $\int\limits_{-1}^{2} (2 + x + |x|)\, dx$

f) $\int\limits_{-2}^{2} (x^2 - |x| + 2)\, dx$

g) $\int\limits_{-1}^{+1} (3x^2 - 9|x| + 6)\, dx$

h) $\int\limits_{-2}^{4} |z^3 - 1|\, dz$

i) $\int\limits_{-4}^{4} |x^2 - 2|x| - 3|\, dx$

16. Man bestimme a und b so, daß die Funktion

$$f: x \mapsto f(x) = \begin{cases} \frac{1}{8}x^3 - 2 & \text{für} \quad -4 \leq x \leq 2 \\ a \cdot x - \dfrac{1}{x^2} & \text{für} \quad 2 < x < 4 \\ -(x - b)^2 & \text{für} \quad 4 \leq x \leq 6 \end{cases}$$

überall in $[-4; 6]$ stetig ist. Berechne für diesen Fall:

$$S = \int\limits_{-4}^{6} f(x)\, dx$$

Warum kann S auch für beliebige $a, b \in \mathbb{R}$ berechnet werden?

17. Bestimme das Inhaltsmaß der Punktmengen, deren Punkte $P(x; y)$ folgenden Bedingungen genügen:

a) $M_1 = \left\{ P(x; y) \,\middle|\, \left[x - \dfrac{\pi}{2}\right]^2 - \dfrac{\pi^2}{4} \leq y \leq \sin x \right\}$

b) $M_2 = \{ P(x; y) \mid x \leq y \leq x + \sin x \land 0 \leq x \leq \pi \}$

18. a) Zeige, daß die transzendente Gleichung

$$\cos x = -\frac{4}{3\pi^2}x^2 + \frac{1}{3}$$

in der Grundmenge $\mathbb{R}$ die Lösungsmenge $L = \{-\pi; -\frac{\pi}{2}; \frac{\pi}{2}; \pi\}$ hat!

b) Welches Inhaltsmaß hat folgende *nicht zusammenhängende* Punktmenge:

$$M = \left\{ P(x; y) \mid \cos x \leq y \leq -\frac{4}{3\pi^2}x^2 + \frac{1}{3} \right\}$$

19. Zeichne den Durchschnitt der drei Punktmengen M_1, M_2 und M_3 und berechne sein Inhaltsmaß!

$M_1 = \{P(x; y) \mid y \geq \sin x\}; \quad M_2 = \{P(x; y) \mid y \leq x + \pi\}; \quad M_3 = \{P(x; y) \mid y \leq -x + \pi\}$

20. Beweise: Für alle a, b $\in \mathbb{R}$ gilt:

$$\int_a^b x|x|\,dx = \tfrac{1}{3}|b|^3 - \tfrac{1}{3}|a|^3$$

21. Die Funktion

$$F: x \mapsto F(x) = \int_0^x f(t)\,dt$$

hat an der Stelle $x = 5$ ein Extremum und an der Stelle $x = 3$ eine Nullstelle. $f(t)$ ist ein ganzrationaler Term 2. Grades von der Form $f(t) = at^2 + bt + c$, der für $t = 1$ den Wert $\frac{4}{7}$ annimmt. Bestimme die Formvariablen a, b und c und damit $f(t)$ und $F(x)$!

22. Die Funktion f: $x \mapsto f(x)$ ist im Intervall $J = [-\frac{\pi}{2}; \frac{\pi}{2}]$ durch folgende Bedingungen definiert:

   (1) $-1 \leq f(x) \leq 0$;
   (2) f ist in J differenzierbar mit $f'(x) \geq 0$;
   (3) $f'(x) = \sin x$ für $x > 0$.

a) Bestimme die Funktion und zeichne ihren Graphen! (1 LE = 2 cm)

b) Untersuche, ob für $x = 0$ die 1. bzw. 2. Ableitung existiert!

c) Bestimme den Inhalt der Fläche zwischen dem Graphen und der x-Achse in J!

d) Gib die Schar der linearen Funktionen g_a: $x \mapsto g_a(x)$ an, für die gilt:

$$\int_{-\pi/2}^{\pi/2} [f(x) - g_a(x)]\,dx = 0$$

e) Gib eine quadratische Funktion q: $x \mapsto q(x)$ an, die die Bedingung

$$\int_{-\pi/2}^{\pi/2} [f(x) - q(x)]\,dx = 0$$

erfüllt und deren Funktionswerte an den Rändern von J mit denen von f übereinstimmen!

23. Bestätige mit dem HDI den Rechengang sowie das Ergebnis:

$$\int_1^2 \left[4x^3 - \frac{1}{x^2} - \frac{x}{\sqrt{x^2+1}} + \frac{\pi}{2}\sin\left(\frac{\pi}{2}x\right)\right] dx = \left[x^4 + \frac{1}{x} - \sqrt{x^2+1} - \cos\left(\frac{\pi}{2}x\right)\right]_1^2$$

$$= 14{,}678 \text{ (auf 3 Dez. genau)}$$

24. Eine Reduktionsformel

a) Bestätige mit dem HDI folgende, für $n \in \mathbb{N}$ gültige Integrationsregel:

$$\int (\sin x)^n\,dx = -\frac{1}{n}(\sin x)^{n-1}\cos x + \frac{n-1}{n}\int (\sin x)^{n-2}\,dx$$

Bemerkung: Das Integral wird hier auf eines vom gleichen Typ zurückgeführt, wobei sich der Exponent um 2 reduziert. In der Integralrechnung gibt es viele derartige Reduktionsformeln.

b) Zeige: $\int_0^{\pi/2} (\sin x)^5\,dx = \tfrac{8}{15}$

Ergänzungen und Ausblicke

Die Differentialgleichung der harmonischen Schwingung

1. Das Hookesche Gesetz in der Schreibweise der Analysis

Bei der elastischen Verformung einer Schraubenfeder (Fig. 8.9a) gilt in einem gewissen Bereich, d.h. bei nicht allzu großer Verformung, das Hookesche Gesetz: Die rücktreibende Kraft F ist dem Abstand y von der Ruhelage proportional. Der Proportionalitätsfaktor wird allgemein mit D (>0) bezeichnet. Da die Kraft F der Verformung entgegenwirkt, tritt in der folgenden Gleichung (1) ein Minuszeichen auf.

$$F = - D \cdot y \tag{1}$$

Nach der dynamischen Grundgleichung der Mechanik ist die Kraft F der Beschleunigung a proportional, die ein Körper unter dem Einfluß von F erfährt. Der Proportionalitätsfaktor ist die (träge) Masse m des Körpers. Wie wir bereits aus Abschnitt 4.5 wissen, ist die Beschleunigung a die zweite Ableitung der Weg-Zeit-Funktion, sofern diese Funktion zweimal differenzierbar ist. Bezeichnen wir hier den Weg mit y, weil die Bewegung längs der y-Achse erfolgen soll, so erhalten wir aus (1) wegen

$$F = m \cdot a \qquad \text{und} \qquad a = \ddot{y}$$

die folgende Gleichung:

$$\boxed{m \cdot \ddot{y} = - D \cdot y} \tag{2}$$

Man nennt eine solche Gleichung zwischen einer Funktion (hier: $t \mapsto y\,(t)$) und ihren Ableitungen (hier der zweiten Ableitung nach t) eine *Differentialgleichung*.[1] Insbesondere heißt (2) die *Differentialgleichung der harmonischen Schwingung*. Sie kann auf die Form $\ddot{y} = - c \cdot y$ gebracht werden, wobei für c in unserem Fall D : m zu setzen ist.

Bemerkung: In der Physik schreibt man zuweilen für

$$\ddot{y} \qquad \text{auch} \qquad \frac{d^2 y}{dt^2},$$

um noch deutlicher zum Ausdruck zu bringen, daß es sich um die zweite Ableitung einer Funktion nach der Zeit handelt.

2. Zur Lösung der Differentialgleichung der harmonischen Schwingung

Die Lösungsmenge einer Differentialgleichung ist die Menge aller Funktionen, die zusammen mit ihren Ableitungsfunktionen die Gleichung erfüllen. In unserem Fall fragen wir nach Funktionen y, die der Gleichung

$$y'' = - c \cdot y \tag{3}$$

genügen. Wir betrachten dabei y zunächst als Funktion von x und schreiben deshalb y'' für die zweite Ableitung.

Eine systematische Lösung der Differentialgleichung (3) ist mit unseren Mitteln nicht möglich. Wir können die Lösung jedoch durch Probieren finden, wenn wir folgendes überlegen: Für $c = 1$ soll die zweite Ableitung mit der negativen Funktion übereinstimmen. Eine solche Funktion kennen wir bereits. Es ist die Sinusfunktion. Für $c \neq 1$ gilt es, sie geeignet zu modifizieren. Wir probieren $y = \sin \sqrt{c}\,x$: Nach der Kettenregel ist $y' = \sqrt{c} \cos \sqrt{c}\,x$ und in der Tat

$$y'' = - c \cdot \sin \sqrt{c} \cdot x = - c \cdot y.$$

---

[1] Der einfachste Fall einer Differentialgleichung liegt vor, wenn die Ableitung als Funktion bekannt ist und die Stammfunktionen dazu bestimmt werden sollen.

Man sieht aber sofort, daß dies nicht die einzige Lösung ist. Alle Funktionen f:

$$x \mapsto y = k \cdot \sin \sqrt{c}\, x, \qquad \text{(k Parameter)} \tag{4}$$

erfüllen unsere Gleichung.

Wir betrachten jetzt wieder y als Funktion von t und erhalten als Lösungen von (2) die folgende Funktionenschar mit dem Scharparameter k:

$$f_k : t \mapsto y(t) = k \sin \sqrt{\frac{D}{m}} \cdot t \tag{5}$$

Damit sind allerdings noch nicht alle Lösungsfunktionen der Gleichung (2) erfaßt. In der Tat bildet die Lösungsmenge eine zweiparametrige Funktionenschar der Form:

$$f_{k_1, k_2} : t \mapsto y(t) = k_1 \cdot \sin \sqrt{\frac{D}{m}} \cdot t + k_2 \cdot \cos \sqrt{\frac{D}{m}} \cdot t$$

Anmerkung: $y(t)$ läßt sich auf die Form $a \sin (\sqrt{\frac{D}{m}} \cdot t + b)$ bringen.

3. Physikalische Realisierungen der harmonischen Schwingung

a) *Die elastische Verformung*

Bei einer elastischen Verformung (z. B. einer Schraubenfeder, Fig. 8.9 a) ergibt sich eine periodische Schwingbewegung. Die Größe k bedeutet die Amplitude der Schwingung. Sie bleibt konstant, d. h. die Schwingung ist ungedämpft. Dies gilt, wenn außer der rücktreibenden Kraft $\vec{F}$ keine weitere, bremsende Kraft angenommen werden muß.

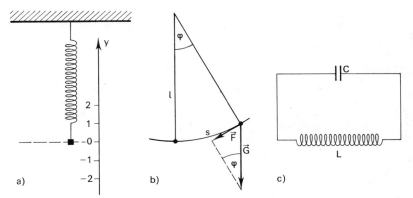

Fig. 8.9   a)   b)   c)

Da die Sinusfunktion die Periode 2π hat, errechnet sich die Schwingungsdauer T aus der Gleichung

$$\sqrt{\frac{D}{m}} \cdot T = 2\pi$$

Hieraus folgt:

$$T = 2\pi \sqrt{\frac{m}{D}}$$

Die Schwingungsdauer T ist also abhängig von der Masse m und der Proportionalitätskonstante D, die die Elastizität des schwingenden Körpers ausdrückt. T ist aber unabhängig von der Amplitude k. Weiter findet man für die Momentangeschwindigkeit v

$$v = \dot{y} = \frac{dy}{dt} = k \cdot \sqrt{\frac{D}{m}} \cdot \cos \sqrt{\frac{D}{m}}\, t$$

Für $t = 0$ und $t = \frac{1}{2}T$ ist der Betrag der Geschwindigkeit maximal:

$$v_{max} = k \cdot \sqrt{\tfrac{D}{m}}$$

b) *Das Fadenpendel*

Bei einem Pendel (Fig. 8.9b) gilt für die rücktreibende Kraft vom Betrag F:

$$F: = G \cdot \sin\varphi$$

Für sehr kleine Werte von φ ist $\sin\varphi \approx \varphi$. Mit $\varphi = \frac{s}{l}$, $F = m \cdot \ddot{s}$ und $G = m g$ folgt die Differentialgleichung der Pendelschwingung:

$$\ddot{s} = -\frac{g}{l} \cdot s \tag{6}$$

Sie hat die gleiche Form wie (2). Die Ergebnisse lassen sich unmittelbar übertragen. Insbesondere folgt für die Schwingungsdauer eines Fadenpendels:

$$\boxed{T = 2\pi\sqrt{\frac{l}{g}}}$$

c) *Elektrische Schwingungen*

In dem aus einem Kondensator der Kapazität C und einer Spule der Selbstinduktion L bestehenden Schwingkreis (Fig. 8.9c) ist die in der Spule induzierte Spannung U der Änderungsgeschwindigkeit der Stromstärke J proportional:

$$U = -L \cdot \frac{dJ}{dt} = -L\dot{J}$$

Die Stromstärke ist gleich der Änderungsgeschwindigkeit der Ladung Q am Kondensator:

$$J = \frac{dQ}{dt} = \dot{Q}$$

Damit wird

$$U = -L\frac{d^2Q}{dt^2} = -L\ddot{Q}$$

Beachten wir, daß $Q = CU$, $\dot{Q} = C \cdot \dot{U}$ und $\ddot{Q} = C \cdot \ddot{U}$ ist, so folgt als Differentialgleichung der elektrischen Schwingung:

$$\ddot{U} = -\frac{1}{LC} \cdot U \tag{7}$$

Für die Schwingungsdauer ergibt sich die *Thomsonsche Formel*:

$$\boxed{T = 2\pi\sqrt{LC}}$$

4. Energiebetrachtungen

Im Falle des Federpendels setzt sich die gesamte Energie W der Schwingung zu irgendeinem Zeitpunkt t aus kinetischer Energie $W_{kin} = \frac{1}{2}mv^2$ und aus potentieller Energie W_{pot} zusammen.
In einer um die Länge y aus der Ruhelage gedehnten (oder gestauchten) Feder steckt nach dem Ergänzungsabschnitt zu 7.2.3. die potentielle Energie $W_{pot} = \frac{1}{2}Dy^2$.
Beachten wir weiter, daß $v = \dot{y}$, so erhalten wir für die Gesamtenergie des Federpendels zum Zeitpunkt t:

$$W = \tfrac{1}{2}m\dot{y}^2 + \tfrac{1}{2}Dy^2 \tag{8}$$

Nun besagt der Energieerhaltungssatz, daß sich ohne Reibung und ohne sonstige Einwirkung von außen die Gesamtenergie W des Systems zeitlich nicht ändert. Differenzieren wir also Gleichung (8) nach der Zeit, so wird die Ableitung der linken Seite $\dot{W} = 0$ und wir erhalten unter Anwendung der Kettenregel auf der rechten Seite die Gleichung

$$0 = \tfrac{1}{2}m \cdot 2\dot{y}\ddot{y} + \tfrac{1}{2}D \cdot 2y \cdot \dot{y}$$

Sehen wir von dem Fall ab, daß für *alle* betrachteten Zeitpunkte t stets $\dot{y} = 0$ gilt (Ruhezustand!), so folgt daraus durch Division mit $\dot{y}$

$$m\ddot{y} + Dy = 0$$

Wir erhalten also allein aus dem Energieerhaltungssatz wieder die Differentialgleichung (2) für die harmonische Schwingung.

Selbstverständlich erfüllen die in Gleichung (5) gefundenen Lösungen auch den Energiesatz: Durch Einsetzen in Gleichung (8) erhält man für die Gesamtenergie der harmonischen Schwingung

$$W = \tfrac{1}{2}m \cdot (k\sqrt{\tfrac{D}{m}} \cos\sqrt{\tfrac{D}{m}}t)^2 + \tfrac{1}{2}D \cdot (k\sin\sqrt{\tfrac{D}{m}}t)^2$$

$$= \tfrac{1}{2}Dk^2[(\cos\sqrt{\tfrac{D}{m}}t)^2 + (\sin\sqrt{\tfrac{D}{m}}t)^2] = \tfrac{1}{2}Dk^2.$$

Die Gesamtenergie W ist also zeitlich konstant und gleich der Arbeit, die man beim ersten Auslenken der Feder um die Amplitude k aufbringen mußte.
Entsprechende Energiebetrachtungen wie hier beim Federpendel lassen sich auch bei den oben erwähnten anderen Schwingungen anstellen.

5. Vergleichende Übersicht

In der folgenden Tabelle sind die Differentialgleichung und ihre Konsequenzen sinngemäß auf die drei physikalischen Beispiele übertragen.

Mathematische Gleichung	Elastische Verformung	Pendel	Elektrischer Schwingkreis
$y'' = -cy$	$y = -\tfrac{D}{m}y$	$s = -\tfrac{g}{m}s$	$\ddot{U} = -\tfrac{1}{LC}U$
c	$\tfrac{D}{m}$	$\tfrac{g}{l}$	$\tfrac{1}{LC}$
$y = k\sin\sqrt{c}\,x$	$y = k\sin\sqrt{\tfrac{D}{m}}t$	$s = k\sin\sqrt{\tfrac{g}{l}}\,t$	$U = k\sin\sqrt{\tfrac{1}{LC}}t$
$T = 2\pi\sqrt{\tfrac{1}{c}}$	$T = 2\pi \cdot \sqrt{\tfrac{m}{D}}$	$T = 2\pi \cdot \sqrt{\tfrac{l}{g}}$	$T = 2\pi \cdot \sqrt{LC}$
$y' = k\sqrt{c}\cos\sqrt{c}\,x$	$v = k\sqrt{\tfrac{D}{m}}\cos\sqrt{\tfrac{D}{m}}t$	$v = k\sqrt{\tfrac{g}{l}}\cos\sqrt{\tfrac{g}{l}}t$	$J = k\sqrt{\tfrac{1}{LC}}\cos\sqrt{\tfrac{1}{LC}}t$
vernachlässigt:	Reibung	Reibung	Ohmscher Widerstand

9.   NÄHERUNGSVERFAHREN ZUR INTEGRATION

9.1.   Die graphische Integration

9.1.1. Das Richtungsfeld einer Differentialgleichung

A. Eine Gleichung der Form

$$y' = f(x)$$

stellt, wie wir im Ergänzungsabschnitt zu 8. gesehen haben, den einfachsten Fall einer Differentialgleichung dar. Durch sie wird innerhalb von $D_{f(x)}$ jedem Punkt mit der Abszisse x eine ganz bestimmte Steigung zugeordnet. Durch jeden Punkt der xy-Ebene kann man sich daher ein kurzes Geradenstück gezeichnet denken, das diese Steigung hat. Man erhält so ein aus einzelnen *Linienelementen* bestehendes Richtungsfeld in der xy-Ebene, das im vorliegenden Fall dadurch gekennzeichnet ist, daß zu allen Punkten mit der gleichen Abszisse die gleiche Steigung gehört.

Beispiel: $y' = \frac{1}{4}x$; dann gilt folgende Wertetabelle:

x	0	1	2	3	4	5	6	...	−1	−2	−3	−4
y'	0	$\frac{1}{4}$	$\frac{1}{2}$	$\frac{3}{4}$	1	$\frac{5}{4}$	$\frac{3}{2}$	...	$-\frac{1}{4}$	$-\frac{1}{2}$	$-\frac{3}{4}$	−1

Das zugehörige Richtungsfeld zeigt Fig. 9.1.

In Fig. 9.1 ist eine der Integralkurven zu f: $x \mapsto \frac{1}{4}x$, und zwar diejenige durch den Ursprung, eingezeichnet. Es ist die Parabel mit der Gleichung $y = \frac{1}{8}x^2$.

Bei genügender Dichte der Linienelemente lassen sich die Graphen jener Funktionen F in das Richtungsfeld einzeichnen, für die F'(x) = f(x) ist. Wir erhalten so die Schar der Graphen der Stammfunktionen zur Funktion f: $x \mapsto f(x)$; $D_f = D_{f(x)}$. Es bestätigt sich, daß die Graphen der Stammfunktionen – sie heißen auch *Integralkurven* zu f – auseinander durch Parallelverschiebung entlang der y-Achse hervorgehen.

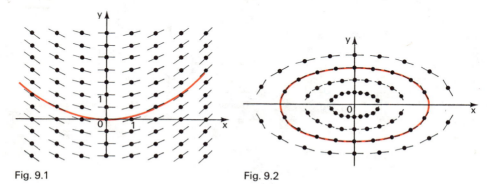

Fig. 9.1   Fig. 9.2

B. Hängt die Richtung des Linienelementes nicht allein von der Abszisse x, sondern auch von der Ordinate y ab, dann besteht eine Gleichung der Form

$$y' = f(x, y)$$

f (x, y) ist jetzt ein aus den beiden Variablen x und y aufgebauter Term, es liegt der allgemeine Fall einer Differentialgleichung vor.

Beispiel: $y' = -\dfrac{x}{4y}$, $(y \neq 0)$

Durch diese Differentialgleichung wird beispielsweise dem Punkt P (2;1) die Steigung −0,5 zugeordnet. Fig. 9.2 zeigt das zugehörige Richtungsfeld. Alle Punkte einer Geraden durch den Ursprung (die x-Achse ausgenommen) sind durch Linienelemente der gleichen Steigung gekennzeichnet (warum?). Die Integralkurven bilden eine Schar konzentrischer Ellipsen.

Durch das Einzeichnen der Integralkurven in das Richtungsfeld wird die Differentialgleichung graphisch integriert. Das Auffinden der Gleichung des Systems der Integralkurven auf rechnerischem Weg ist für uns allerdings eine im allgemeinen unlösbare Aufgabe.

9.1.2. Zeichnerische Bestimmung des Graphen einer Stammfunktion

Das in 9.1.1. angedeutete Verfahren zur Bestimmung der Integralkurven ist in der Praxis mühsam und wenig genau. Wir gehen daher einen anderen Weg, der uns den Graphen G_F irgendeiner Stammfunktion F zu f: $x \mapsto f(x)$; $x \in [a; b] \subset D_f$ sowie den Wert des bestimmten Integrals

$$\int_a^b f(x)\, dx = F(b) - F(a) = J$$

auf zeichnerischem Weg liefert, falls [a; b] ein Intervall ist. Dazu stellen wir die Maßzahl J des Flächeninhaltes in drei Schritten als Ordinatendifferenz dar.

1. Schritt: f ist eine konstante Funktion.
Ist beispielsweise f: $x \mapsto m$, so handelt es sich um die zeichnerische Bestimmung der Flächenmaßzahl des roten Rechtecks in Fig. 9.3. G_f ist eine Parallele zur x-Achse im Abstand m. Ihren Schnittpunkt T mit der y-Achse verbinden wir mit dem sogenannten *Pol* S (−1; 0) und ziehen durch den frei gewählten Punkt B mit der Abszisse a die Parallele zu ST. Sie ist der durch B gehende Graph G_F einer Stammfunktion F zu f; denn es ist F' (x) = m:1 = m = f(x). Die Maßzahl des Rechtecksinhalts, d. i. der Wert des bestimmten Integrals, wird durch die Differenz der Grenzordinaten F (b) und F (a), also durch die Maßzahl der rot gezeichneten Strecke dargestellt.

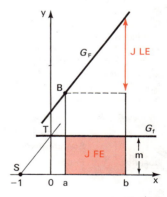

Fig. 9.3

2. Schritt: f ist eine Treppenfunktion.
Durch schrittweises Übertragen des oben skizzierten Verfahrens erhalten wir als Integralkurve einen Streckenzug, der durch den frei gewählten Punkt B mit der Abszisse a geht. Fig. 9.4. Die rot gekennzeichnete Fläche wird wieder durch die Differenz der beiden Grenzordinaten von G_F gemessen.

3. Schritt: f ist eine beliebige, stetige Funktion über [a; b].
Wir ersetzen den Graphen G_f durch eine Treppe, die so angelegt wird, daß sie mit der x-Achse

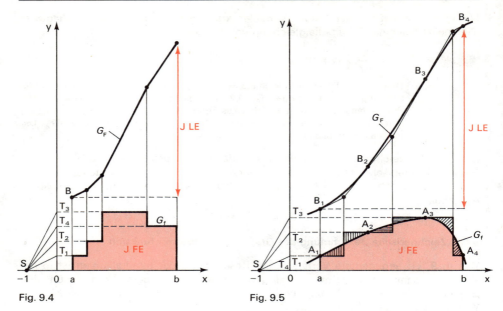

Fig. 9.4   Fig. 9.5

und den Grenzordinaten zu $x = a$ und $x = b$ ein Flächenstück mit dem gleichen Inhalt begrenzt wie G_f. Wir erreichen dies durch einen nach Augenmaß vorgenommenen sog. *Zwickelabgleich*, wie ihn Fig. 9.5 zeigt: Wir nehmen auf G_f beliebig die Punkte A_1, A_2, ... an, zeichnen durch sie die Parallelen zur x-Achse und ersetzen das krummlinige Kurvenstück zwischen je zwei Punkten durch ein zur y-Achse paralleles Geradenstück so, daß die schraffierten Flächen ungefähr gleichen Inhalt haben. Dann erhalten wir als angenäherte Integralkurve zunächst einen Streckenzug, wobei wir den Ausgangspunkt B mit der Abszisse a wieder beliebig annehmen können. Da die Ordinaten von G_f in den Punkten A_1, A_2, ... die Steigungen der Integralkurven in den Punkten B_1, B_2, ... darstellen, diese aber identisch sind mit den Steigungen der durch diese Punkte gehenden Geradenstücke des Streckenzuges, berührt die Integralkurve G_F den Streckenzug in den Punkten B_1, B_2, ... Sie kann nun leicht eingezeichnet werden. Wieder gilt: Die Maßzahl des Inhaltes der rot gezeichneten Fläche wird durch die Maßzahl der Differenz der beiden Grenzordinaten dargestellt. Insbesondere wird der Inhalt des Flächenstücks zwischen G_f, den beiden Koordinatenachsen und der Geraden mit der Gleichung $x - b = 0$ durch jene Ordinate zu $x = b$ gemessen, die zur Integralkurve durch den Ursprung gehört.

Beispiel: Vorgegeben ist die Funktion f: $x \mapsto \frac{1}{x}$; $x \in \mathbb{R}^+$

                  Mit Hilfe ihres Graphen G_f soll auf zeichnerischem Weg der Graph G_F einer Stammfunktion F zu f gewonnen werden.

Lösung: Fig. 9.6

Aufgaben

1. Zeichne das zu den folgenden Differentialgleichungen gehörige Richtungsfeld und füge einige Integralkurven nach Augenmaß ein!

    a) $y' = x$ b) $y' = \frac{1}{x}$ c) $y' = \frac{x - 1}{x}$

2. Zeichne das Richtungsfeld für:

    a) $y' = -y$ b) $y' = \sqrt{y}$ c) $y' = \frac{1}{y}$

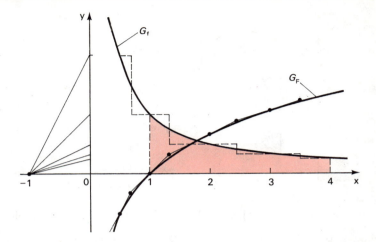

Fig. 9.6

3. Zeichne das Richtungsfeld der Differentialgleichung $yy' + x = 0$! Warum haben die Linienelemente aller Punkte einer Geraden durch den Ursprung gleiche Steigung? Füge einige Integralkurven nach Augenmaß ein! $(y \neq 0)$

4. Bestimme zeichnerisch im angegebenen Intervall den durch B gehenden Graphen der Stammfunktion F zu f: $x \mapsto f(x)$; $D_f = D_{f(x)}$!

a) $f(x) = \frac{1}{2}$; $[0; 5]$, $B'(0; 1)$
b) $f(x) = -3$; $[0; 4]$, $B(0; 0)$
c) $f(x) = x$; $[-3; 3]$, $B(-3; -2)$
d) $f(x) = -\frac{1}{8}x^2 + x$; $[1; 6]$, $B(1; 2)$
e) $f(x) = \sin x$; $[1; 2\pi]$, $B(1; 2)$; 1 LE = 2 cm

5. Graphische Integration empirischer Funktionen

a) Konstruiere die durch $B(0; 1)$ gehende Integralkurve der durch folgende Wertetabelle gegebenen Funktion:

x	0	1	2	3	4	5	6	6,25
y	1	0,5	0,25	0,3	1	2	1	0

b) Für einen unter dem Einfluß einer bremsenden Kraft fallenden Körper wurden t Sek. nach Beginn der Bewegung folgende Geschwindigkeiten v ms^{-1} gemessen:

t	0	1	2	3	4	5	6
v	1	2	2,6	3,15	3,45	3,65	3,75

Ermittle graphisch das Weg-Zeit-Diagramm, wenn für $t = 0$ auch $s = 0$ ist! (Ganze Heftseite!)

9.2. Das Sehnen-Trapezverfahren

Ein Verfahren zur angenäherten Berechnung von Integralen ist das Sehnen-Trapezverfahren. Zur Bestimmung von

$$\int_a^b f(x)\,dx = A\,, \text{ mit } f(x) > 0 \text{ für alle } x \in [a; b],$$

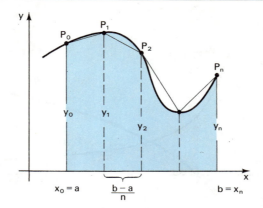

Fig. 9.7

teilen wir das Intervall [a; b] in n gleiche Teilabschnitte mit den Teilungspunkten $x_0 = a, x_1, x_2, \ldots, x_n = b$.

Die Punkte $P_0(x_0; y_0)$, $P_1(x_1; y_1)$, ..., $P_n(x_n; y_n)$ werden durch Sehnen zu einem Streckenzug verbunden. Die Fläche mit dem Inhaltsmaß A zwischen dem Graphen der Funktion f und der x-Achse kann durch die Fläche zwischen diesem Streckenzug und der x-Achse angenähert werden. Letztere setzt sich aus Trapezen zusammen. Fig. 9.7. Man erhält:

$$A \approx \frac{1}{2} \frac{b-a}{n} (y_0 + y_1) + \frac{1}{2} \frac{b-a}{n} (y_1 + y_2) + \cdots + \frac{1}{2} \frac{b-a}{n} (y_{n-1} + y_n)$$

und schließlich die

Sehnen-Trapezregel:

$$\int_a^b f(x)\, dx \approx \frac{b-a}{2n} (y_0 + 2y_1 + 2y_2 + \cdots + 2y_{n-1} + y_n)$$

Beispiel: $\int_0^\pi 3\sin^3 x\, dx$

Wegen $\sin(\pi - x) = \sin x$ genügt es, das Integral von 0 bis $\frac{\pi}{2}$ zu berechnen. Wir wählen $n = 4$.

$$\int_0^\pi 3\sin^3 x\, dx = 2 \cdot 3 \int_0^{\pi/2} \sin^3 x\, dx \approx$$

$$\frac{2 \cdot \pi \cdot 3}{2 \cdot 2 \cdot 4} \cdot (0 + 2 \cdot 0{,}0560 + 2 \cdot 0{,}3536 + 2 \cdot 0{,}7886 + 1) = \frac{3\pi}{8} \cdot 3{,}3964 \approx 4{,}0013$$

Der exakte Wert des Integrals ist 4.

Berechne ebenso $\int_0^{2\pi} \sin^2 x\, dx$. Es ergibt sich ebenfalls ein interessanter Wert.

9.3. Die Simpsonsche Regel[1]

Bei der Sehnen-Trapezregel wurde der Graph der Funktion f durch einen Streckenzug, also durch lineare Funktionen angenähert. Bei gleicher Unterteilung des Intervalls erhält man im allgemeinen einen besseren Wert, wenn man quadratische Näherungs-funktionen verwendet.

---

[1] Thomas Simpson (1710–1761), englischer Mathematiker.

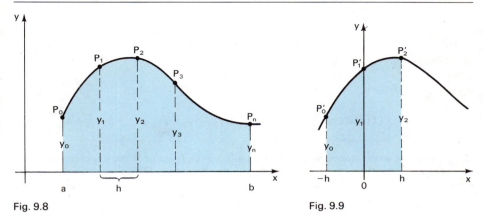

Fig. 9.8   Fig. 9.9

Dazu teilen wir das Intervall [a; b] in n gleiche Teilabschnitte mit der Breite h, wobei diesmal n eine gerade Zahl sein soll. $h = (b - a) : n$. Fig. 9.8.

Durch jeweils drei aufeinanderfolgende Punkte, also durch P_0, P_1, P_2, dann durch P_2, P_3, P_4 bis P_{n-2}, P_{n-1}, P_n ist ein Parabelstück bestimmt. Zur Vereinfachung der Rechnung legen wir durch eine Translation parallel zur x-Achse den mittleren der jeweiligen drei Teilungspunkte auf den Nullpunkt des Koordinatensystems. Die Fläche zwischen Graph und x-Achse bleibt bei dieser Translation unverändert (Fig. 9.9).

Die erste gesuchte quadratische Funktion soll von $(-h; y_0)$, $(0; y_1)$, $(h; y_2)$ erfüllt werden. Dann gelten bei Zugrundelegung des Ansatzes

$$y = ax^2 + bx + c$$

die folgenden Gleichungen:

$$(1) \quad y_0 = a(-h)^2 + b(-h) + c$$
$$\wedge \ (2) \quad y_1 = c$$
$$\wedge \ (3) \quad y_2 = ah^2 + bh + c$$

(2) in (1) und (3) ergibt:

$$(4) \quad y_0 = ah^2 - bh + y_1$$
$$(5) \quad y_2 = ah^2 + bh + y_1$$

Durch Addition und Subtraktion von (4) und (5) erhält man:

$$a = \frac{y_0 - 2y_1 + y_2}{2h^2} \quad \text{und} \quad b = \frac{y_2 - y_0}{2h}$$

Die Gleichung der quadratischen Näherungsfunktion für den ersten Streifen lautet daher:

$$y = \frac{y_0 - 2y_1 + y_2}{2h^2} \cdot x^2 + \frac{y_2 - y_0}{2h} \cdot x + y_1 = \varphi(x)$$

Integriert man $\varphi(x)$ von $-h$ bis $+h$, so folgt für den Inhalt des ersten Streifens:

$$A_1 \approx \frac{y_0 - 2y_1 + y_2}{2h^2} \cdot \frac{2h^3}{3} + y_1 \cdot 2h = \frac{y_0 + 4y_1 + y_2}{3} \cdot h$$

Als Näherungswert S für das gesuchte Integral erhalten wir die Summe der Integrale über die jeweiligen quadratischen Näherungsfunktionen:

$$S = \tfrac{h}{3}(y_0 + 4y_1 + y_2) + \tfrac{h}{3}(y_2 + 4y_3 + y_4) + \cdots + \tfrac{h}{3}(y_{n-2} + 4y_{n-1} + y_n)$$
$$= \tfrac{h}{3}(y_0 + 4y_1 + 2y_2 + 4y_3 + 2y_4 + 4y_5 + \cdots + 2y_{n-2} + 4y_{n-1} + y_n)$$

Setzen wir noch $h = (b - a) : n$, so folgt die

Simpsonsche Regel:

$$\int_a^b f(x)\,dx \approx \frac{b-a}{3n}(y_0 + 4y_1 + 2y_2 + 4y_3 + 2y_4 + \cdots + 2y_{n-2} + 4y_{n-1} + y_n)$$

Bemerkung: Bei einem Näherungsverfahren interessiert die Frage nach der erreichten Genauigkeit. Man wird versuchen, eine obere Schranke für den Betrag des Fehlers zu finden. Wir wollen auf solche Fehlerabschätzungen jedoch nicht weiter eingehen.

Die Berechnung wird heute gewöhnlich mit Computern durchgeführt. Als Beispiel sei ein Programm in der problemorientierten Computersprache ALGOL[1] angegeben, das die Berechnung des sogenannten Integralsinus

$$\int_0^x g(t)\,dt \quad \text{mit} \quad g(t) = \begin{cases} \dfrac{\sin t}{t} & \text{für} \quad t > 0 \\ 1 & \text{für} \quad t = 0 \end{cases}$$

für einen beliebigen Wert x und eine wählbare Genauigkeit ε leistet. Der Integralsinus ist ein Beispiel für ein Integral, bei dem alle Integrationsverfahren versagen und das nur durch Näherungsverfahren berechnet werden kann.

Es werden jeweils die Näherungswerte für $n = 4, 8, \ldots$ ausgedruckt, bis die geforderte Genauigkeit erreicht ist.

```
'BEGIN' 'COMMENT' INTEGRALSINUS;                              1
   'INTEGER' N,K;                                             2
   'REAL' X,H,I1,I2,EPS;                                      3
   READ(X,EPS);                                               4
   I2:=0;                                                     5
   I1:=1;                                                     6
   'FOR' N:=4, 2·N 'WHILE' ABS(I2−I1) >EPS 'DO'               7
      'BEGIN'                                                 8
         I1:=I2;                                              9
         H:=X/N;                                              10
         I2:=1+SIN(X)/X+4·SIN(H)/H;                           11
         'FOR' K:=2 'STEP' 2 'UNTIL' N−2 'DO'                 12
            I2:=I2+2·SIN(K·H)/(K·H)+4·SIN((K+1)·H)/((K+1)·H); 13
         I2:=I2·H/3;                                          14
         PRINT(N,I2)                                          15
      'END';                                                  16
   PRINT(X,EPS,I2)                                            17
'END'                                                         18
```

---

[1] Vgl. H. Meier, Programmieren im Schulunterricht sowie H. Meier, Algol-Handbuch für Anfänger.

Für $x = 5,0$ und $\varepsilon = 10^{-9}$ erhält man folgenden Computerausdruck:

4	+1.547532598179130E+00		8	+1.549799672401324E+00
16	+1.549923271249945E+00		32	+1.549930750363236E+00
64	+1.549931214091835E+00		128	+1.549931243017283E+00
256	+1.549931244824227E+00			

+5.000000000000000E+00   +9.999999999999999E−09
+1.549931244824227E+00

Bemerkung: Zur Berechnung von Integralen nach der Simpson- oder Sehnen-Trapezregel eignen sich auch Tisch- und Taschenrechner.

Aufgaben

1. Berechne $\int\limits_{0}^{4} (16x^2 - x^4)\,dx$

   a) mit Hilfe bekannter Integrationsregeln,
   b) mit der Sehnen-Trapezregel $(n = 4)$,
   c) mit der Simpsonschen Regel $(n = 4)$!

2. Bearbeite wie in Aufgabe 1 das Integral $\int\limits_{0}^{2} (4x - x^3)\,dx$!

3. Berechne $\int\limits_{0}^{1} \dfrac{dx}{1 + x^2}$

   a) mit der Sehnen-Trapezregel $(n = 4)$ auf sechs geltende Dezimalen,
   b) mit der Simpsonschen Regel $(n = 4)$ auf sechs geltende Dezimalen !
   Vergleiche die Ergebnisse !

4. Berechne das Integral $\int\limits_{1}^{x} \dfrac{dt}{t}$ für folgende Werte:

   a) $x = 8$,   b) $x = 4$,   c) $x = 0,8$.
   Verwende die Simpsonsche Regel mit $n = 8$!

5. Ein weiteres Näherungsverfahren liefert die *Tangenten-Trapezregel*.
   In P_1, P_3, ... werden die Tangenten an den Graphen gelegt und die Inhalte der Trapeze zwischen x_0 und x_2, x_2 und x_4, ... x_{n-2} und x_n addiert (n gerade). Fig. 9.7.
   a) Stelle eine Formel für den Flächeninhalt dieser Figur auf !
   b) Berechne mit dieser Formel das Integral von Aufgabe 1 !
   Man erhält eine obere Schranke, während die Sehnen-Trapezregel eine untere Schranke dieses Integrals liefert. Gilt dies für jedes Integral ?
   c) Wie läßt sich durch einen gewichteten Mittelwert aus den Näherungswerten der Sehnen-Trapezregel und der in a) gefundenen Formel der Simpsonsche Wert errechnen ?

10. UMKEHRFUNKTIONEN UND IHRE ABLEITUNG

10.1. Allgemeine Eigenschaften von Umkehrfunktionen

Bereits in 2.2. haben wir die Begriffe der umkehrbaren Funktion und der Umkehrfunktion kennengelernt: Wir nannten eine Funktion f: $x \mapsto y = f(x)$; $x \in D_f$ *umkehrbar*
oder *eineindeutig*, wenn es zu jedem y aus dem Wertebereich W_f *genau ein* $x \in D_f$
mit $f(x) = y$ gibt. Jede Parallele zur x-Achse darf also den Graphen G_f in höchstens
einem Punkt schneiden.

Beispiele: a) f: $x \mapsto y = 1 + \frac{1}{2}x^2$; $D_f = [1; 4]$
               (Fig. 10.1)

               Mit dem gleichen Term und dem Definitionsbereich $[-4; 4]$ wäre die Funk-
               tion nicht mehr umkehrbar.

               b) g: $x \mapsto 2[x] - x$; $x \in \mathbb{R}$
               (Fig. 10.2)

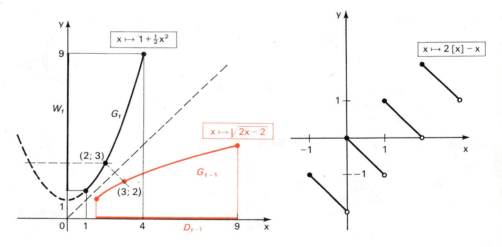

Fig. 10.1   Fig. 10.2

Beispiel b) zeigt, daß eine umkehrbare Funktion nicht streng monoton (zunehmend
oder abnehmend) sein *muß*. Ist f jedoch in D_f streng monoton, so ist f auch umkehrbar, da ja dann aus $x_1 \neq x_2$ stets $f(x_1) < f(x_2)$ oder $f(x_1) > f(x_2)$, also sicherlich
$f(x_1) \neq f(x_2)$ folgt.

Wir vermuten, daß die Funktion g des Beispiels b) deswegen nicht überall streng
monoton ist, weil sie nicht überall stetig ist.
Tatsächlich gilt:

Satz 1 (Monotoniesatz):

Ist eine auf einem Intervall J definierte umkehrbare Funktion in J stetig, so ist sie streng monoton (zunehmend oder abnehmend).

Beweis (indirekt; Fig. 10.3):

Wir nehmen an, f wäre nicht monoton. Dann gäbe es zwischen zwei Stellen x_1 und x_2 eine dritte Stelle x_0, für die der Funktionswert $f(x_0)$ nicht zwischen $f(x_1)$ und $f(x_2)$ läge. Ist beispielsweise $f(x_1) < f(x_2)$ und wäre $f(x_0) < f(x_1)$, so müßte f als stetige Funktion nach dem Zwischenwertsatz (vgl. 3.5.) jeden Wert a mit $f(x_0) < a < f(x_1)$ sowohl im Intervall $]x_1; x_0[$ als auch im Intervall $]x_0; x_2[$ mindestens einmal annehmen. Es gäbe also zwei voneinander verschiedene Stellen ξ und ξ' mit $f(\xi) = a = f(\xi')$. Das widerspricht aber der Umkehrbarkeit der Funktion f.

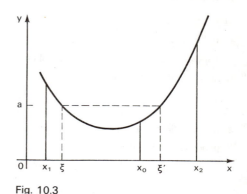

Fig. 10.3

Entsprechend schließt man in den anderen denkbaren Fällen (warum scheidet $f(x_1) = f(x_2)$ dabei von vornherein aus?).

Liegt nun eine umkehrbare Funktion f: $x \mapsto y = f(x)$; $x \in D_f$ vor, so ist definitionsgemäß auch die umgekehrte Zuordnung $y \mapsto x$ für alle $y \in W_f$ eindeutig und definiert daher eine Funktion. Bei unserem Beispiel a) wäre das die Zuordnung

$$y \mapsto x = \sqrt{2y - 2}; \quad y \in W_f = [1,5; 9],$$

deren Graph zunächst mit dem Graphen G_f identisch ist. Um zur üblichen Schreibweise einer Funktion zu gelangen, vertauscht man x und y und erhält dann allgemein die *Umkehrfunktion* f^{-1}: $x \mapsto y = f^{-1}(x)$; $x \in D_{f^{-1}} = W_f$ (in unserem Beispiel: f^{-1}: $x \mapsto y = \sqrt{2x - 2}$; $x \in [1,5; 9]$), wobei sich jetzt der Graph $G_{f^{-1}}$ durch Achsenspiegelung von G_f an der Winkelhalbierenden des I. und III. Quadranten ergibt.

An Fig. 10.1 fällt dabei auf, daß die Umkehrfunktion f^{-1} der streng monoton zunehmenden Funktion f auch wieder streng monoton zunimmt. Dies muß offenbar so sein; denn gäbe es bei der Umkehrfunktion f^{-1} einer streng monoton zunehmenden Funktion f zwei Stellen $x_1 < x_2$ aus $D_{f^{-1}}$ mit $f^{-1}(x_1) \geqq f^{-1}(x_2)$, so würde durch Verkettung mit f folgen (vgl. 6.1.2.):

$$f(f^{-1}(x_1)) \geqq f(f^{-1}(x_2)), \qquad \text{also } x_1 \geqq x_2$$

im Widerspruch zur Voraussetzung.

Da man für eine streng monoton abnehmende Funktion f ganz entsprechend argumentieren kann, erhalten wir

Satz 2:

Die Umkehrfunktion einer streng monoton zunehmenden (bzw. abnehmenden) Funktion ist selbst wieder streng monoton zunehmend (bzw. abnehmend).

Aufgaben

1. Bestimme die Umkehrfunktion zu folgenden Funktionen:

   a) $f: x \mapsto 1 + \frac{1}{2}x^2$; $D_f = [-4; 0]$

   b) $f: x \mapsto -x^3$; $D_f = \mathbb{R}$

   c) $f: x \mapsto \dfrac{2x}{x-1}$; $D_f = \mathbb{R} \setminus \{1\}$

   d) $f: x \mapsto 2[x] - x$; $x \in \mathbb{R}$ (vgl. Fig. 10.2)

   Hinweis: Zeichne zunächst den Graphen $G_{f^{-1}}$!

2. Gegeben ist die Funktion

$$f: x \mapsto \begin{cases} 1 + 2x - \frac{1}{2}x^2; & x \in]-\infty; 1] \\ \frac{1}{2}x + 2 & ; \quad x \in]1; \infty[\end{cases}$$

Zeige, daß f in $\mathbb{R}$ stetig und umkehrbar ist! Berechne f^{-1} und zeichne die Graphen G_f und $G_{f^{-1}}$!

3. Gegeben ist die Funktion

$$f: x \mapsto \begin{cases} -\frac{1}{2}(x+2)^2; & x \in [-2; 0[\\ x^2 & ; \quad x \in]0; 2] \end{cases}$$

   a) Zeige, daß f umkehrbar ist, bestimme f^{-1} und zeichne die Graphen G_f und $G_{f^{-1}}$!

   b) Begründe, warum f in D_f stetig ist, f^{-1} aber nicht in ganz $D_{f^{-1}}$!

Bemerkung: Man kann zeigen, daß die Umkehrfunktion einer in D_f stetigen Funktion dann stetig sein muß, wenn D_f ein *Intervall* ist.

4. Vorgegeben ist die Funktion $f: x \mapsto 1 - \sqrt{2-x}$; $D_f = [-2; 2]$.

   a) Zeige, daß f umkehrbar ist, bestimme f^{-1} und zeichne die Graphen G_f und $G_{f^{-1}}$ (1 LE = 2 cm)! Berechne den Schnittpunkt dieser Graphen!

   b) Begründe, warum f streng monoton zunimmt!

10.2. Ableitung der Umkehrfunktion

Wir wollen nun untersuchen, welcher Zusammenhang im Fall der Differenzierbarkeit zwischen der Ableitung einer umkehrbaren Funktion f und der Ableitung ihrer Umkehrfunktion f^{-1} besteht.

Anschaulich können wir der Fig. 10.4 entnehmen: Hat der streng monoton steigende Graph G_f im Punkt $P(x_0; y_0)$ die Tangentensteigung $\tan\alpha = f'(x_0) \neq 0$, so hat $G_{f^{-1}}$ als Spiegelbild von G_f bezüglich der Winkelhalbierenden w_H im Punkt $P'(y_0; x_0)$ die Tangentensteigung

$$\tan\beta = \tan(90° - \alpha) = \cot\alpha = \frac{1}{\tan\alpha}.$$

Es ergibt sich also

$$(f^{-1})'(y_0) = \frac{1}{f'(x_0)}.$$

Beachten wir dabei noch, daß $y_0 = f(x_0)$ und daher $x_0 = f^{-1}(y_0)$ ist, so können wir dafür auch schreiben:

$$(f^{-1})'(y_0) = \frac{1}{f'(f^{-1}(y_0))} = \frac{1}{(f' \circ f^{-1})(y_0)}; \qquad y_0 \in D_{f^{-1}}$$

Diese aus Fig. 10.4 mit Hilfe der Anschauung gewonnene Beziehung gilt allgemein:

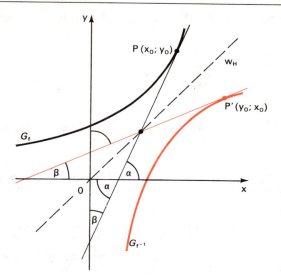

Fig. 10.4

Satz 3 (Ableitungssatz für die Umkehrfunktion):

Ist die umkehrbare Funktion f in einem Intervall J differenzierbar und gilt $f'(x_0) \neq 0$ für die Stelle $x_0 \in J$, so ist die Umkehrfunktion f^{-1} an der Stelle $y_0 = f(x_0)$ ebenfalls differenzierbar und es gilt:

$$(f^{-1})'(y_0) = \frac{1}{f'(x_0)} \qquad \text{bzw.} \qquad (f^{-1})'(y_0) = \frac{1}{f'(f^{-1}(y_0))}.$$

Beweis:[*]

Da f an der Stelle x_0 differenzierbar ist, können wir für $x \in J$ nach dem Differenzierbarkeitsansatz schreiben

$$y = f(x) = f(x_0) + (x - x_0)\, \varphi(x) \tag{1}$$

wobei $\varphi(x)$ eine in x_0 *stetige* Funktion mit $\varphi(x_0) = f'(x_0)$ ist. Wegen $f'(x_0) \neq 0$ ist dann für die x-Werte in einer genügend kleinen Umgebung $U_\delta(x_0)$ immer noch

$$|\varphi(x)| > \tfrac{1}{2}|f'(x_0)| > 0, \qquad \text{also} \qquad \frac{1}{\varphi(x)} \quad \text{beschränkt.}$$

Daher können wir (1) umformen zu

$$x - x_0 = \frac{1}{\varphi(x)} \cdot (f(x) - f(x_0)) \tag{2}$$

und daran ablesen, daß auch x gegen x_0 konvergieren muß, wenn f(x) gegen $f(x_0)$ konvergiert. Für die Umkehrfunktion f^{-1} bedeutet dies aber wegen $f^{-1}(y_0) = x_0$ und $f^{-1}(y) = x$, daß $f^{-1}(y)$ gegen $f^{-1}(y_0)$ konvergiert, wenn y gegen y_0 geht. f^{-1} ist also an der Stelle y_0 stetig. Die Gleichung (2) geht dann über in

$$f^{-1}(y) - f^{-1}(y_0) = \frac{1}{\varphi(f^{-1}(y))} \cdot (y - y_0)$$

Dies ist aber genau der Differenzierbarkeitsansatz für die Funktion f^{-1}, wobei $\varphi(f^{-1}(y))$ als Verkettung von zwei stetigen Funktionen nach 6.1.3. an der Stelle y_0 selbst wieder stetig ist. Als Wert der Ableitung ergibt sich

$$\frac{1}{\varphi(f^{-1}(y_0))} = \frac{1}{f'(x_0)} = \frac{1}{f'(f^{-1}(y_0))}, \quad \text{w.z.b.w.}$$

Schreiben wir statt der Variablen $y_0 \in D_{f^{-1}}$ das gebräuchlichere x, so ergibt sich die wichtige Formel

$$(f^{-1})'(x) = \frac{1}{f'(f^{-1}(x))} \qquad \text{mit } x \in D_{f^{-1}}$$

Bemerkungen

(1) Ist die Differenzierbarkeit der Funktion f^{-1} an der Stelle $x \in D_{f^{-1}}$ bereits gesichert, so kann man die Ableitung auch aus der in 6.1.2. hergeleiteten Gleichung

$$(f \circ f^{-1})(x) = x; \qquad x \in D_{f^{-1}}$$

gewinnen, indem man die auf beiden Seiten stehenden Funktionen differenziert. Das ergibt unter Verwendung der Kettenregel

$$f'(f^{-1}(x)) \cdot (f^{-1})'(x) = 1.$$

Ist der erste Faktor der linken Seite von Null verschieden, so erhalten wir durch Division das gewünschte Ergebnis.

(2) Bezeichnet man, abweichend von unseren sonstigen Gepflogenheiten, die Ableitung der Funktion $f: x \mapsto y; x \in J$ mit $\frac{dy}{dx}$ und die der umgekehrten Zuordnung $y \mapsto x$ mit $\frac{dx}{dy}$, so nimmt unsere Beziehung die sehr einprägsame Form

$$\frac{dx}{dy} = \frac{1}{\frac{dy}{dx}}$$

an, die in Anwendungsgebieten, z. B. in der Physik, häufig benützt wird.

1. Beispiel: $f: x \mapsto x^2; \quad x \in \mathbb{R}_0^+$ hat die Umkehrfunktion

$f^{-1}: x \mapsto \sqrt{x}; \quad x \in f(\mathbb{R}_0^+) = \mathbb{R}_0^+$

Es gilt $f'(x) = 2x \neq 0$ für alle $x \in \mathbb{R}^+$; daraus folgt

$$(f^{-1})'(x) = \frac{1}{2f^{-1}(x)} = \frac{1}{2\sqrt{x}} \qquad \text{für alle } x \in f(\mathbb{R}^+) = \mathbb{R}^+,$$

in Übereinstimmung mit 4.2.2.E. und 6.1.4. (7. Beispiel). f^{-1} ist also zwar an der Stelle 0 definiert, dort aber nicht differenzierbar. Man mache sich am Graphen $G_{f^{-1}}$ klar, warum auch geometrisch die *Steigung* der Kurventangente an dieser Stelle nicht definiert ist.

2. Beispiel: $f: x \mapsto 1 + \frac{1}{x}; \quad D_f = \mathbb{R}\backslash\{0\}$ hat die Umkehrfunktion

$f^{-1}: x \mapsto \frac{1}{x-1}; \quad D_{f^{-1}} = W_f = \mathbb{R}\backslash\{1\}.$

Aus $f'(x) = -\frac{1}{x^2} \neq 0$ in D_f folgt daher

$$(f^{-1})'(x) = 1 : \frac{-1}{[f^{-1}(x)]^2} = -\frac{1}{(x-1)^2} \qquad \text{für } x \in \mathbb{R}\backslash\{1\}.$$

Das unmittelbare Differenzieren von f^{-1} mit Hilfe der Kettenregel (Substitution: $u = x - 1$) liefert das gleiche Ergebnis.

Aufgaben

1. Bestimme die Umkehrfunktion f^{-1} und ermittle deren Ableitung mit Hilfe der Formel in 10.2.! Kontrolliere das Ergebnis durch unmittelbares Differenzieren!

   a) $f: x \mapsto 3x + 5$; $\quad D_f = \mathbb{R}$

   b) $f: x \mapsto \frac{1}{2}x - 3$; $\quad D_f = [2; 6]$

   c) $f: x \mapsto \dfrac{1 - x}{x}$; $\quad D_f = \mathbb{R} \setminus \{0\}$

   d) $f: x \mapsto \frac{1}{2}(x - 1)^2 - 3$; $\quad D_f = [-1; 3]$

   e) $f: x \mapsto x^2 - 2x + 4$; $\quad D_f = [-1; 1]$

2. Zeige, daß $f: x \mapsto \frac{1}{4}x^4 - 2x^3 + 5x^2 - 5$; $x \in \mathbb{R}^+$ umkehrbar ist!
   Der Punkt P' liegt spiegelbildlich zum Punkt P(2; f(2)) bezüglich der Winkelhalbierenden des 1. und 3. Quadranten. Gib die Koordinaten von P' und die Steigung des Graphen $G_{f^{-1}}$ im Punkt P' an!

3. Der Graph einer umkehrbaren Funktion habe an einer Stelle eine waagrechte Tangente. Was folgt daraus für den Graphen der Umkehrfunktion? Gib Beispiele an! Kann die Umkehrfunktion zu einer ganzrationalen Funktion einen Graphen mit waagrechten Tangenten haben?

4. Zeige, daß $f: x \mapsto x^3 + 3x^2 + 5x - 1$; $D_f = \mathbb{R}$ umkehrbar ist!
   Wo hat der Graph $G_{f^{-1}}$ eine steilste oder flachste Stelle?

5. Gegeben ist die Funktion $f: x \mapsto \sqrt{9 - x^2}$; $x \in [0; 3]$.

   a) Zeige, daß f umkehrbar ist und daß $f = f^{-1}$ gilt!

   b) Zeichne den Graphen G_f! Wie äußerst sich hier die Identität von f und f^{-1}?

   c) Bilde mit Hilfe der Kettenregel die Ableitungsfunktion f' und gib deren Definitionsbereich $D_{f'}$ an!

   d) Überprüfe die Gültigkeit der Beziehung:

   $$(f^{-1})'(x) = \frac{1}{f'(f^{-1}(x))}$$

   Für welche $x \in \mathbb{R}$ gilt sie?

11. LOGARITHMUS- UND EXPONENTIALFUNKTION

11.1. Die Funktion L: $x \mapsto \int\limits_1^x \dfrac{dt}{t}$

In Abschnitt 8. haben wir bereits eine Reihe von Integralen berechnet, die sich letzten Endes auf die Potenzfunktion mit natürlichem Exponenten, auf die Sinus- und auf die Kosinusfunktion als Integrandenfunktionen zurückführen ließen. Wir wollen uns jetzt mit einem Integral befassen, das in den Anwendungen der Analysis eine wichtige Rolle spielt, nämlich mit dem Integral

$$\int\limits_a^b \frac{dx}{x}$$

wobei wir zunächst a, b $\in \mathbb{R}^+$ voraussetzen. Dieses Integral existiert nach Satz 3 in 8.1.1., denn f: $x \mapsto \frac{1}{x}$ ist in [a; b] definiert und stetig.
Zur Auswertung des Integral nach dem HDI benötigen wir eine Stammfunktion F zu f: $x \mapsto \frac{1}{x}$; $x \in \mathbb{R} \backslash \{0\}$. Jeder Versuch, unter unserem bisherigen Funktionsvorrat eine Funktion F zu finden, für die $F'(x) = \frac{1}{x}$ gilt, ist, wie man nach einigem Probieren erkennt, zum Scheitern verurteilt. Wir müssen daher bei der Untersuchung des Integrals einen neuen Weg beschreiten.
Dazu betrachten wir zunächst die zu

$$\int\limits_a^b \frac{dx}{x}$$

gehörige Integralfunktion mit der Zuordnungsvorschrift

$$x \mapsto \int\limits_a^x \frac{dt}{t}; \; a, x \in \mathbb{R}^+ \tag{1}$$

Unter der Schar dieser Funktionen mit a als Scharparameter wählen wir die zu a = 1 gehörige, für unsere Zwecke besonders geeignete Funktion aus und bezeichnen sie mit L. Es gilt also

$$L: x \mapsto L(x) = \int\limits_1^x \frac{dt}{t}; \; x \in \mathbb{R}^+ \tag{2}$$

11.1.1. Eigenschaften der Funktion L

A. Geometrische Deutung von L(x)

$|L(x)|$ stellt die Maßzahl für den Inhalt des Flächenstücks dar, das begrenzt wird von der gleichseitigen Hyperbel mit der Gleichung $y = \frac{1}{x}$, der Ordinate zu x = 1, der x-Achse und der Ordinate zur variablen Abszisse x > 0, (Fig. 11.1).
Insbesondere ist $L(x) > 0$ für x > 1, $L(x) < 0$ für x < 1 und

$$\boxed{L(1) = 0} \tag{3}$$

B. Ableitung von L
Nach dem HDI gilt:

$$\boxed{L'(x) = \frac{1}{x}} \tag{4}$$

Die Funktion L ist somit differenzierbar und folglich auch *stetig*. L'(x) ist in $\mathbb{R}^+$ positiv, L also *streng monoton zunehmend*.

C. Der Graph von L

Zeichnet man die gleichseitige Hyperbel sorgfältig auf Millimeterpapier, 1 LE = 10 mm, so kann man die Funktionswerte unter Beachtung von A mit genügender Genauigkeit durch Auszählen der Gitterquadrate gewinnen. Man dividiert die auf Fünfer gerundete Anzahl der Gitterquadrate durch 100 und erhält so folgende Wertetabelle:

x	0,25	0,5	1	1,5	2	2,5	3	3,5	4
L(x)	−1,40	−0,70	0	0,40	0,70	0,90	1,10	1,25	1,40

Den Graphen G_L zeigt Fig. 11.2.[1] Eine wesentlich genauere Tabelle läßt sich rasch mit einem geeigneten Taschenrechner gewinnen.

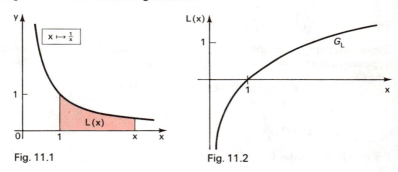

Fig. 11.1　　　　　Fig. 11.2

D. Funktionalgleichungen

a) Wir betrachten nun den Term L(ax) mit $a \in \mathbb{R}^+$. Nach der Kettenregel ist

$$L'(ax) = \frac{1}{ax} \cdot a = \frac{1}{x}$$

Wegen (4) folgt hieraus:

$$L'(ax) = L'(x)$$

Aus der Gleichheit der Ableitungen folgt nach dem Satz in 8.2.2., daß die Terme L(ax) und L(x) sich nur um eine Konstante unterscheiden können, daß also gilt:

$$L(ax) = L(x) + C$$

C finden wir durch Einsetzen von x := 1 unter Beachtung von (3):

$$L(a) = 0 + C$$

Hieraus folgt C = L(a) und schließlich

$$L(ax) = L(a) + L(x)$$

[1] Dieser Graph läßt sich auch auf zeichnerischen Weg nach dem in 9.1.2. entwickelten Verfahren gewinnen. Vgl. Fig. 9.6.

Setzen wir $x := b$, so erhalten wir die bemerkenswerte Funktionalgleichung

$$L(ab) = L(a) + L(b) \tag{5}$$

b) Ersetzt man in (5) a durch $\frac{c}{d}$ und b durch d, so erhält man

$$L(c) = L(\tfrac{c}{d}) + L(d)$$

Hieraus folgt als weitere Funktionalgleichung:

$$L(\tfrac{c}{d}) = L(c) - L(d) \tag{6}$$

c) Aus (5) folgt weiter:

$$L(a_1 \cdot a_2 \cdot a_3 \cdot \ldots \cdot a_n) = L(a_1) + L(a_2) + L(a_3) + \ldots + L(a_n), \quad (a_v > 0)$$

und $\qquad L(a^n) = n \cdot L(a), \ (n \in \mathbb{N}) \tag{7}$

Diese wichtige Eigenschaft von $L(x)$ gilt, wie wir gleich zeigen werden, auch für negative und rationale Exponenten. Ist nämlich $n = -m$ $(m > 0)$, dann ist nach (5) und (3)

$$L(a^m) + L(a^{-m}) = L(a^m a^{-m}) = L(1) = 0$$

Also ist mit (7)

$$L(a^{-m}) = -m L(a)$$

Für den Fall, daß der Exponent gleich $\frac{p}{q}$ ist ($p, q \in \mathbb{Z}$) folgt aus (7):

$$q \cdot L(a^{\frac{p}{q}}) = L[(a^{\frac{p}{q}})^q] = L(a^p) = p \cdot L(a) \ \Rightarrow \ L(a^{\frac{p}{q}}) = \frac{p}{q} L(a) \tag{8}$$

Die Tatsache, daß jede irrationale Zahl durch eine Intervallschachtelung rationaler Zahlen[1] dargestellt werden kann und L als stetig erkannt wurde, veranlaßt uns, (8) auf reelle Exponenten zu erweitern:

$$L(x^r) = r \cdot L(x) \qquad \text{für alle } x, r \in \mathbb{R} \tag{9}$$

E. Wertemenge von L

Lassen wir x gegen unendlich streben und dabei die Folge der Zweierpotenzen $\langle 2^n \rangle$ mit $n \to \infty$ durchlaufen, so folgt aus (9)

$$L(2^n) = n \cdot L(2)$$

Da $L(2)$ positiv ist, wächst $L(2^n)$ mit immer größer werdendem n über jede Schranke. Lassen wir x gegen Null gehen und dabei die Folge $\langle 2^{-n} \rangle$ durchlaufen mit $n \to \infty$, dann wird

$$L(2^{-n}) = -n \cdot L(2)$$

Da $L(2)$ positiv ist, sinkt $L(2^{-n})$ mit immer größer werdendem n unter jede Schranke. Da L stetig ist, ergibt sich somit die Wertemenge $W_L = \mathbb{R}$.

---

[1] Vgl. H. Titze, H. Walter u. R. Feuerlein: Algebra 2, § 54.

Erkenntnis I:

> Die Funktion L ist eine stetige, streng monoton zunehmende Funktion mit $D_L = \mathbb{R}^+$ und $W_L = \mathbb{R}$. Sie hat die kennzeichnende Eigenschaft, daß der Funktionswert der r-ten Potenz einer Zahl gleich ist dem r-fachen Funktionswert dieser Zahl.

F. Eine weitere Charakterisierung der Funktion L.[1]

a) Die Funktionalgleichungen (5), (6) und (9) drücken charakteristische Rechengesetze für die Funktion L aus, die uns an Rechenregeln der Algebra erinnern. Wir stellen dazu die genannten Gleichungen einheitlich mit den Variablen u und v, wobei stets u, v $\in \mathbb{R}^+$ gelten soll, nochmals zusammen:

$$L(u \cdot v) = L(u) + L(v); \quad L\left(\tfrac{u}{v}\right) = L(u) - L(v); \quad L(u^r) = r \cdot L(u), \quad r \in \mathbb{R} \tag{10}$$

Wie man sofort sieht, hat L die Eigenschaft, die Multiplikation auf eine Addition, die Division auf eine Subtraktion und das Potenzieren auf eine Multiplikation „herunter" zu transformieren. Wir denken dabei an das Rechnen mit Potenzen gleicher Basis, bei dem die Multiplikation, Division bzw. Potenzbildung auf die Addition, Subtraktion bzw. Multiplikation der Exponenten hinausläuft. Die Gleichungen in (10) legen es daher nahe, L(u) als Exponent einer Potenz aufzufassen, deren Basis b eine (zunächst beliebige) positive reelle Zahl ist. Dabei wollen wir b = 1 ausschließen. Wir können z. B. die Funktion

$$f: x \mapsto b^{L(x)}; \; x \in \mathbb{R}^+$$

betrachten. Ihre Eigenschaften ergeben sich aus dem bisher Gesagten wie folgt:

$$f(uv) = b^{L(uv)} = b^{L(u) + L(v)} = b^{L(u)} \cdot b^{L(v)} = f(u) f(v)$$

$$f\left(\tfrac{u}{v}\right) = b^{L\left(\tfrac{u}{v}\right)} = b^{L(u) - L(v)} = b^{L(u)} : b^{L(v)} = \frac{f(u)}{f(v)}$$

$$f(u^r) = b^{L(u^r)} = b^{r \cdot L(u)} = [b^{L(u)}]^r = [f(u)]^r.$$

Die gleichen Eigenschaften hat auch die Potenzfunktion $\varphi: x \mapsto x^k$ ($x \in \mathbb{R}^+$, $k \in \mathbb{R}$). Folgende Überlegung zeigt, daß auch f eine Potenzfunktion ist: Es gilt einerseits

$$L(f(x)) = L(b^{L(x)}) = L(x) \cdot L(b)$$

andererseits

$$L(x^k) = kL(x)$$

Setzen wir k = L(b), so entsteht die Gleichung

$$L(f(x)) = L(x^{L(b)}) \qquad \text{für } x \in \mathbb{R}^+$$

Wegen der strengen Monotonie der Funktion L gilt $L(u) = L(v) \Leftrightarrow u = v$, womit gezeigt ist:

$$f(x) = x^{L(b)} \qquad \text{oder}$$

$$b^{L(x)} = x^{L(b)} \tag{11}$$

---

[1] Didaktischer Hinweis: Ist der Begriff des Logarithmus aus der Mittelstufe bekannt, so empfiehlt es sich, den Abschnitt Fa) durch den Abschnitt F*a) im Anhang zu ersetzen.

Die letzte Gleichung kann natürlich auch ohne den Umweg über die Funktion f unmittelbar aus (10) wegen der strengen Monotonie der Funktion L gefolgert werden.

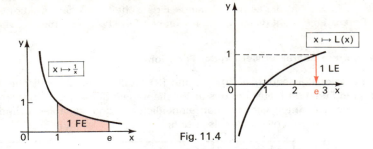

Fig. 11.3   Fig. 11.4

Wir wählen nun die Zahl b so, daß $L(b) = 1$ gilt (Fig. 11.3). Aufgrund der Erkenntnis I
nimmt L den Funktionswert 1 genau einmal an. Die eindeutige Lösung der Gleichung
$L(x) = 1$ bezeichnet man mit dem Buchstaben e. Wie Fig. 11.4 zeigt, ist $e \approx 2{,}7$. Es
gilt also:

$$\boxed{L(e) = 1}\qquad \text{und damit}\qquad \boxed{e^{L(u)} = u}\qquad (u \in \mathbb{R}^+)\qquad (12)$$

Erkenntnis II:

Ist u eine positive reelle Zahl, so stellt $L(u)$ gerade diejenige Hochzahl dar, mit der
man die Basis e potenzieren muß, um u zu erhalten.

$L(u)$ heißt *natürlicher Logarithmus* der Zahl u, e *Basis* der natürlichen Logarithmen.
Man schreibt — nach Ersatz von u durch x —

$$L(x) =: \ln x$$

und liest: Logarithmus naturalis x.

b) Es gilt somit die Definitionsgleichung:

$$\boxed{e^{\ln x} = x}\qquad \text{mit } x \in \mathbb{R}^+$$

In Worten:

*Unter dem natürlichen Logarithmus der positiven reellen Zahl x versteht man diejenige
reelle Zahl r, für die $e^r = x$ ist.*

Beispiel: $\ln 5 = r \Leftrightarrow e^r = 5$; Probieren liefert
            $2{,}7^1 = 2{,}7$
            $2{,}7^2 = 7{,}29$
            ln 5 ist also eine Zahl zwischen 1 und 2, die vermutlich etwas größer ist als 1,5.

Etwas genauere Werte für die natürlichen Logarithmen erhält man auf zeichnerischem
Weg über den Graphen der Funktion mit der Zuordnungsvorschrift $x \mapsto e^x$; $x \in \mathbb{R}$
(Fig. 11.5).

Wertetabelle

x	0	1	2	3	−1	−2	0,5	1,5
$2{,}7^x$	1	2,7	7,3	20	0,37	0,14	1,6	4,4

Aus Fig. 11.5 entnimmt man: $\ln 5 \approx 1{,}6$.

In einigen Fällen kann der natürliche Logarithmus unmittelbar angegeben werden:

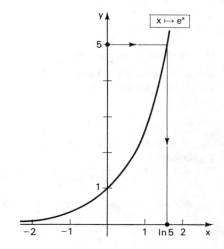

Beispiele: a) $\ln e^3 = r \Leftrightarrow e^r = e^3 \Rightarrow r = 3$
b) $\ln \sqrt[4]{e} = r \Leftrightarrow e^r = e^{\frac{1}{4}} \Rightarrow r = \frac{1}{4}$

Die natürlichen Logarithmen von Potenzen der Zahl e mit rationalem Exponenten sind, wie die Beispiele zeigen, rational. Im allgemeinen handelt es sich jedoch bei den Logarithmen um irrationale, also nicht durch Brüche darstellbare Zahlen. Wir ermitteln sie mit der Funktionstafel auf Seite 54 des Mathematischen Tafelwerks. Die hier angegebenen, auf vier Dezimalstellen gerundeten Werte [1] lassen sich mit Hilfe von

Fig. 11.5

Reihen auf sehr einfache („natürliche") Weise berechnen. Wir kommen hierauf im Ergänzungsabschnitt zu 14.2.2., Aufgabe 5, zurück.

Beispiele: a) $\ln 5 = 1{,}6094$

b) $\ln 205 = 5{,}3230$

Für die Bestimmung des natürlichen Logarithmus eines Dezimalbruches benützt man die zweite Gesetzmäßigkeit von (10):

$$\ln \left(\tfrac{u}{v}\right) = \ln u - \ln v$$

Beispiele: a) $\ln 0{,}5 = \ln \tfrac{5}{10} = \ln 5 - \ln 10 = 1{,}6094 - 2{,}3026 = -0{,}6932$
b) $\ln 2{,}05 = \ln \tfrac{205}{100} = \ln 205 - \ln 100 = 5{,}3230 - 4{,}6052 = 0{,}7178$

Auch die anderen beiden Gesetzmäßigkeiten von (10), nämlich

$$\ln (u \cdot v) = \ln u + \ln v \qquad \text{sowie} \qquad \ln (u^r) = r \cdot \ln u$$

lassen sich bei der Ermittlung der natürlichen Logarithmen von Termen bzw. deren Umformung vorteilhaft verwenden.

---

[1] Wird eine höhere Genauigkeit gefordert, benützt man elektronische Taschenrechner. Schon mit Geräten der mittleren Preislage lassen sich die Logarithmen auf 10 geltende Ziffern genau bestimmen.

Beispiele: a) $\ln \frac{28 \cdot 37}{419} = \ln (28 \cdot 37) - \ln 419 = \ln 28 + \ln 37 - \ln 419$
$= 3{,}3322 + 3{,}6109 - 6{,}0379 = 0{,}9052$

b) $\ln \sqrt[10]{2} = \ln 2^{\frac{1}{10}} = \frac{1}{10} \ln 2 = \frac{1}{10} \cdot 0{,}6931 = 0{,}0693$

c) $\ln \sqrt{16 - x^2} = \frac{1}{2} \ln (4 + x) + \frac{1}{2} \ln (4 - x)$, wobei $x \in]-4; 4[$ vorausgesetzt ist.

G. Die Basis e als Grenzwert einer Zahlenfolge

Um eine genaue Information über die Basis e zu erhalten schätzen wir für $v \in \mathbb{N}$ den Term

$$L\left(1 + \tfrac{1}{v}\right) = \int\limits_{1}^{1 + \frac{1}{v}} \frac{dt}{t}$$

durch das Minimum und das Maximum der Funktion:

$$x \longmapsto \frac{1}{x} \text{ im Intervall } [1; 1 + \tfrac{1}{v}]$$

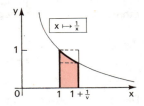

Fig. 11.6

ab. Wir erhalten gemäß Fig. 11.6 durch einfachen Flächenvergleich:

$$\tfrac{1}{v} \cdot \frac{1}{1 + \frac{1}{v}} < L\left(1 + \tfrac{1}{v}\right) < \tfrac{1}{v} \cdot 1 \implies$$

$$\frac{1}{1 + v} < L\left(1 + \tfrac{1}{v}\right) < \tfrac{1}{v}$$

Durch Multiplikation der rechten Teilungleichung mit v ergibt sich

$$vL\left(1 + \tfrac{1}{v}\right) < 1$$

und durch Multiplikation der linken Teilungleichung mit $(v + 1)$ folgt:

$$1 < (v + 1)\, L\left(1 + \tfrac{1}{v}\right)$$

Vereinigen wir beide Ungleichungen zu einer Doppelungleichung, so erhalten wir

$$vL\left(1 + \tfrac{1}{v}\right) < 1 < (v + 1)\, L\left(1 + \tfrac{1}{v}\right)$$

und nach (9) mit Beachtung von $1 = L(e)$

$$L\left(\left(1 + \tfrac{1}{v}\right)^v\right) < L(e) < L\left(\left(1 + \tfrac{1}{v}\right)^{v+1}\right)$$

Hieraus folgt wegen der Monotonie von L für alle $v \in \mathbb{N}$:

$$\left(1 + \tfrac{1}{v}\right)^v < e < \left(1 + \tfrac{1}{v}\right)^{v+1}$$

Die Folge $\langle\left(1 + \tfrac{1}{v}\right)^v\rangle$ ist also durch e nach oben, die Folge $\langle\left(1 + \tfrac{1}{v}\right)^{v+1}\rangle$ durch e nach unten beschränkt.
Die Differenzfolge ist aber wegen

$$\left(1 + \tfrac{1}{v}\right)^{v+1} - \left(1 + \tfrac{1}{v}\right)^v = \left(1 + \tfrac{1}{v}\right)^v \left[\left(1 + \tfrac{1}{v}\right) - 1\right] = \tfrac{1}{v}\left(1 + \tfrac{1}{v}\right)^v < \tfrac{e}{v}$$

eine Nullfolge. Beide Folgen gehen daher mit $v \to \infty$ gegen e als Grenzwert.

Erkenntnis III:

> **Die Basis e läßt sich als Grenzwert einer Zahlenfolge darstellen. Es gilt**
> $$e = \lim_{v \to \infty} (1 + \tfrac{1}{v})^v$$

e heißt aus historischen Gründen Eulersche Zahl.[1] Ihre Berechnung mit Hilfe obiger Grenzwertdarstellung ist allerdings mühsam, da der Term $(1 + \tfrac{1}{v})^v$ nur langsam konvergiert. Dies zeigt folgende Tabelle:

v	1	2	3	4	5	10	100
$(1 + \tfrac{1}{v})^v$	2	2,25	2,370...	2,441...	2,488...	2,594...	2,705...

Für die *praktische* Berechnung von e geht man von einer anderen Grenzwertdarstellung dieser Zahl aus, die wir später kennenlernen werden, nämlich

$$e = \lim_{v \to \infty} \left(1 + \frac{1}{1!} + \frac{1}{2!} + \frac{1}{3!} + \cdots + \frac{1}{v!} \right);^2$$

Hieraus läßt sich bereits für $v = 12$ die Eulersche Zahl mit sieben geltenden Dezimalen ermitteln:

$$e = 2{,}7182818\ldots$$

Aufgaben

1. a) $\ln e^2$ b) $\ln \dfrac{1}{e}$ c) $\ln \dfrac{1}{e^3}$ d) $\ln \sqrt[3]{e}$ e) $\ln \dfrac{1}{\sqrt{e}}$

2. a) $\ln 9$ b) $\ln 90$ c) $\ln 339$ d) $\ln 433$ e) $\ln 614$
   f) $\ln 0{,}1$ g) $\ln 0{,}01$ h) $\ln 0{,}55$ i) $\ln 5{,}55$ k) $\ln 0{,}219$

3. a) $\ln (364 \cdot 231)$ b) $\ln \tfrac{17}{41}$ c) $\ln \dfrac{1{,}2 \cdot 17{,}3}{0{,}39}$
   d) $\ln \sqrt{3}$ e) $\ln \sqrt{0{,}83}$ f) $\ln \sqrt[3]{\tfrac{2}{3}}$

4. a) $\ln \sqrt{x^2 - 4}$, $(x > 2)$ b) $\ln \sqrt{a^4 - b^4}$, $(a > b)$ c) $\ln \sqrt{x^2 + 3x + 2}$, $(x > -1)$

5. a) $\ln 4 + \ln 25$ b) $\ln 80 - \ln 8$ c) $\ln 8 + \ln 125 - \ln 33\tfrac{1}{3}$
   d) $2 \cdot \ln 2 + \ln 17$ e) $\tfrac{1}{2} \ln 63 + \tfrac{1}{2} \ln 7$ f) $\tfrac{1}{3} \ln 9 - \tfrac{1}{3} \ln 16 - \tfrac{1}{3} \ln 1\tfrac{1}{3}$

6. Jede der folgenden Gleichungen wird in der Grundmenge $\mathbb{R}^+$ von genau einer Zahl erfüllt. Wie heißt sie jeweils?
   a) $\ln x = 3{,}0910$ b) $\ln 2x = 4{,}6052$ c) $\ln x^2 = 12{,}0028$ d) $\ln \sqrt{x} = 2{,}1910$

7. Gib für jede der folgenden Gleichungen die Lösungsmenge in der Grundmenge $\mathbb{R}$ an!
   a) $e^x = 5$ b) $e^{2x} = 10$ c) $e^{x + \ln 5} = 10$ d) $e^{x^2} = 483$

---

[1] Leonhard Euler (1707–1783), Schweizer Mathematiker mit bedeutenden Leistungen insbesondere auf den Gebieten der Analysis, der Zahlentheorie, der Topologie und der Mechanik.
[2] $v!$ (gelesen: „v Fakultät") ist eine abgekürzte Schreibweise für das Produkt $1 \cdot 2 \cdot 3 \cdot 4 \cdot \ldots \cdot v$. Es ist $1! = 1$; $2! = 1 \cdot 2 = 2$; $3! = 1 \cdot 2 \cdot 3 = 6$; $4! = 24$ usw.

8. Jede Gleichung hat in $\mathbb{R}$ genau eine Lösungszahl. Wie heißt sie jeweils?

a) $148^x = 258$ b) $404^x = 821$ c) $1{,}2^x = 4$ d) $(\tfrac{1}{4})^x = \tfrac{1}{3}$

Anleitung: Bilde jeweils auf beiden Seiten der Gleichung den natürlichen Logarithmus! (2 Dez.)

9. Zeige: $\boxed{\lim\limits_{v \to \infty} (1 - \tfrac{1}{v})^v = e^{-1}}$ und $\boxed{\lim\limits_{v \to \infty} (1 + \tfrac{k}{v})^v = e^k}$ für alle $k \in \mathbb{R}$

11.1.2. Die natürliche Logarithmusfunktion

A. Grundformeln der Differentiation und Integration

Wir wissen nun, daß $L(x) = \ln x$ ist. Die Funktion L heißt natürliche Logarithmusfunktion. Wir schreiben für sie von jetzt ab ln. Es gilt also:

$$\ln: x \mapsto \ln x = \int_1^x \frac{dt}{t}; \qquad x \in \mathbb{R}^+$$

Aus dem HDI folgt hieraus $(\ln x)' = \tfrac{1}{x}$ und somit die Differentiationsregel

$$\boxed{f(x) = \ln x \;\Rightarrow\; f'(x) = \frac{1}{x}} \quad x \in \mathbb{R}^+$$

Als neues Grundintegral ergibt sich zunächst

$$\int_a^b \frac{dx}{x} = [\ln x]_a^b, \qquad (x > 0) \tag{1}$$

Für $x < 0$ ist $\ln(-x)$ erklärt und es ist nach der Kettenregel

$$(\ln(-x))' = \frac{1}{(-x)} \cdot (-1) = \frac{1}{x}$$

Folglich gilt:

$$\int_a^b \frac{dx}{x} = [\ln(-x)]_a^b, \qquad (x < 0) \tag{2}$$

(1) und (2) können formal zusammengefaßt werden zur Grundformel

$$\boxed{\int \frac{dx}{x} = \ln|x| + C} \tag{3}$$

Formel (3) darf für die Berechnung des bestimmten Integrals verwendet werden, wenn das Integrationsintervall den Nullpunkt nicht enthält.

Beispiel: Es sei a, b $\in \mathbb{R}^+$. Dann gilt (Fig. 11.7):

$$\int_a^b \frac{dx}{x} = [\ln|x|]_a^b = \ln b - \ln a, \qquad \text{und}$$

$$\int_{-b}^{-a} \frac{dx}{x} = [\ln|x|]_{-b}^{-a} = \ln a - \ln b;$$

$$\int_{-b}^a \frac{dx}{x} \quad \text{ist dagegen nicht definiert.}$$

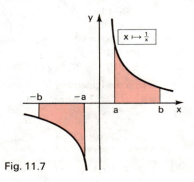

Fig. 11.7

B. Funktionsverhalten

Fassen wir die Ergebnisse von 11.1.1. zusammen, so können wir sagen:

Die Funktion ln: $x \mapsto \ln x$; $x \in \mathbb{R}^+$ ist eine streng monoton zunehmende, stetige Funktion. Sie bildet $\mathbb{R}^+$ auf $\mathbb{R}$ ab. Ihre Ableitung ist $\frac{1}{x}$. Für $0 < x < 1$ sind die Funktionswerte negativ, für $1 < x < \infty$ sind sie positiv. Besondere Werte sind:

$$\boxed{\ln 1 = 0} \qquad \boxed{\ln e = 1}$$

Aufgaben

1. Wie groß ist der Neigungswinkel der Tangente an den Graphen $G_{\ln}$ der Funktion ln: $x \mapsto \ln x$; $x \in \mathbb{R}^+$ in den Kurvenpunkten:
   a) $P(1; ?)$ b) $Q(2; ?)$ c) $R(5; ?)$ d) $S(\frac{2}{3}\sqrt{3}; ?)$

2. In welchem Punkt des Graphen $G_{\ln}$ hat die Tangente die Neigung
   a) $7° 24'$ b) $36° 34'$ c) $53° 8'$ d) $63° 26'$?

3. Für welchen Punkt des Graphen $G_{\ln}$ geht die Tangente durch den Ursprung?

4. Berechne und deute geometrisch:
   a) $\int\limits_1^5 \frac{dx}{x}$ b) $\int\limits_2^5 \frac{dx}{x}$ c) $\int\limits_8^1 \frac{dx}{x}$ d) $\int\limits_{-1}^{-3} \frac{dx}{x}$

5. Man vergleiche die drei Funktionen f, φ und ψ in den maximalen Definitionsbereichen:
   $f: x \mapsto \ln x^2$; $\varphi: x \mapsto 2 \cdot \ln x$; $\psi: x \mapsto 2 \cdot \ln |x|$

6. Beweise: Das Integral

$$\int\limits_a^b \frac{dx}{x}$$

behält seinen Wert, wenn die Integrationsgrenzen mit der gleichen Zahl multipliziert oder dividiert werden. („Erweitern" bzw. „Kürzen" der Grenzen)

11.1.3. Die allgemeine Logarithmusfunktion

A. Definition und Sonderfälle des allgemeinen Logarithmus

Die Überlegungen in 11.1.1.F führten auf die spezielle Basis $e = 2{,}7182818\ldots$. Dort wurde bereits erwähnt, daß grundsätzlich jede positiv reelle Zahl mit Ausnahme der Zahl 1 als Basis zugelassen ist. Dies führt auf den Begriff des allgemeinen Logarithmus zur Basis a, wobei $a \in \mathbb{R}^+ \setminus \{1\}$.

Definition:

Unter dem (allgemeinen) Logarithmus der positiven reellen Zahl x zur Basis a (in Zeichen: $\log_a x$)[1] versteht man diejenige reelle Zahl r, für die $a^r = x$ ist. Somit gilt:

$$a^{\log_a x} = x$$

mit $x \in \mathbb{R}^+ \land a \in \mathbb{R}^+ \setminus \{1\}$.

[1] Gelesen: Logarithmus von x zur Basis a.

| Beispiele: | a) $\log_3 10 = r \Leftrightarrow 3^r = 10$ |

r liegt zwischen 2 und 3, vermutlich wesentlich näher bei 2 als bei 3. Wie könnte man auf zeichnerischem Weg einen etwas genaueren Wert für $\log_3 10$ finden? Vgl. hierzu das Beispiel in 11.1.1.F.!

b) Für alle $a \in \mathbb{R}^+ \setminus (1)$ gilt: $\log_a a = 1$ und $\log_a 1 = 0$. Warum?

Auch für den allgemeinen Logarithmus gelten die Gesetze von 11.1.1.F:

| Beispiele: | a) $\log_3 10 = \log_3 (5 \cdot 2) = \log_3 5 + \log_3 2$ |

b) $\log_5 15^3 = 3 \cdot \log_5 15 = 3 \, (\log_5 5 + \log_5 3) = 3 \, (1 + \log_5 3)$

Sonderfälle:

Der Zweierlogarithmus

Für $a = 2$ vereinbaren wir die Kurzschreibweise $\log_2 x = \text{lb}\, x$ (binärer Logarithmus)[1]. Es gilt die Definitionsgleichung:

$$2^{\text{lb}\, x} = x \qquad\qquad x \in \mathbb{R}^+$$

| Beispiele: | a) $\text{lb}\, 32 = 5$ weil $2^5 = 32$ ist |

b) $\text{lb}\, 2 = 1; \quad \text{lb}\, 1 = 0$

Der Zweierlogarithmus spielt in der Informatik eine wichtige Rolle.

Hinweis: Für die ungeraden Zahlen von 1 bis 999 sind die Zweierlogarithmen auf S. 55 des TW zusammengestellt. Damit lassen sich auch die Zweierlogarithmen der geraden Zahlen sowie der Dezimalbrüche auf einfache Weise ermitteln.

| Beispiele: | a) $\text{lb}\, 501 = 8{,}9687$ |

b) $\text{lb}\, 162 = \text{lb}\, (2 \cdot 81) = \text{lb}\, 2 + \text{lb}\, 81 = 1 + 6{,}3399 = 7{,}3399$

c) $\text{lb}\, 1{,}62 = \text{lb}\, 162 - \text{lb}\, 100 = 7{,}3399 - 6{,}6439 = 0{,}6960$

d) $\text{lb}\, 768 = \text{lb}\, (2^8 \cdot 3) = 8 + 1{,}5850 = 9{,}5850 \qquad (\text{TW S. 86})$

Der Zehnerlogarithmus

Für $a = 10$ vereinbaren wir die Kurzschreibweise $\log_{10} x = \lg x$. Definitionsgleichung:

$$10^{\lg x} = x \qquad\qquad x \in \mathbb{R}^+$$

| Beispiele: | a) $\lg 1000 = 3$ weil $10^3 = 1000$ |

b) $\lg 10 = 1; \quad \lg 1 = 0.$ Begründung!

c) $\lg 3000 = \lg (1000 \cdot 3) = \lg 1000 + \lg 3 = 3 + \lg 3$

Die Basis 10 ist für das praktische Rechnen unter Ausnutzung der Gesetze (10) in 11.1.1. hervorragend geeignet. Die Zehnerlogarithmen (auch dekadische oder Briggsche Logarithmen[2] genannt) sind, auf vier Dezimalen gerundet, im TW auf den Seiten

---

[1] Es ist auch die Schreibweise $\text{ld}\, x$ (Logarithmus dualis) üblich.

[2] Henry Briggs (1561–1630), englischer Mathematiker, veröffentlichte 1617 die erste Tafel dekadischer Logarithmen mit einer Genauigkeit von 14 Dezimalstellen, eine erstaunliche Leistung für die damalige Zeit.

25 bis 33 tabelliert. Falls der Begriff des Logarithmus im Unterricht der Mittelstufe nicht behandelt wurde, wird in diesem Zusammenhang auf den Anhang, Abschnitt II verwiesen.

B. Zusammenhang zwischen Logarithmen verschiedener Basen

Es sei $\log_a x$ bekannt und $b \in \mathbb{R}^+ \setminus \{1\}$ eine neue Basis. Dann stellt sich die Frage nach einem Zusammenhang zwischen $\log_a x$ und $\log_b x$:
Aus $\log_b x = u$ folgt $b^u = x$. Bilden wir beiderseits den Logarithmus zur Basis a, folgt:

$$u \cdot \log_a b = \log_a x \;\Rightarrow\; u = \frac{\log_a x}{\log_a b}, \qquad \text{also}$$

$$\boxed{\log_b x = \frac{\log_a x}{\log_a b}}$$

Zwischen den Logarithmen zweier Basissysteme besteht demnach Proportionalität. Die Formel dient zur Umrechnung der Logarithmen von einer Basis in eine andere.

Beispiel: $b = e; \quad a = 10$

$$\ln x = \frac{\lg x}{\lg e} \;\Rightarrow\; \ln x = \frac{1}{0,4343} \cdot \lg x \;\Rightarrow\; \ln x = 2,3026 \cdot \lg x \qquad \text{(vgl. TW S. 55)}$$

C. Die Ableitung der allgemeinen Logarithmusfunktion

Die Funktion mit der Zuordnungsvorschrift $x \mapsto y = \log_a x$; $x \in \mathbb{R}^+ \wedge a \in \mathbb{R}^+ \setminus \{1\}$ heißt allgemeine Logarithmusfunktion. Um ihre Ableitung zu finden, gehen wir zur äquivalenten Potenzschreibweise der Funktionsgleichung über:

$$a^y = x$$

Wir nehmen beiderseits den natürlichen Logarithmus und erhalten

$$y \cdot \ln a = \ln x$$

Mit Auflösung nach y und Beachtung der Funktionsgleichung ergibt sich:

$$\log_a x = \frac{\ln x}{\ln a}$$

Hieraus folgt die Differentiationsformel für $x \in \mathbb{R}^+$ und $a \in \mathbb{R}^+ \setminus \{1\}$:

$$\boxed{f(x) = \log_a x \;\Rightarrow\; f'(x) = \frac{1}{x \cdot \ln a}}$$

Aufgaben

1. a) lb 29   b) lb 131   c) lb 791   d) lb 318   e) lb 1810

2. Gib die Lösungsmenge folgender Gleichungen in der Grundmenge $\mathbb{R}$ an!
   a) $2^x = 10$ b) $2^{x+3} = 111$ c) $2^{3x} = 3$ d) $2^{\sqrt{x}} = 257$ e) $2^{x^2} = 511$

3. Wie groß ist der Neigungswinkel der Tangente an den Graphen der Zehnerlogarithmusfunktion in folgenden Kurvenpunkten:
   a) $P(1; ?)$ b) $Q(2; ?)$ c) $R(0,1; ?)$ d) $S(100; ?)$

4. In welchem Punkt des Graphen der Zehnerlogarithmusfunktion ist die Tangente parallel zur Winkelhalbierenden des I. Quadranten?

5. Umrechnung von Logarithmen.

Zeige:

a) $\operatorname{lb} x = 3{,}3219 \cdot \operatorname{lg} x$ b) $\ln x = 0{,}6931 \cdot \operatorname{lb} x$

6. Skizziere den Graphen der Zweierlogarithmusfunktion und berechne den Winkel, unter dem er die x-Achse durchschneidet!

7. Zeige: Die Graphen der beiden Funktionen mit den Zuordnungsvorschriften $x \mapsto \log_a x$; $x \in \mathbb{R}^+$ und $x \mapsto \log_{\frac{1}{a}} x$; $x \in \mathbb{R}^+$ sind zueinander symmetrisch in Bezug auf die x-Achse. $a \in \mathbb{R}^+ \setminus \{1\}$.

11.1.4. Die logarithmische Differentiation. Eine neue Integralformel

A. Ist $f(x)$ positiv und differenzierbar, so erhalten wir durch beiderseitige Logarithmierung der Gleichung $y = f(x)$ zur Basis e zunächst

$$\ln y = \ln f(x)$$

und durch Differentiation der linken und rechten Seite nach x mit Beachtung der Kettenregel:

$$\frac{y'}{y} = (\ln f(x))' \qquad \text{bzw.} \qquad \frac{f'(x)}{f(x)} = (\ln f(x))'$$

Hieraus läßt sich $f'(x)$ berechnen. Das Verfahren heißt logarithmische Differentiation. Es führt bei manchen Funktionstypen rascher zum Ziel als der übliche Weg zur Berechnung der Ableitung.

Beispiel: $f: x \mapsto f(x) = \sqrt{\dfrac{x-1}{(x-2)\,(x-3)}}$; $x \in \,]\,3;\infty[$. Berechne $f'(4)$!

Lösung   Durch Logarithmieren von $f(x)$ zur Basis e erhalten wir

$\ln f(x) = \frac{1}{2}[\ln(x-1) - \ln(x-2) - \ln(x-3)]$,   und hieraus

$\dfrac{f'(x)}{f(x)} = \frac{1}{2}\left(\dfrac{1}{x-1} - \dfrac{1}{x-2} - \dfrac{1}{x-3}\right)$, aufgelöst nach $f'(x)$:

$f'(x) = \frac{1}{2}\sqrt{\dfrac{x-1}{(x-2)\,(x-3)}}\left(\dfrac{1}{x-1} - \dfrac{1}{x-2} - \dfrac{1}{x-3}\right)$, und somit

$f'(4) = \frac{1}{2}\sqrt{\frac{3}{2}}\,(\frac{1}{3} - \frac{1}{2} - 1) = -\frac{7}{24}\sqrt{6}$

Bemerkung: Für die unmittelbare (nichtlogarithmische) Bestimmung von $f'(x)$ wäre die sog. Quotientenregel (12.1.) erforderlich.

B. Es ist $(\ln f(x))' = \dfrac{f'(x)}{f(x)}$ falls $f(x) > 0$, und $[\ln(-f(x))]' = \dfrac{-f'(x)}{-f(x)} = \dfrac{f'(x)}{f(x)}$ falls $f(x) < 0$. Folglich gilt:

$$\int \frac{f'(x)}{f(x)}\,dx = \ln|f(x)| + C$$

anwendbar, falls das Integrationsintervall [a; b] keine Nullstelle von f enthält.
Die Formel findet beim Integrieren häufig Anwendung. Ist der Integrand ein Bruch, so untersucht man zuerst grundsätzlich, ob der Zähler die Ableitung des Nenners ist oder ob man durch eine einfache Umformung den Zähler in die Ableitung des Nenners überführen kann.

1. Beispiel: $\int_0^1 \dfrac{2x+3}{x^2+3x+2}\,dx = [\ln|x^2+3x+2|]_0^1 = \ln 6 - \ln 2 = \ln 3$

2. Beispiel: $\int_{-1}^{\sqrt{3}} \dfrac{x^3}{x^4+1}\,dx = \tfrac{1}{4}\int_{-1}^{\sqrt{3}} \dfrac{4x^3}{x^4+1}\,dx = \tfrac{1}{4}[\ln|x^4+1|]_{-1}^{\sqrt{3}} = \tfrac{1}{4}(\ln 10 - \ln 2) = \tfrac{1}{4}\ln 5$

Aufgaben

1. Gegeben ist die Funktion f: $x \mapsto f(x) = (x+1)\,(x+2)$; $x \in\ ]-1; \infty\ [$.
   Berechne f'(3) zuerst mit der Produktregel und dann mittels logarithmischer Differentiation!

2. f: $x \mapsto \dfrac{x+1}{x+2}$; $x \in\ ]-\infty; -2\ [$.

   Bilde f' mittels logarithmischer Differentiation!

3. a) $\int_2^3 \dfrac{2}{2x-3}\,dx$ b) $\int_{-2}^{-3} \dfrac{4}{2x-3}\,dx$ c) $\int_0^2 \dfrac{1}{2x-3}\,dx$ (!)

4. a) $\int_0^4 \dfrac{2x+1}{x^2+x+1}\,dx$ b) $\int_{-1}^1 \dfrac{8x+4}{x^2+x+1}\,dx$ c) $\int_{-1}^{-2} \dfrac{x+0,5}{x^2+x+1}\,dx$

Vermischte Aufgaben

5. Ergänze als Definitionsmenge die maximal mögliche und bilde f'!   (a > 0, b > 0).
   a) f: $x \mapsto \ln(1+x)$ b) f: $x \mapsto \ln(a-x)$ c) f: $x \mapsto \ln(-ax)$
   d) f: $x \mapsto \ln(3+2x)$ e) f: $x \mapsto \ln(a-bx)$ f) f: $x \mapsto \ln(a^2+x^2)$
   g) f: $x \mapsto \ln(x^2-5x+4)$ h) f: $x \mapsto \ln\dfrac{a}{x}$ i) f: $x \mapsto \ln\dfrac{a}{b+x}$
   k) f: $x \mapsto \ln\sqrt{1+x}$ l) f: $x \mapsto \ln\sqrt{a^2-x^2}$ m) f: $x \mapsto \ln\sqrt{\dfrac{a-x}{b-x}}$
   n) f: $x \mapsto \ln(x+\sqrt{1+x^2})$ o) f: $x \mapsto \ln\dfrac{\sqrt{x^2+1}-x}{\sqrt{x^2+1}+x}$ p) f: $x \mapsto \ln(\ln x)$

   Hinweis: Bei den Aufgaben h) bis m) ist vor Bildung der Ableitung eine Termumformung mit
   Hilfe der logarithmischen Rechengesetze von Vorteil. Bei Aufgabe o) ist eine geeignete Er-
   weiterung des Bruches angezeigt.

6. Gib f' an!
   a) f: $x \mapsto \ln\sin x$; $x \in\ ]0; \pi\ [$ b) f: $x \mapsto \ln\cos x$; $x \in\ ]-\tfrac{\pi}{2}; \tfrac{\pi}{2}\ [$ c) f: $x \mapsto \ln\tan x$; $x \in\ ]0; \tfrac{\pi}{2}\ [$
   d) f: $x \mapsto \ln\cos 2x$; $x \in\ ]-\tfrac{\pi}{4}; \tfrac{\pi}{4}\ [$ e) f: $x \mapsto \ln\sqrt{\sin 2x}$; $x \in\ ]0; \tfrac{\pi}{2}\ [$ f) f: $x \mapsto \ln\cot x$; $x \in D_{max}$

7. Gib $D_{f(x)}$, f'(x) und $D_{f'(x)}$ an!
   a) $f(x) = x\ln x$ b) $f(x) = x^3\ln x$ c) $f(x) = \sqrt{x}\ln x$
   d) $f(x) = (\ln x)^2$ e) $f(x) = \sqrt{\ln x}$ f) $f(x) = \sin x \cdot \ln x$

8. Ergänze als Definitionsmenge die maximal mögliche, skizziere G_f und bilde f'!
   a) f: $x \mapsto |\ln x|$ b) f: $x \mapsto \ln|x|$ c) f: $x \mapsto \ln|x+1|$
   d) f: $x \mapsto \ln|2x-1|$ e) f: $x \mapsto \ln|x^2-4|$ f) f: $x \mapsto \ln|\ln x|$

9. Skizziere den Verlauf der Kurven mit folgenden Gleichungen und berechne den Neigungswinkel
   der Tangente im Kurvenpunkt P!
   a) $y = \ln(x^2+4)$;   P(2; ?)   b) $y = \ln(x+4)$;   P(-2; ?)
   c) $y = \ln[x(x-3)]$; P(4; ?)   d) $y = \ln(x^2-9)$;   P(-4; ?)

10. In welchem Punkt der Kurve mit der Gleichung

  a) $y = \ln x$ ist die Tangente parallel zur Geraden g: $x - 3y + 6 = 0$?

  b) $y = \ln (ax + b)^2$ ist die Normale parallel zur Geraden h: $2bx + ay + a = 0$? $(a \neq 0)$

  c) $y = x^2 + \ln x$ hat die Tangente die Steigung 3?

  d) $y = x \ln x$ ist die Tangente unter $63°26'$ gegen die x-Achse geneigt?

11. Im Punkt P (e; ?) des Graphen $G_{\ln}$ der Funktion ln wird die Tangente und die Normale gezeichnet. Erstere schneidet die x-Achse im Punkt T, letztere die x-Achse im Punkt N. Berechne die Längenmaßzahlen der Strecken [PT] und [PN]!

12. Unter welchem Winkel schneiden sich die Kurven mit den Gleichungen

  a) $y = \ln (x + 3)$ und $y = \ln (7 - x)$,   b) $y = \ln (2x + 3)$ und $y = \ln (6 - x^2)$?

13. Bestimme mit der L'Hospitalschen Regel folgende Grenzwerte:

  a) $\lim\limits_{x \to 1} \dfrac{\ln x}{x - 1}$ b) $\lim\limits_{x \to 1} \dfrac{\ln x}{x^2 - 1}$ c) $\lim\limits_{x \to 0} \dfrac{\ln (\cos x)}{x^2}$ d) $\lim\limits_{x \to 0} \dfrac{1 - \cos x}{\ln (1 + x^2)}$

14. Logarithmische Differentiation

  Für die folgenden Funktionen ist der Wert der Ableitung an der angegebenen Stelle zu berechnen:

  a) $f: x \mapsto \sqrt{(x-1)(x-2)(x-3)}$; $x \in]3; \infty[$ an der Stelle 4

  b) $f: x \mapsto \sqrt{\dfrac{(x+1)(x-1)}{(x+3)(x+4)}}$; $x \in]1; \infty[$ an der Stelle 5

  c) $f: x \mapsto \sqrt{\dfrac{x+2}{2x-1}}$; $x \in]0,5; \infty[$ an der Stelle 1

  d) $f: x \mapsto \sin x \sin 2x \sin 3x$; $x \in]0; \frac{\pi}{3}[$ an der Stelle $\frac{\pi}{4}$

15. Bestimme für jeden Term f (x) den Definitionsbereich und gib sodann einen Stammfunktionsterm F (x) zu f (x) an! $(a \in \mathbb{R} \backslash \{0\})$

  a) $f(x) = \dfrac{1 - x}{x}$ b) $f(x) = \dfrac{x^2 - 3x + 1}{x}$ c) $f(x) = \dfrac{\sqrt{x} + a}{ax}$ d) $f(x) = \dfrac{a + \sqrt{x}}{x \sqrt{x}}$

16. Berechne den Wert der folgenden Integrale auf vier Stellen genau:

  a) $\int\limits_{e}^{2e} \dfrac{dx}{x}$ b) $\int\limits_{1}^{4} \dfrac{1 + x}{x^2} dx$ c) $\int\limits_{1}^{4} \dfrac{1 + x^{-\frac{1}{2}}}{x^{\frac{1}{2}}} dx$ d) $\int\limits_{1}^{e} e^{\ln \frac{e}{x}} dx$

17. Gib $D_{f(x)}$ an und bestimme sodann einen Stammfunktionsterm F (x) zu f (x) !

  a) $f(x) = \dfrac{4}{4x + 3}$ b) $f(x) = \dfrac{2x}{x^2 + 1}$ c) $f(x) = \dfrac{2x + 1}{x^2 + x + 1}$ d) $f(x) = \cot x$

18. Ebenso:

  a) $f(x) = \dfrac{x^2}{x^3 - 1}$ b) $f(x) = \dfrac{1}{5x + 2}$ c) $f(x) = \dfrac{3x - 1}{3x^2 - 2x + 4}$ d) $f(x) = \tan x$

19. a) $\int\limits_{2}^{4} \dfrac{1}{4x - 7} dx$ b) $\int\limits_{\sqrt{2}}^{3} \dfrac{x}{x^2 - 1} dx$ c) $\int\limits_{2}^{5} \dfrac{x^2}{x^3 + 1} dx$

  d) $\int\limits_{\pi/6}^{5\pi/6} \cot x \, dx$ e) $\int\limits_{0}^{\pi/3} \tan x \, dx$ f) $\int\limits_{0}^{\pi/2} \dfrac{\sin x}{1 + 2 \cos x} dx$

11.2. Exponentialfunktionen

11.2.1. Die natürliche Exponentialfunktion

Die natürliche Logarithmusfunktion haben wir als eine in $\mathbb{R}^+$ stetige und dort monoton zunehmende Funktion erkannt. Sie läßt sich daher umkehren (s. 2.2.2.B):

$$\ln: x \mapsto y = \ln x; \qquad x \in \mathbb{R}^+$$

(1) $D_{\ln^{-1}} = W_{\ln} = \mathbb{R}$ (Bestimmung der Definitionsmenge von $\ln^{-1}$)

(2) $y = \ln x \;\Rightarrow\; x = e^y$ (Auflösung der Funktionsgleichung nach x)

(3) $\ln^{-1}: y \mapsto x = e^y; \quad y \in \mathbb{R}$ (Umkehrfunktion mit y als Variable)

(4) $\ln^{-1}: x \mapsto y = e^x; \quad x \in \mathbb{R}$ (Umkehrfunktion mit x als Variable)

Die Umkehrfunktion $\ln^{-1}$ ist also, was schon aus Fig. 11.5 zu erwarten war, die Exponentialfunktion zur Basis e mit der Definitionsmenge $\mathbb{R}$. Wir nennen diese Funktion natürliche Exponentialfunktion oder kurz e-Funktion. Sie wird meist mit exp ab-
gekürzt. Es gilt:

$$\exp: x \mapsto e^x; \quad x \in \mathbb{R} \qquad {}^1$$

Die Funktion exp nimmt streng
monoton zu. Da der Term e^x
weder Null noch negativ werden kann, ist die Wertemenge
$W = \mathbb{R}^+$. Der Graph $G_{\exp}$ ergibt
sich durch Spiegelung des Gra-
phen $G_{\ln}$ an der Winkelhalbierenden des I. und III. Quadranten. $G_{\exp}$ schneidet die y-Achse
im Punkt P (0; 1). Es gibt keinen
Schnittpunkt mit der x-Achse.
Der Graph nähert sich ihr asym-
ptotisch[2], weil $\lim\limits_{x \to -\infty} e^x = 0$ ist.
Fig. 11.8.

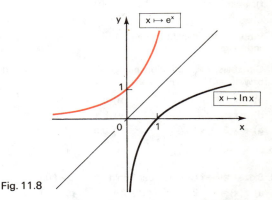

Fig. 11.8

Die Funktionswerte sind, für die Argumente von -4 bis $+4$ auf vier Stellen gerundet,
auf Seite 24 des TW zusammengestellt. Im Teilbereich $|x| \leqq 1$ ist die Tafel linear
interpolierbar.[3]

Beispiele: a) $e^{1,23} = 3,4211$

               b) $e^{-1,23} = 0,2923$

               c) $\exp 0,472 = 1,6032$ (linear interpoliert)

11.2.2. Ableitung der natürlichen Exponentialfunktion

Die Funktion ln′ hat in $\mathbb{R}^+$ keine Nullstelle. Daher ist die Funktion exp an jeder Stelle
$x \in \mathbb{R}$ differenzierbar. Nach der Formel in 10.2. gilt:

---

[1] Statt e^x wird vielfach, besonders in der Computertechnik, auch exp x geschrieben.

[2] Die x-Achse heißt Asymptote des Graphen; asymptotos (griech.), nicht zusammentreffend.

[3] Mit einer Genauigkeit von 10 geltenden Ziffern lassen sich die Werte der Funktion exp mit Taschenrechnern der mittleren Preislage bestimmen.

$$(e^x)' = \frac{1}{\ln'(e^x)} = \frac{1}{\frac{1}{e^x}} = e^x$$

Damit folgt die Differentiationsregel:

$$\boxed{f(x) = e^x \;\Rightarrow\; f'(x) = e^x} \qquad x \in \mathbb{R}$$

Für die Ableitung der Funktion exp können wir daher schreiben:

$$\exp': x \mapsto e^x; \quad x \in \mathbb{R}$$

Die erste und, wie man sieht, alle weiteren Ableitungen stimmen mit der Ausgangsfunktion exp überein, d. h.:

$$\exp^{(n)}: x \mapsto e^x; \quad x \in \mathbb{R}$$

Für G_{exp} bedeutet dies, daß weder Extrema noch Wendepunkte auftreten können.

Aufgaben

1. a) $e^{0,05}$ b) $e^{0,89}$ c) $e^{3,1}$ d) exp 0,035 e) exp 0,581

   f) $e^{0,527}$ g) $e^{-0,41}$ h) e^{-5} i) $e^{-0,936}$ k) $\sqrt[3]{e}$

   l) $e^{\ln 2}$ m) $4^{0,3}$ n) $\sqrt[10]{6}$ o) $21^{0,2}$ p) $2^{\ln 2}$

   Hinweis: Bei den Aufgaben m) bis p) ist die Umwandlung des Terms in eine Potenz zur Basis e angezeigt.

2. Gib zuerst die Definitionsmenge $D \in \mathbb{R}$ und sodann die Lösungsmenge $L \subseteq D$ jeder Gleichung bzw. jeder Ungleichung an!

   a) $\ln x = 3$ b) $\ln x = e$ c) $\ln x = -0,45$

   d) $\ln x = \frac{1}{\pi}$ e) $\sqrt[e]{x} = \frac{1}{e}$ f) $x^e = e$

   g) $e^x = 3$ h) $0,5 < e^{-x} < 1,5$ i) $x^2 e^x - e^x = 0$

   k) $(e^{-x}+1)(x-1) > 0$ l) $(e^x+2)(e^{-x}-2) > 0$ m) $\dfrac{e^{-3x}+\sqrt{5-x}}{x-2} > 0$

3. Skizziere den Graphen der Funktion f: $x \mapsto f(x)$; $x \in \mathbb{R}$ und gib f'(x) an!

   a) $f(x) = e^x + 2$ b) $f(x) = 2 - e^x$ c) $f(x) = e^{x+2}$ d) $f(x) = 2e^x$ e) $f(x) = 2e^{x-2} - 2$

4. Skizziere den Verlauf des Graphen der Funktion f: $x \mapsto f(x)$; $x \in \mathbb{R}$, gib f'(x) sowie die eventuelle *sprunghafte Richtungsänderung* der Tangente für die Stelle an, an der f nicht differenzierbar ist!

   a) $f(x) = e^{-x}$ b) $f(x) = e^{-x+1}$ c) $f(x) = -2e^{-2x}$ d) $f(x) = e^{|x|}$ e) $f(x) = |e^x - 1|$

5. Gib $D_{f(x)}$ sowie f'(x) an!

   a) $f(x) = e^{3x+4}$ b) $f(x) = (e^x)^2$ c) $f(x) = e^{x^2}$ d) $f(x) = e^{\sqrt{x}}$ e) $f(x) = \sqrt{e^x}$

   f) $f(x) = xe^x$ g) $f(x) = (x-1)e^{-x}$ h) $f(x) = x^3 e^{\sin x}$ i) $f(x) = e^x \sin 2x$ k) $f(x) = \dfrac{e^x}{x}$

6. Berechne $\ddot{s}(t)$ für

   a) $s(t) = e^{at}$ b) $s(t) = e^{at} \cos bt$!

7. Wie heißt die n-te Ableitung von

   a) $f(x) = e^{ax}$ b) $f(x) = xe^x$?

8. Berechne für G_f den Neigungswinkel der Tangente im Kurvenpunkt $P \in G_f$!

   a) f: $x \mapsto e^{-x}$, P(2; ?) b) f: $x \mapsto e^{-x+2}$, P(0; ?)

   c) f: $x \mapsto e^{x^2}$, P(1; ?) d) f: $x \mapsto e^{-|2x|}$ P(-1; ?)

9. In welchem Punkt P des Graphen der Funktion
   a) $f: x \mapsto e^x$ ist die Tangente parallel zur Geraden mit der Gleichung $y = 2x$,
   b) $f: x \mapsto x + e^{-x}$ ist die Tangente parallel zur Geraden mit der Gleichung $x - 2y + 4 = 0$?

10. Unter welchem Winkel schneiden sich die Kurven mit den Gleichungen
    a) $y = e^{2x}$ und $y = e^{-2x}$,
    b) $y = e^x$ und diejenige Kurve, die durch Parallelverschiebung um 2 Einheiten in Richtung der positiven x-Achse aus der Kurve mit der Gleichung $y = e^{-x}$ hervorgeht?

11.2.3. Die allgemeine Exponentialfunktion. Neue Grundformeln

A. Die Umkehrfunktion der allgemeinen Logarithmusfunktion

$$f: x \mapsto \log_a x; \quad x \in \mathbb{R}^+ \wedge a \in \mathbb{R}^+ \setminus \{1\}$$

ist die Funktion

$$f^{-1}: x \mapsto a^x; \quad x \in \mathbb{R} \wedge a \in \mathbb{R}^+ \setminus \{1\}$$

Sie heißt allgemeine Exponentialfunktion. Um ihre Ableitung zu finden, beachten wir, daß sich für jeden Term $f(x) > 0$ schreiben läßt:

$$f(x) = e^{\ln f(x)}$$

Für den Term a^x folgt somit

$$a^x = e^{\ln a^x}$$

und hieraus die wichtige Umrechnungsformel für eine Potenz mit beliebiger Basis $a \in \mathbb{R}^+ \setminus \{1\}$ in eine Potenz zur Basis e:

$$\boxed{a^x = e^{x \cdot \ln a}}$$

Die Differentiation dieser Beziehung liefert mit Beachtung der Kettenregel:

$$(a^x)' = e^{x \ln a} \ln a = a^x \ln a, \qquad \text{also}$$

$$\boxed{f(x) = a^x \;\Rightarrow\; f'(x) = a^x \ln a}$$

$$x \in \mathbb{R} \wedge a \in \mathbb{R}^+ \setminus \{1\}$$

Ist $a > 1$, so ist $f'(x) > 0$. Der Graph G_{exp} (die sog. Exponentialkurve) steigt streng monoton. Für $0 < a < 1$ ist $f'(x) < 0$. Die Exponentialkurve fällt streng monoton.
Alle Exponentialkurven schneiden die y-Achse im Punkt $P(0; 1)$ und nähern sich der x-Achse asymptotisch. Die beiden Kurven mit den Gleichungen $y = a^x$ und $y = (\frac{1}{a})^x$ liegen, weil $(\frac{1}{a})^x = a^{-x}$ ist, symmetrisch zur y-Achse. Fig. 11.9.

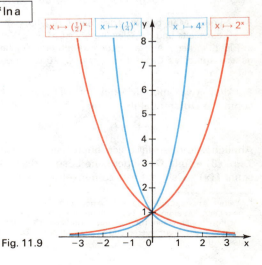

Fig. 11.9

B. Aus den entsprechenden Differentiationsregeln in 11.2.2. und 11.2.3. folgen die Integrationsformeln:

$$\int e^x\,dx = e^x + C \qquad \int a^x\,dx = \frac{a^x}{\ln a} + C$$

11.2.4. Wachstum und Zerfall[1]

A. Die kennzeichnende Differentialgleichung

Aus $f(x) = e^x$ folgt $f'(x) = e^x$. Es gilt somit die Beziehung

$$f'(x) = f(x) \qquad\qquad\qquad\qquad\qquad\qquad\qquad\qquad (1)$$

Diese Differentialgleichung der e-Funktion wird nicht nur von e^x sondern ganz allgemein von der Termschar $C \cdot e^x$ mit $C \in \mathbb{R}$ als Formvariable (Scharparameter) erfüllt. Denn setzen wir $f(x) = Ce^x$, so folgt $f'(x) = Ce^x = f(x)$.

Außer den Termen dieser Schar gibt es keine weiteren Terme, die die Differentialgleichung (1) erfüllen.

Beweis:

Angenommen, $g(x)$ wäre ein weiterer, die Differentialgleichung (1) erfüllender Term. Dann müßte gelten:

$$g'(x) = g(x) \qquad\qquad\qquad\qquad\qquad\qquad\qquad\qquad (2)$$

Bilden wir nun den Term $h(x) = g(x)\,e^{-x}$, so ist

$$h'(x) = -g(x)\,e^{-x} + g'(x)\,e^{-x} = e^{-x}\,(g'(x) - g(x)) = 0, \text{ wegen (2).}$$

Der Term $h(x)$ muß also, da seine Ableitung Null ist, eine Konstante C^* sein. Aus $C^* = g(x)\,e^{-x}$ folgt $g(x) = C^* e^x$. Damit ist gezeigt, daß der Term $g(x)$ zur Schar Ce^x gehört, w.z.b.w.

Demnach erfüllen die Terme der Schar Ce^x, *und nur diese*, die Differentialgleichung (1). Wir können sagen:

$f(x) = Ce^x$ *ist die allgemeine Lösung der Differentialgleichung* $f'(x) = f(x)$

Bemerkung: Man beachte, daß die dazugehörigen Integralkurven mit der Gleichung $y = Ce^x$, $C > 0$ einerseits und der Gleichung $y = Ce^x$, $C < 0$ andererseits nicht durch Parallelverschiebung in Richtung der y-Achse, sondern durch eine solche in Richtung der x-Achse ineinander übergehen. Grund: $y = Ce^x$ läßt sich, falls $C > 0$ ist, in der Form $y = e^{\ln C} \cdot e^x = e^{\ln C + x} = e^{c + x}$ schreiben mit $c = \ln C$.

Für den etwas modifizierten Term $f(x) = C \cdot e^{kx}$ mit $C, k \in \mathbb{R}$ gilt $f'(x) = k \cdot Ce^{kx}$ und somit die Differentialgleichung

$$f'(x) = k \cdot f(x) \qquad\qquad\qquad\qquad\qquad\qquad\qquad\qquad (3)$$

Ähnlich wie oben läßt sich auch hier beweisen, daß außer $f(x) = Ce^{kx}$ kein anderer Term (3) erfüllt. Die allgemeine Lösung dieser Differentialgleichung ist also die Termschar $f(x) = Ce^{kx}$ mit fest zu denkendem k und beliebigem $C \in \mathbb{R}$.

---

[1] Weitere Anwendungen der e-Funktion und des Logarithmus auf Wissenschaft und Technik finden sich in dem Lehrprogramm „Der Logarithmus, Anwendungen" von Karl Röttel, bsv-Buch Nr. 30830. Aus der Fülle der dort behandelten Themenkreise: Codierung von Informationen – Das Dezibel als Maß in der Funktechnik – Die Normalverteilung in der Statistik – Die Exponentialspirale – Das psychophysische Grundgesetz u.v.a.

B. Die Gesetze des kontinuierlichen Wachstums und des kontinuierlichen Zerfalls

a) Ist die unabhängige Variable die Zeit t und y das Maß für eine zeitlich veränderliche Stoffmenge, so besteht die Zuordnung

$$t \mapsto y = y(t);^1$$

Hierbei sei $t \mapsto y(t)$ irgendeine stetig differenzierbare Funktion der Zeit. Dann bedeutet:

$\Delta y = y(t + \Delta t) - y(t)$ die Mengenänderung oder das Wachstum im Zeitraum Δt

$\dfrac{\Delta y}{\Delta t} = \dfrac{y(t + \Delta t) - y(t)}{\Delta t}$ die mittlere Wachstumsgeschwindigkeit im Zeitraum Δt

$\dot{y} = \lim\limits_{\Delta t \to 0} \dfrac{\Delta y}{\Delta t}$ die momentane Wachstumsgeschwindigkeit im Zeitpunkt t

Bei vielen Vorgängen in der Natur, wie etwa beim Wachstum einer Bakterienkultur, des Waldes, der Bevölkerung usw. ist im Zeitraum Δt der Zuwachs der doppelten Menge doppelt, der der dreifachen Menge dreimal so groß wie der Zuwachs der einfachen Menge. Es besteht daher zwischen der momentanen Wachstumsgeschwindigkeit im Zeitpunkt t und der zu diesem Zeitpunkt vorhandenen Menge y Proportionalität, d.h. es ist

$$\dot{y} = ky \qquad (k > 0)$$

k ist die auf die Mengeneinheit bezogene Wachstumsgeschwindigkeit, die Wachstumsquote.[2] Hieraus folgt nach 11.2.4.A:

$$y = C \cdot e^{kt}$$

Für $t = 0$ ergibt sich $y = C$. Die Konstante C stellt den Anfangsbestand $y(0)$ $[>0]$ dar, so daß wir schreiben können:

$$\boxed{y(t) = y(0) \cdot e^{kt}}$$

Dies ist das Gesetz des kontinuierlichen oder stetigen *Wachstums*.

Beispiel: Eine Stadt zählte 1975 350000 Einwohner. Im Jahre 1965 hatte sie 300000 Einwohner. Man gebe unter Zugrundelegung eines kontinuierlichen Wachstums das Wachstumsgesetz an und berechne die für das Jahr 1990 unter gleichen Wachstumsbedingungen zu erwartende (statistische) Einwohnerzahl.

Lösung: Wir beginnen die Zeitzählung mit dem Jahr 1965. Dann ist $t = 10$, $y(0) = 300000$, $y(t) = 350000$ und wir erhalten

$$350000 = 300000 \cdot e^{k \cdot 10}$$

Aus dieser Gleichung können wir k berechnen. Es ergibt sich

$$k = \tfrac{1}{10}(\ln 35 - \ln 30) = 0{,}0154 \qquad \text{(TW S. 54)}$$

---

[1] Hier wird die Variable y selbst als Funktionsbezeichnung verwendet. Wir schließen uns damit einem in der Theorie der Differentialgleichungen – dies ist ein Teilgebiet der Analysis, das wir hier nur streifend berühren – üblichen Gebrauch an.
[2] Bezieht man sie auf je 100 Mengeneinheiten oder Individuen, so heißt sie prozentuale Wachstumsquote.

Die Wachstumsquote ist 0,0154, das entspricht 1,54% pro Jahr. Das Wachstumsgesetz lautet:

$$y\,(t) = 300\,000 \cdot e^{0,0154t}$$

Folglich gilt für die Einwohnerzahl im Jahre 1990:

$$y\,(25) = 300\,000 \cdot e^{0,0154 \cdot 25} = 300\,000 \cdot e^{0,385} = 300\,000 \cdot 1,4696 = \mathbf{440\,880}$$

(TW. S. 24 oder geeigneter Taschenrechner)

b) Liegt eine stetige Mengenabnahme vor und ist die Änderungsgeschwindigkeit, wie etwa beim radioaktiven Zerfall, der Stoffmenge proportional, so gilt die Differentialgleichung

$$\dot{y} = -k\,y \qquad (k > 0)$$

und für den kontinuierlichen (stetigen) *Zerfall* das Gesetz:

$$y\,(t) = y\,(0) \cdot e^{-kt}$$

Aufgaben

1. Gib zu jedem Term f (x) einen Stammfunktionsterm F (x) an!

   a) $f(x) = x + e^x$ b) $f(x) = e^x + \frac{1}{x}$ c) $f(x) = a^x + e^x$

2. Die Kurve mit der Gleichung $y = e^{|x|}$ und die Parabel mit der Gleichung $y = 2e - ex^2$ begrenzen ein Flächenstück. Berechne seinen Inhalt!

3. Welches ist der Inhalt des von den drei Kurven mit den Gleichungen

   $$y = |x|, \quad y = \frac{e}{|x|}, \quad y = e^{|x|}$$

   begrenzten Flächenstücks?

4. Stetiges Wachstum

   a) Ein stetiger Wachstumsvorgang gehorche der Differentialgleichung

      $$\dot{y} = 0,02y$$

      Zum Zeitpunkt t = 0 war die Anzahl der Individuen 3000. Wie groß ist ihre Zahl t = 50 Zeiteinheiten später?

   b) Ein stetiger Wachstumsvorgang vollzieht sich mit einer Wachstumsquote von k = 0,04. Nach t = 100 Zeiteinheiten waren 8200 Mengeneinheiten vorhanden. Wie groß war der Anfangsbestand?

   c) Eine Bakterienkultur enthielt zu Beginn des Aufgusses um 8^h 2200, um 12^h 23300 Individuen. Stelle die Wachstumsfunktion auf, zeichne ihren Graphen und bestimme hiermit den Bakterienbestand um 9^h, 10^h, 11^h und 11.30^h! Welche Individuenzahl ist um 13^h zu erwarten?

   d) Ein Waldbestand beträgt z.Z. 69000 m³. Zwölf Jahre lang wurde kein Holz geschlagen, so daß sich in dieser Zeit der Wald um 50% seines damaligen Anfangsbestandes vermehren konnte. Wie groß war der Bestand vor 6 Jahren und wie groß wird er in weiteren 4 Jahren, von jetzt ab gerechnet sein, wenn kein Holz geschlagen wird und stetige Vermehrung vorausgesetzt werden darf?

   e) Im Jahre 1960 betrug die Bevölkerung eines Landes 82950000 Einwohner. 1950 waren es 80420000 Einwohner. Mit welcher Zahl ist, gleiche Wachstumsbedingungen vorausgesetzt, im Jahre 2000 zu rechnen?

5. Radioaktiver Zerfall

   Radioaktive Stoffe sind instabil. Sie zerfallen unter fortgesetzter Energieabgabe in eine Kette von selbst wieder instabilen Stoffen, an deren Ende die stabilen Stoffe Blei und Wismut stehen.

Nach Rutherford ist die in der Zeiteinheit zerfallende Zahl von Atomen der zur Zeit t vorhandenen Zahl N von Atomen proportional, so daß gilt:

$$\dot{N} = -\lambda N \qquad (\lambda > 0)$$

Dies ist die *Differentialgleichung des radioaktiven Zerfalls* mit λ als Zerfallskonstante.

a) Zeige, daß das Zerfallsgesetz lautet

$$N = N_0 e^{-\lambda t}$$

wobei N_0 die zum Zeitpunkt $t = 0$ vorhandene Zahl von Atomen bezeichnet. Begründe, warum für die Stoffmengen m und m_0 das gleiche Gesetz gilt!

b) Zeige: Für die Halbwertszeit T, d.i. die Zeit, in der die Hälfte der ursprünglich vorhandenen Stoffmenge zerfallen ist, gilt

$$T = \frac{\ln 2}{\lambda}$$

c) Das Nuklid $^{210}_{84}$Po hat eine Halbwertszeit von 138,5 d. Stelle das Zerfallsgesetz auf und gib an, wieviel % (1 Dez.) der ursprünglich vorhandenen Atome in den nach Ablauf der Halbwertszeit sich anschließenden nächsten zehn Tagen zerfallen![1]

d) Für das Nuklid $^{214}_{83}$Bi ist $T = 19,7$ min. Stelle das Zerfallsgesetz auf und gib die Zeit an, in der die Aktivität auf 10% des Anfangswertes abgesunken ist![2]

6. Die Radiokarbon-Methode[3]

Kohlenstoff besteht im wesentlichen aus den stabilen Nukliden $^{12}_6$C mit einem Anteil von 98,89% und $^{13}_6$C mit einem solchen von 1,11%, sowie dem radioaktiven Nuklid $^{14}_6$C mit einem Anteil von $3 \cdot 10^{-8}$%. Letzteres hat eine Halbwertszeit von 5730a (s. Tafelwerk S. 96).

Stirbt ein organischer Stoff (Knochen, Bäume etc.), so nimmt der $^{14}_6$C-Anteil unter Emission von β-Strahlen ständig nach dem Zerfallsgesetz ab. Hochempfindliche Geräte erlauben die Messung auch geringster Mengen von $^{14}_6$C, indem man die Zerfallsakte pro Minute zählt. Auf diese Weise ist es möglich, das Alter von abgestorbenen Pflanzenresten, von Fossilien usw. festzustellen und Fälschungen von Gemälden alter Meister aufzudecken.

a) Zeige, daß sich mit Benutzung der Halbwertszeit 5730a für $^{14}_6$C die Zerfallskonstante $\lambda = 0,000121\,a^{-1}$ ergibt! Wie lautet das Zerfallsgesetz?

b) Bei der Freilegung einer vorgeschichtlichen Siedlungsstätte fand man radioaktive Knochen von Haustieren. Der Anteil an $^{14}_6$C in diesen Knochen wurde zu $1,2 \cdot 10^{-8}$ % gemessen. Zeige, daß die Siedlung etwa auf das Jahr 5600 v. Chr. (Jungsteinzeit) zu datieren ist!

Vermischte Aufgaben

7. Die Funktion $f: x \mapsto x^x$; $x \in \mathbb{R}^+$ läßt sich in der Form $f: x \mapsto e^{g(x)}$; $x \in \mathbb{R}^+$ darstellen.

a) Gib den Term $g(x)$ an!

b) Bestimme auf Grund der gefundenen Darstellung f'!

c) f hat genau ein Extremum. Beweise diese Tatsache! Wo liegt es und von welcher Art ist es?

d) An Hand einer im Eingang in Potenzen von e fallenden Wertetabelle soll empirisch bestätigt werden: $\lim\limits_{x \to 0} (x \ln x) = 0$.

Was folgt hieraus für $\lim\limits_{x \to 0} x^x$?

---

[1] Historischer Name des Nuklids: Radium F.

[2] Historischer Name des Nuklids: Radium C. Vgl. hierzu auch die Isotopentabelle S. 96/97 des Tafelwerks.

[3] Von dem amerikanischen Chemophysiker W. F. Libby (geb. 1908, Nobelpreisträger 1960) entdecktes und entwickeltes Verfahren. Aufgabe b) nach Röttel: „Der Logarithmus, Anwendungen".

8. Für jede der folgenden Funktionen f: $x \mapsto f(x)$; $D_f \subseteq \mathbb{R}$ ist die Ableitungsfunktion f′ zu bilden. Man vergleiche hierzu Aufgabe 7.

a) $f(x) = \sqrt[x]{x}$ b) $f(x) = x^{\sqrt{x}}$ c) $f(x) = x^{\sin x}$ d) $f(x) = (\cos x)^x$

e) $f(x) = x^{e^x}$ f) $f(x) = x^{\ln x}$ g) $f(x) = (ax - b)^{\frac{1}{x}}$ h) $f(x) = (\sin x)^{\sqrt{x}}$

i) Zeige[1]: $f(x) = \left(1 - \dfrac{1}{x}\right)^x \Rightarrow f'(x) = \left(1 - \dfrac{1}{x}\right)^x \left[\ln\left(1 - \dfrac{1}{x}\right) + \dfrac{1}{x-1}\right]$

9. Grenzwerte

Bestimme mit der L'Hospitalschen Regel folgende Grenzwerte:

a) $\displaystyle\lim_{x \to 0} \frac{e^x - 1}{x}$ b) $\displaystyle\lim_{x \to 0} \frac{e^x - e^{-x}}{\sin x}$ c) $\displaystyle\lim_{x \to 0} \frac{x^2(1 - e^{-3x})}{4x - 2\sin 2x}$ d) $\displaystyle\lim_{x \to 0} \frac{6x - \sin 6x}{6x(1 - e^{-16x})}$

10. Gegeben ist die Funktion f: $x \mapsto f(x) = \log_{e^2}(ex)$; $x \in \mathbb{R}^+$.

a) Der Funktionsterm $f(x)$ soll so umgeformt werden, daß an Stelle der Basis e^2 die Basis e verwendet wird.

b) Wie lautet die Umkehrfunktion f^{-1}?

c) Es wird zusätzlich die Funktion ln: $x \mapsto \ln x$; $x \in \mathbb{R}^+$ betrachtet. Wie lauten die Gleichungen der Tangenten t_1 und t_2 in den Kurvenpunkten $P_1(x_0; f(x_0)) \in G_f$ und $P_2(x_0; \ln x_0) \in G_{\ln}$ wenn $x_0 \in \mathbb{R}^+$ irgend einen (zunächst fest zu denkenden) Abszissenwert bedeutet?

d) Berechne den Schnittpunkt $S(x_S; y_S)$ von t_1 und t_2 in Abhängigkeit von x_0!

e) x_0 durchlaufe nun den Bereich der positiven, reellen Zahlen. Zeige: Der Tangentenschnittpunkt S durchwandert in diesem Fall die Halbgerade [QR mit Q(e; 1) und R(0; 1).

11. Die beiden Funktionen

$$f_1: x \mapsto e^{-\frac{1}{x}}; \; x \in \mathbb{R}\backslash\{0\} \quad \text{und} \quad f_2: x \mapsto e^{-\frac{1}{x^2}}; \; x \in \mathbb{R}\backslash\{0\}$$

sollen miteinander verglichen werden. Man zeige, daß eine von ihnen durch eine Funktion f stetig über die Stelle 0 fortgesetzt werden kann und daß f an dieser Stelle differenzierbar ist. Wie groß ist $f'(0)$? Skizziere die Graphen von f_1, f_2 und f!

Ergänzungen und Ausblicke

A. Vom Zinseszins zur Eulerschen Zahl

1. Einfache Zinsen

Steht ein Kapital k DM bei p% jährlicher Verzinsung n Jahre lang aus, und werden die Zinsen jeweils am Jahresende ausbezahlt, so sind nach n Jahren insgesamt z DM an Zinsen angefallen, wobei

$$z = \frac{k \cdot p \cdot n}{100} \qquad \text{(Zinsformel)}$$

1. Beispiel: 1000 DM tragen bei 6% in 5 Jahren $(10 \cdot 6 \cdot 5)$ DM = 300 DM Zinsen

2. Zinseszinsen

Werden die Zinsen am Jahresende zum Kapital geschlagen und wird der neue Zins jeweils aus dem um die Zinsen vergrößerten Kapital berechnet, so spricht man von Zinseszinsen. Da der Jahreszins $\frac{k \cdot p}{100}$ DM beträgt, wächst das Kapital k DM im Lauf eines Jahres auf k_1 DM an, wobei

---

$$k_1 = k + \frac{kp}{100} = k\left(1 + \frac{p}{100}\right)$$

Wir setzen abkürzend $1 + \frac{p}{100} = q$, bezeichnen q als den *Zinsfaktor* und erhalten

nach 1 J: $k_1 = kq$

nach 2 J: $k_2 = k_1 q = kq^2$

nach 3 J: $k_3 = k_2 q = kq^3$

. . . .

nach n J: $k_n = k_{n-1} q = kq^n$

Das Kapital k DM wächst also mit den Zinsen in n Jahren auf k_n DM an, wobei

$$\boxed{k_n = k \cdot q^n}$$ (Zinseszinsformel)

Der Faktor q^n ist ein echter Vermehrungsfaktor, da q >1 ist. Er hängt von p und n ab und heißt *Aufzinsungsfaktor*. Man erhält demnach das Endkapital, indem man das Anfangskapital mit dem Aufzinsungsktor multipliziert.

2. Beispiel: Auf welchen Betrag wachsen 1000 DM bei einer Verzinsung von 6% per annum in 5 Jahren an?

Lösung: Zinsfuß: 6% p. a.
Zinsfaktor: q = 1,06
Aufzinsungsfaktor für 5 Jahre: $1,06^5 = 1,338$
Endkapital: (1000 · 1,338) DM = 1338 DM

Bemerkung: Bei Zugrundelegung von Zinseszinsen tragen demnach 1000 DM in 5 Jahren 38 DM *mehr* als bei einfacher Verzinsung (1. Beispiel).

3. Unterjährige Zinsverrechnung

Gelegentlich kommt es vor, daß die Zinsen nicht am Ende eines Jahres, sondern halbjährlich, vierteljährlich oder in noch kürzeren Zeitabschnitten berechnet und zum Kapital geschlagen werden. Dann gilt bei einem Zinsfuß von p% und einer Unterteilung des Jahres in m gleiche Jahresabschnitte für das Kapital

k_1' DM am Ende des 1. Abschnitts: $k_1' = k + \frac{k \cdot p}{100 \cdot m} = k\left(1 + \frac{\frac{p}{m}}{100}\right)$

k_2' DM am Ende des 2. Abschnitts: $k_2' = k\left(1 + \frac{\frac{p}{m}}{100}\right)^2$

k_3' DM am Ende des 3. Abschnitts: $k_3' = k\left(1 + \frac{\frac{p}{m}}{100}\right)^3$

. . . .

k_v' DM am Ende des v. Abschnitts: $k_v' = k\left(1 + \frac{\frac{p}{m}}{100}\right)^v$

Nach n Jahren sind $v = m \cdot n$ Jahresabschnitte vergangen. Folglich ist

$$\boxed{k_{mn}' = k\left(1 + \frac{\frac{p}{m}}{100}\right)^{mn}}$$

Die Zinseszinsformel behält also formal ihre Gültigkeit, wenn die Zahl der Jahre durch die Gesamtzahl der Jahresabschnitte und der Jahreszinsfuß p% durch den auf den Jahresabschnitt bezogenen *relativen Zinsfuß* $\frac{p}{m}$% ersetzt wird.

| 3. Beispiel: | Auf welchen Betrag wachsen 1000 DM in 5 Jahren bei einem Zinsfuß von 6% p.a. an, wenn der Zins vierteljährlich ermittelt und zum Kapital geschlagen wird? |

Lösung: Jahreszinsfuß: 6%
               Zahl der Jahresabschnitte: 4
               relativer Zinsfuß: 6% : 4 = 1,5%
               Gesamtzahl der Jahresabschnitte: 20
               Aufzinsungsfaktor für 20 Jahresabschnitte: $1,015^{20} = 1,347$
               Endkapital: $(1000 \cdot 1,347)$ DM = 1347 DM

Bemerkung: Der Zins ist jetzt um 9 DM größer als im 2. Beispiel.

Allgemein läßt sich sagen: Bei fortgesetzter Erhöhung der Zahl der Jahresabschnitte steigt der Zins.

4. Stetige Verzinsung

Denkt man sich die Zahl ν der Jahresabschnitte immer größer, ihre Zeitdauer also immer kleiner werdend, so gelangen wir zur „augenblicklichen" Verzinsung. Eine solche Verzinsung kommt in der Praxis zwar nicht vor. Die Frage danach ist jedoch insofern von Interesse, als viele Wachstumsvorgänge (und umgekehrt Zerfallsvorgänge) als sich „augenblicklich" vollziehende, *stetige Vorgänge* betrachtet werden können. Wir stellen uns also die Frage: Auf welchen Betrag wächst 1 DM bei einem Zinsfuß von 100% p.a. im Laufe eines Jahres an, wenn stetige Verzinsung zugrundegelegt wird? Wir stoßen dabei mit k = 1, p = 100, n = 1 und ν = m auf den Grenzwert

$$\lim_{\nu \to \infty} \left(1 + \tfrac{1}{\nu}\right)^{\nu} = e$$

Wir können somit sagen: 1 DM wächst bei stetiger Verzinsung und einem Zinsfuß von 100% p.a. auf 2,71828.. DM an.
Einem Zinsfuß von 100% p.a. entspricht der Wachstumsfaktor 2 bei einfacher Verzinsung. Bei stetiger Verzinsung beträgt also der Wachstumsfaktor 2,71828.. Damit haben wir eine anschauliche Deutung der Eulerschen Zahl gefunden.

Aufgaben

1. 4000 DM stehen bei einem Zinsfuß von 7% p.a. 6 Jahre lang auf Zins. Berechne diesen bei
   a) jährlicher,   b) halbjährlicher,   c) vierteljährlicher,   d) monatlicher Zinsabrechnung!

2. Auf welchen Betrag würden 5000 DM bei einer Verzinsung von 100% p.a. in 10 Jahren bei stetiger Verzinsung anwachsen?

B. Aus- und Einschalten eines Gleichstroms

1. Das Ausschalten

Liegen ein Widerstand R und eine Selbstinduktion L parallel an einer Gleichspannung U_0 (Fig. 11.10a) und wird die Spannungsquelle abgeschaltet, so bricht der Strom im Kreis (R, L) nicht sofort zusammen. Die durch die Stromabnahme induzierte Gegenspannung $- L\dot{J}$ ist in jedem Augenblick gleich der Spannungsdifferenz JR zwischen den Enden des Widerstandes. Es gilt:

$$JR = - L\dot{J}$$

Hieraus ergibt sich die Differentialgleichung:

$$\frac{\dot{J}}{J} = - \frac{R}{L}$$

integriert:

$$\ln J = -\frac{R}{L} t + C$$

oder

$$J = e^{-\frac{R}{L}t + c}$$

Herrscht zur Zeit $t = 0$ die Stromstärke J_0, folgt das Gesetz:

$$J = J_0 e^{-\frac{R}{L}t}$$

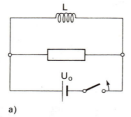 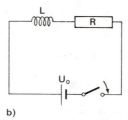

Fig. 11.10   a)   b)

2. Das Einschalten

Liegen ein Widerstand R, eine Selbstinduktion L und eine Gleichspannungsquelle U_0 hintereinander (Fig. 11.10b), dann nimmt der Strom nach dem Einschalten nicht sofort seinen vollen Wert an. Es gilt nämlich jetzt:

$$J R = U_0 - L \dot{J}$$

woraus durch Integration folgt:

$$J = \frac{U_0}{R} (1 - e^{-\frac{R}{L}t})$$

Aufgaben

1. Zeichne den Verlauf der Stromstärke beim Ausschalten für $J_0 = 3$ A, $R = 1\ \Omega$ (VA^{-1}), $L = 5$ H (VsA^{-1})!

2. Zeichne den Verlauf der Stromstärke beim Einschalten für $U_0 = 12$ V, $R = 1\ \Omega$ (VA^{-1}) und $L = 10$ H (VsA^{-1})!

12.   QUOTIENTEN VON FUNKTIONEN

In 3.5. lernten wir den Satz kennen, daß Summe, Differenz, Produkt und Quotient stetiger Funktionen stetig sind. In 4.3.1. wurde die Differentiation von Summe und Differenz, in 5.1.2. die des Produktes zweier differenzierbarer Funktionen behandelt. Jetzt sollen Funktionen betrachtet werden, deren Funktionsterm als Quotient zweier Terme gegeben ist. Beispiele sind

$$f(x) = \frac{1}{x}; \quad f(x) = \frac{x}{x+1}; \quad f(x) = \frac{\sin x}{\cos x} = \tan x; \quad f(x) = \frac{x}{\ln x}$$

12.1.   Quotientenregel

In 4.2.2. trat die Ableitungsregel auf:

$$f(x) = \frac{1}{x} \;\Rightarrow\; f'(x) = -\frac{1}{x^2}$$

In 6.1.4. lernten wir die Regel für die Ableitung der Verkettung $g \circ f$ kennen:

$$(g \circ f)'(x_0) = g'(f(x_0)) \cdot f'(x_0)$$

oder in der Leibnizschen Form, wenn $y = g(u)$ und $u = f(x)$:

$$\frac{dy}{dx} = \frac{dy}{du} \cdot \frac{du}{dx}$$

Daraus gewinnen wir nun weitere Differentiationsregeln und im besonderen die Ableitung von Funktionen, die als Quotienten gegeben sind. Als ersten Schritt betrachten wir

$$w: x \mapsto \frac{1}{v(x)},$$

wobei v eine in einem Differenzierbarkeitsbereich D' differenzierbare Funktion sei. Nach der Kettenregel gilt:

$$w: x \mapsto \frac{1}{v(x)}, \quad v: x \mapsto v(x) = u, \quad g: u \mapsto \frac{1}{u}$$

g ist für $u \neq 0$ nach u differenzierbar,

$$w': x \mapsto -\frac{1}{u^2} \cdot v'(x) = -\frac{v'(x)}{[v(x)]^2}$$

Wir erhalten damit folgende Regel:

> Ist $v: x \mapsto v(x)$ eine in D' differenzierbare Funktion, so gilt in D' für $v(x) \neq 0$:
>
> $$w(x) = \frac{1}{v(x)} \;\Rightarrow\; w'(x) = -\frac{v'(x)}{[v(x)]^2}$$

Beispiele: a) $w(x) = \dfrac{1}{\sin x} \;\Rightarrow\; w'(x) = -\dfrac{\cos x}{(\sin x)^2}$

b) $w(x) = \dfrac{a}{e^{ax}} \;\Rightarrow\; w'(x) = -a \cdot \dfrac{ae^{ax}}{e^{2ax}} = -a^2 e^{-ax}$

Als Spezialfall für $v(x) = x^m$, $m \in \mathbb{N}$, erhält man für $x \neq 0$:

$$w(x) = \frac{1}{x^m} \;\Rightarrow\; w'(x) = -\frac{mx^{m-1}}{(x^m)^2} = -mx^{-m-1}$$

Dafür können wir auch kurz schreiben:

$$(x^{-m})' = -mx^{-m-1} \quad \text{für } m \in \mathbb{N}$$

Die Ableitungsregel für $f(x) = x^n$, $n \in \mathbb{N}$, aus 5.1.3. gilt also unverändert auch für negative, ganzzahlige Exponenten. Unter Einbeziehung der konstanten Funktion (Exponent Null) können wir zusammenfassen:

$$\boxed{f(x) = x^n \;\Rightarrow\; f'(x) = nx^{n-1} \quad \text{für alle } n \in \mathbb{Z}}$$

Mit Hilfe der Produktregel von 5.1.2. gewinnen wir weiter die Ableitungsregel für Quotienten:
Es seien $u: x \mapsto u(x)$ und $v: x \mapsto v(x)$ in D' differenzierbare Funktionen, $v(x) \neq 0$ und

$$f: x \mapsto f(x) = \frac{u(x)}{v(x)}.$$

Schreiben wir

$$f(x) = u(x) \cdot \frac{1}{v(x)},$$

so gilt nach der Produktregel und der oben formulierten Regel:

$$f'(x) = u'(x) \cdot \frac{1}{v(x)} + \left(-\frac{v'(x)}{[v(x)]^2} \right) \cdot u(x) = \frac{u'(x)\,v(x) - u(x)\,v'(x)}{[v(x)]^2}$$

Quotientenregel:

Wenn $u: x \mapsto u(x)$ und $v: x \mapsto v(x)$ in einem gemeinsamen Bereich D' differenzierbare Funktionen sind und $f: x \mapsto \dfrac{u(x)}{v(x)}$ in D definiert ist, so ist f in $D \cap D'$ differenzierbar und es gilt:

$$f(x) = \frac{u(x)}{v(x)} \;\Rightarrow\; f'(x) = \frac{u'(x)\,v(x) - u(x)\,v'(x)}{[v(x)]^2}$$

Beispiele: a) $f(x) = \dfrac{x^2+1}{1-x}$; mit $u(x) = x^2+1$ und $v(x) = 1-x$ folgt für $x \in \mathbb{R}\backslash\{1\}$:

$$f'(x) = \frac{2x(1-x) - (x^2+1)(-1)}{(1-x)^2} = \frac{-x^2 + 2x + 1}{(1-x)^2}$$

b) $f(x) = \dfrac{\ln x}{e^x}$; mit $u(x) = \ln x$ und $v(x) = e^x$ ergibt sich für $x \in \mathbb{R}^+$:

$$f'(x) = \frac{\frac{1}{x}e^x - \ln x \cdot e^x}{(e^x)^2} = \frac{\frac{1}{x} - \ln x}{e^x} = \frac{1 - x\ln x}{xe^x}$$

Aufgaben

1. Differenziere folgende Terme:

   a) $f(x) = \dfrac{1}{x^7}$

   b) $f(x) = x^{-3}$

   c) $f(x) = \dfrac{2}{x^3} + \dfrac{5}{x^4}$

   d) $f(x) = \dfrac{1}{4x^4} - \dfrac{1}{3x^3}$

2. Bilde die Ableitung f':

   a) $f: x \mapsto \dfrac{1}{x+1}$

   b) $f: x \mapsto \dfrac{2}{9-x^2}$

   c) $f: x \mapsto \dfrac{1}{\sin x}$

   d) $f: x \mapsto \dfrac{1}{2+x-x^2}$

   Gib jeweils den größtmöglichen Differenzierbarkeitsbereich an!

3. Differenziere mit der Quotientenregel:

   a) $f(x) = \dfrac{x+1}{x}$

   b) $f(x) = \dfrac{(a-x)^2}{x}$

   c) $f(x) = \dfrac{x^2-1}{x^2}$

   Frage: Wie kann man a), c) und auch b) einfacher differenzieren?

   d) $f(x) = \dfrac{x^3}{(x-a)^2}$

   e) $f(x) = \dfrac{\sin x}{x}$

   f) $f(x) = \dfrac{x}{\sin x}$

   g) $f(x) = \dfrac{a+bx}{\cos x}$

   h) $f(x) = \dfrac{\sin x}{1+\cos x}$

   i) $f(x) = \dfrac{1+\cos x}{1-\cos x}$

   k) $f(x) = \dfrac{|x|}{|x|-3}$

   l) $f(x) = \dfrac{1}{\ln x}$

   m) $f(x) = \dfrac{\ln x}{x}$

   n) $f(x) = \dfrac{x}{\ln x}$

   o) $f(x) = \dfrac{1-e^x}{1+e^x}$

   p) $f(x) = \dfrac{e^x - e^{-x}}{e^x + e^{-x}}$

4. Wo haben die Graphen der folgenden Funktionen waagrechte Tangenten? Wo existiert die Ableitung nicht? $D_f = D_{f(x)}$.

   a) $f: x \mapsto \dfrac{2x+1}{x-1}$

   b) $f: x \mapsto \dfrac{x-3}{(x-2)^2}$

   c) $f: x \mapsto \dfrac{x^2+3}{|x|+1}$

   d) $f: x \mapsto \dfrac{|a+x|}{ax^2}$

   e) $f: x \mapsto \dfrac{e^{-x}}{1+x}$

5. Bilde die erste und zweite Ableitung der Funktionen

   a) $f: x \mapsto \dfrac{x}{x+1}$

   b) $f: x \mapsto \dfrac{x+1}{x-1}$

   c) $f: x \mapsto \dfrac{x^2}{2-x}$

   d) $f: x \mapsto \dfrac{ax}{a+|x|}$

6. Berechne den Schnittwinkel der Graphen folgender Funktionen:

   $$f_1: x \mapsto 4x^{-2}; \ x \in \mathbb{R}^+ \qquad \text{und} \qquad f_2: x \mapsto x^2+3; \ x \in \mathbb{R}^+$$

7. Vergleiche die Ableitungen der Funktionen:

   $$f: x \mapsto \frac{x^3+1}{x^3} \qquad \text{und} \qquad \varphi: x \mapsto \frac{1}{x^3}$$

   Wie erklärt sich das Ergebnis?

8. Differenziere durch Grenzübergang beim Differenzenquotienten die Funktion

   $$f: x \mapsto \frac{x}{x+2}; \qquad D_f = D_{f(x)}$$

   Überprüfe das Ergebnis mit Hilfe der Quotientenregel!

Vermischte Aufgaben

9. Die Funktionen $f: x \mapsto f(x)$ und $g: x \mapsto \dfrac{1}{f(x)}$ seien beide in D definiert und dort differenzierbar.

   Was läßt sich dann über die Schnittpunkte der beiden Graphen und die Tangentenrichtungen in den Schnittpunkten aussagen?

10. Wie lautet die n. Ableitung der Funktion f: $x \mapsto \ln(x-1)$; $x \in \{x \mid 1 < x < \infty\}$?
    Wie groß ist insbesondere $f^{(7)}(7)$?

11. Gegeben ist die Funktion f: $x \mapsto \dfrac{x}{\ln x}$; $D_f = D_{f(x)}$.

    Bestimme die Extremwerte, berechne den Wendepunkt des Graphen und skizziere ihn!

12. Ein Körper verliert durch Ausstrahlung um so weniger Wärme, je kleiner seine Oberfläche ist. Welche Dimensionen hat man infolgedessen einem Quader von quadratischer Grundfläche bei vorgeschriebenem Rauminhalt V zu geben, damit der Wärmeverlust möglichst klein ist?

13. Eine Tonne in Zylinderform soll mit möglichst hoher Materialersparnis geschaffen werden und 125 Liter fassen. Welches sind die Maße?

14. f: $x \mapsto \ln|\ln x|$; $D_f = D_{f(x)}$
    In welchen Punkten und unter welchen Winkeln durchschneidet der Graph G_f die x-Achse? Bestimme die Koordinaten eines eventuellen Wendepunktes und zeichne G_f!

15. f: $x \mapsto \left(3x - 2 - x\ln\dfrac{\sin x}{x}\right)$; $D_f =]-\pi; \pi[\setminus \{0\}$
    Gib eine Funktion φ als stetige Fortsetzung von f an mit $D_\varphi =]-\pi; \pi[$! Bestimme $\varphi'(0)$! Untersuche φ' an der Stelle 0 auf Stetigkeit!

12.2. Rationale Funktionen

12.2.1. Definition und Sätze

In Abschnitt 5. haben wir uns mit den ganzrationalen Funktionen beschäftigt. Der Term einer solchen Funktion ist ein Polynom. Deshalb sind nach 5.1.1. Summe, Differenz und Produkt ganzrationaler Funktionen wieder ganzrationale Funktionen. Wir befassen uns jetzt mit Funktionen, deren Terme sich als Quotienten von Polynomen darstellen lassen.

Definition:

> Es seien $g(x)$ und $h(x)$ Polynome und $N = \{x \in \mathbb{R} \mid h(x) = 0\}$ die Menge der Nullstellen von h. Dann heißt die Funktion
>
> $$\frac{g}{h}: x \mapsto \frac{g(x)}{h(x)}; \qquad x \in \mathbb{R}\setminus N$$
>
> rationale Funktion. Dabei darf h nicht die Nullfunktion sein.

Ist $h(x)$ eine Konstante, so ist $\frac{g}{h}$ ganzrational. Die Menge der ganzrationalen Funktionen ist daher eine Teilmenge der Menge der rationalen Funktionen.

Beispiele: a) f: $x \mapsto \dfrac{x+5}{x^2 - 2x + 1}$; $x \in \mathbb{R}\setminus\{1\}$

   ist eine sogenannte echt gebrochene rationale Funktion, weil der Grad des Zählerpolynoms kleiner ist als der des Nennerpolynoms.

b) f: $x \mapsto \dfrac{2x^3 - x^2 + x}{x^2 - 4}$; $x \in \mathbb{R}\setminus\{2; -2\}$

   ist eine sogenannte unecht gebrochene rationale Funktion, weil der Grad des Zählerpolynoms nicht kleiner ist als der des Nennerpolynoms.

Aus dem Erzeugungssatz in 5.1.1. für ganzrationale Funktionen ergibt sich in Verbindung mit der Definition für rationale Funktionen der

Erzeugungssatz:

> Jede rationale Funktion läßt sich durch die rationalen Operationen Addition, Multiplikation und Division aus der identischen Funktion und den konstanten Funktionen erzeugen.

Aus der Stetigkeit von g und h in ganz $\mathbb{R}$ und dem Verknüpfungssatz in 3.5. folgt für rationale Funktionen der

Stetigkeitssatz:

> Eine rationale Funktion ist an jeder Stelle ihres Definitionsbereichs stetig.

Aus den Rechengesetzen mit Bruchtermen ergibt sich weiter der

Satz:

> Summe, Differenz, Produkt und Quotient rationaler Funktionen (ausgenommen der Nullfunktion) sind ebenfalls rationale Funktionen.

Da die ganzrationalen Funktionen nach 5.1.4. in $\mathbb{R}$ differenzierbar sind, erhalten wir aus 11.1. den

Satz:

> Jede rationale Funktion ist in ihrer Definitionsmenge differenzierbar.

Daraus folgt, daß die Betragsfunktion mit der Zuordnungsvorschrift $x \mapsto |x|$ keine rationale Funktion ist, da sie an der Stelle 0 zwar definiert, jedoch nicht differenzierbar ist.

12.2.2. Stetig behebbare Definitionslücken. Pole

Die Sätze von 12.2.1 gleichen vollständig den entsprechenden Sätzen über ganzrationale Funktionen in 5.1. Ganz neuartige Eigenschaften können sich bei den rationalen Funktionen dadurch ergeben, daß das Nennerpolynom Nullstellen haben kann. Untersucht man die beiden einfachen rationalen Funktionen

$$f_1 : x \mapsto \frac{x}{x} \quad \text{und} \quad f_2 : x \mapsto \frac{1}{x},$$

deren Funktionsterme beide für $x = 0$ nicht definiert sind, so erkennt man, daß zwei ganz verschiedene Fälle möglich sind.

Ist allgemein x_0 eine Nullstelle der Nennerfunktion h, gilt also $h(x_0) = 0$, so gehört x_0 nicht zur Definitionsmenge von $\frac{g}{h}$. Wir untersuchen die Umgebung von x_0:

1. Fall

Existiert der Grenzwert

$$\lim_{x \to x_0} \frac{g(x)}{h(x)} = y_0,$$

so gilt offenbar auch $g(x_0) = 0$. Es ist dann folgende stetige Fortsetzung φ der Funktion $\frac{g}{h}$ möglich:

$$\varphi: x \mapsto \begin{cases} \dfrac{g(x)}{h(x)} & \text{für} \quad x \in D_{\frac{g}{h}} \\[2ex] y_0 & \text{für} \quad x = x_0 \end{cases}$$

Man nennt in diesem Fall $\frac{g}{h}$ an der Stelle x_0 stetig fortsetzbar oder ergänzbar und x_0 eine *stetig behebbare Definitionslücke* der Funktion $\frac{g}{h}$.

Da in diesem Fall x_0 eine gemeinsame Nullstelle der Zähler- und Nennerfunktion ist, kann man auf Grund des Zerlegungssatzes von 5.2.3. den Term $\frac{g(x)}{h(x)}$ durch $(x - x_0)$ kürzen.

2. Fall

Gilt dagegen

$$\left| \frac{g(x)}{h(x)} \right| \to \infty \quad \text{für} \quad x \to x_0,$$

so nennt man x_0 einen *Pol*[1] der rationalen Funktion $\frac{g}{h}$.

Dieser Fall tritt ein, wenn zwar $h(x_0) = 0$, aber $g(x_0) \neq 0$ oder wenn nach dem Kürzen eines Faktors $(x - x_0)^n$, $n \in \mathbb{N}$, der Nenner für $x = x_0$ noch Null, der Zähler dagegen von Null verschieden ist. Enthält der Nenner des gekürzten Bruches den Faktor $(x - x_0)^n$, so spricht man von einem *Pol n-ter Ordnung* oder einem *n-fachen Pol* an der Stelle x_0.

Ist n ungerade, so wechselt $\frac{g(x)}{h(x)}$ an der Stelle x_0 das Vorzeichen.

Ist n gerade, so hat $\frac{g(x)}{h(x)}$ in einer Umgebung von x_0 gleiches Vorzeichen.

Der Graph schmiegt sich für $x \to x_0$ der zur x-Achse senkrechten Geraden mit der Gleichung $x = x_0$ an (Asymptote).

Da die rationale Funktion ein Quotient ganzrationaler Funktionen ist, so folgt aus dem Nullstellensatz von 5.2.3. der

Satz:

> Jede rationale Funktion hat höchstens endlich viele Nullstellen und ist an höchstens endlich vielen Stellen nicht definiert.

Daraus kann man schließen, daß die trigonometrischen Funktionen keine rationalen Funktionen sind.

---

[1] Der Name stammt aus der Kartographie. Bei der Zentralprojektion der Erdoberfläche mit dem Nordpol als Projektionszentrum und der Tangentialebene im Südpol als Bildebene kann dem Nordpol als einzigem Punkt kein Bildpunkt zugeordnet werden.

Beispiele:

a) $f: x \mapsto f(x) = \dfrac{x^2 + x}{x+1}$; $x \in \mathbb{R}\backslash\{-1\}$

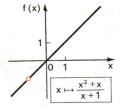

Es liegt eine stetig behebbare Definitionslücke bei $x = -1$ vor. Für $x \ne -1$ gilt die Zuordnungsvorschrift $x \mapsto x$. Der Graph ist die Winkelhalbierende des I. und III. Quadranten, wobei der Punkt $(-1; -1)$ fehlt. Ergänzt man $f(-1) = -1$, so ist die Gerade vollständig. Fig. 12.1. $\varphi: x \mapsto x$; $x \in \mathbb{R}$ ist stetige Fortsetzung von f über die Stelle -1.

Fig. 12.1

b) $f: x \mapsto f(x) = \dfrac{x+1}{x}$; $x \in \mathbb{R}\backslash\{0\}$

Die Funktion hat bei $x = 0$ einen Pol; $f(x)$ wechselt an dieser Stelle das Vorzeichen. Fig. 12.2.

c) $f: x \mapsto f(x) = \dfrac{x(x-1)}{x^2-1}$; $x \in \mathbb{R}\backslash\{-1;1\}$

Stetig behebbare Definitionslücke bei $x = 1$; Pol mit wechselndem Vorzeichen an der Stelle $x = -1$. Fig. 12.3. Die Funktion

$\varphi: x \mapsto \dfrac{x}{x+1}$; $x \in \mathbb{R}\backslash\{-1\}$

ist die stetige Fortsetzung von f über die Stelle $x = 1$.

d) $f: x \mapsto f(x) = \dfrac{(x-2)(x+1)}{(x-2)^3}$; $x \in \mathbb{R}\backslash\{2\}$

Pol mit nicht wechselndem Vorzeichen bei $x = 2$. Für $x \ne 2$, also für die gesamte Definitionsmenge D_f, gilt $x \mapsto \dfrac{x+1}{(x-2)^2}$.

Der Pol ist von der 2. Ordnung. Fig. 12.4.

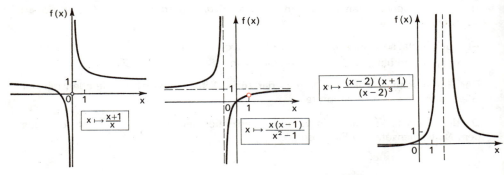

Fig. 12.2   Fig. 12.3   Fig. 12.4

12.2.3. Verhalten im Unendlichen

Betrachtet man die beiden Funktionen $f: x \mapsto \frac{x+1}{x}$ und $g: x \mapsto \frac{1}{x}$, so erkennt man, daß rationale Funktionen sich für $x \to \pm\infty$ anders verhalten können als ganzrationale.

Unter der Voraussetzung $x \ne 0$ kürzen wir den Funktionsterm

$$f(x) = \frac{a_n x^n + a_{n-1} x^{n-1} + \ldots + a_1 x + a_0}{b_m x^m + b_{m-1} x^{m-1} + \ldots + b_1 x + b_0}, \qquad n, m \in \mathbb{N}$$

durch x^m. Dann geht der Nenner für $x \to \pm \infty$ gegen $b_m \neq 0$. Der Zähler strebt dabei offenbar für $n > m$ gegen $\pm \infty$, für $n < m$ gegen 0 und für $n = m$ gegen $a_n \neq 0$.

Satz:

> Der Wert einer gebrochenrationalen Funktion geht für $x \to \infty$ gegen $\pm \infty$ bzw. Null, je nachdem, ob der Grad des Zählerpolynoms größer oder kleiner als der Grad des Nennerpolynoms ist. Sind beide Polynome vom gleichen Grad m, dann strebt der Funktionswert gegen die Konstante $a_n : b_m$.

Beispiele:

a) $f: x \mapsto \dfrac{1 - x^2}{x} = f(x); \qquad x \in \mathbb{R} \setminus \{0\}$

Es ist $n > m$; für $x \to + \infty$ strebt $f(x) \to - \infty$, für $x \to - \infty$ geht $f(x) \to + \infty$. Fig. 12.5.

b) $f: x \mapsto \dfrac{1}{x} = f(x); \qquad x \in \mathbb{R} \setminus \{0\}$

Es ist $n < m$; für $x \to \pm \infty$ strebt $f(x)$ gegen Null.

c) $f: x \mapsto \dfrac{x + 1}{x} = f(x); \qquad x \in \mathbb{R} \setminus \{0\}$

Hier ist $n = m$; für $x \to \pm \infty$ geht $f(x)$ gegen 1. Fig. 12.6.

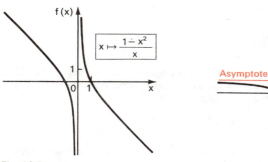

Fig. 12.5

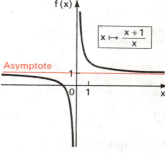

Fig. 12.6

In den Fällen $n \leqq m$ schmiegt sich die Kurve für $x \to \pm \infty$ immer enger einer waagrechten Geraden an. Diese Gerade ist *Asymptote*.

12.2.4. Zur Integration rationaler Funktionen

Da die Ableitungsregel

$$f(x) = x^k \Rightarrow f'(x) = k \cdot x^{k-1}$$

für alle $k \in \mathbb{Z}$ gilt, erhalten wir unmittelbar aufgrund des HDI (7.5.):

$$\int k x^{k-1} \, dx = x^k + C$$

Dividieren wir für $k \neq 0$ durch k und setzen $n = k - 1$, so erhalten wir die Integrations-regel

$$\int x^n \, dx = \frac{x^{n+1}}{n+1} + C \quad \text{für} \quad n \in \mathbb{Z} \setminus \{-1\}$$

die wir für $n \in \mathbb{N}$ schon in 8.3.2. kennenlernten. Mit Hilfe dieser Formel können wir allerdings nur sehr spezielle rationale Funktionen integrieren.

Die Differentiation der gebrochenrationalen Funktion konnten wir mit Hilfe der Quotientenregel auf die Differentiation der ganzrationalen Funktion zurückführen. Ein entsprechendes Verfahren ist bei der Integration nicht möglich, weil es für die Integrale weder eine Produkt- noch eine Quotientenregel gibt.

Die Integralfunktion jeder ganzrationalen Funktion ist, wie bekannt, wieder eine ganzrationale Funktion. Daß ein entsprechender Satz für rationale Funktionen nicht gilt, zeigt schon die in Abschnitt 11. behandelte Logarithmusfunktion und folgendes

Beispiel: Für $x \in \mathbb{R}^+$ gilt:

$$\int_1^x \frac{t^3 - t^2 + 3t - 2}{t^3} \, dt = \int_1^x dt - \int_1^x \frac{dt}{t} + 3 \int_1^x \frac{dt}{t^2} - 2 \int_1^x \frac{dt}{t^3} = x - \ln x - \frac{3}{x} + \frac{1}{x^2} + 1$$

In 14.2. werden wir sehen, daß außer rationalen Funktionen und Logarithmen noch andere Funktionsklassen als Stammfunktionen rationaler Funktionen auftreten können. Eine systematische Behandlung der Integration rationaler Funktionen überschreitet den Rahmen dieses Buches. Die Aufgaben 18 und 19 dieses Abschnittes geben einen Einblick in die hier praktizierte Integrationstechnik. Auf die Formel in 11.1.4.B. sei in diesem Zusammenhang hingewiesen.

Aufgaben

1. Für welche x-Werte sind die Terme $f(x)$ der folgenden Funktionen nicht definiert? Wie muß bei stetig behebbaren Definitionslücken ergänzt werden, damit man eine stetige Fortsetzung φ erhält? Wie ist das Verhalten in der Umgebung der Pole?

   a) $f : x \mapsto \dfrac{x^2 + 2x}{x^2 + 3x + 2}$ b) $f : x \mapsto \dfrac{x-1}{x^2}$ c) $f : x \mapsto \dfrac{x^2(x-3)}{x(x-3)^2}$ d) $f : x \mapsto \dfrac{x^2 + x}{x^7 - x^6}$

2. Skizziere den Graphen der Funktion $f : x \mapsto \dfrac{x^2 - 1}{x^2}$; $D_f = D_{f(x)}$ im Bereich $[-2 ; 2]$!

3. An welchen Stellen ist der Term der Funktion

$$f : x \mapsto \frac{x^2 - 4x + 4}{x^2 - 6x + 8}$$

   nicht definiert? Existiert an diesen Stellen ein Grenzwert? Wenn ja, welchen Wert hat er?

4. Bilde selbst eine rationale Funktion mit folgenden Eigenschaften:
   a) Bei $x = 2$ einfacher Pol, bei $x = 3$ stetig behebbare Definitionslücke.
   b) Bei $x = 2$ eine einfache Nullstelle, bei $x = -2$ ein Pol 2. Ordnung.

5. Untersuche bei den folgenden Funktionen das Verhalten für $x \to \pm \infty$:

   a) $f : x \mapsto \dfrac{8x^3 - 5x + 1}{2x^3 + 2}$ b) $f : x \mapsto \dfrac{x^4 - 1}{x - x^3}$ c) $f : x \mapsto \dfrac{x+1}{2x^2 - 8}$

6. Untersuche die Umgebung der Nullstellen des Nenners und das Verhalten für $x \to \pm\infty$:

a) $f: x \mapsto \dfrac{2x^3 - 5x^2}{x^3 - 4x^2 + 4x}$ b) $f: x \mapsto \dfrac{x^4}{(x-2)^3}$ c) $f: x \mapsto \dfrac{x^3 - 1}{x^2 - 1}$

7. Untersuche bei den folgenden Funktionen Symmetrieeigenschaften des Graphen, Nullstellen, Umgebung der Nullstellen des Nenners und das Verhalten für $x \to \pm\infty$! Skizziere den Graphen im Bereich $[-5; 5]$!

a) $f: x \mapsto \dfrac{x}{4 - x^2}$ b) $f: x \mapsto \dfrac{2x^2}{x^2 + 1}$ c) $f: x \mapsto \dfrac{1}{|x - 2|}$ d) $f: x \mapsto \dfrac{1}{|x| - 2}$

8. Gib D_f und W_f an! $(D_f = D_{f(x)})$

a) $f: x \mapsto \dfrac{x^3 + 1}{x^2 - 2}$ b) $f: x \mapsto \dfrac{3x}{x^3 - 2}$ c) $f: x \mapsto \dfrac{x^3}{|x| + x}$ d) $f: x \mapsto \dfrac{x^4 + 3}{x^2 + 1}$

9. Zeige, daß die Exponential- und Logarithmusfunktion keine rationalen Funktionen sind!

Hinweis: Man kann z. B. das Verhalten für $x \to \pm\infty$ vergleichen.

10. Versuche möglichst viele Eigenschaften der Klasse der *gebrochenlinearen Funktionen*

$$f: x \mapsto \frac{ax + b}{cx + d}; \quad D_f = D_{f(x)}; \quad a, b, c, d \in \mathbb{R} \wedge c \neq 0$$

herauszufinden.

11. Bestimme die Wertemengen folgender Funktionen mit Hilfe der Extremwerte und der waagrechten und senkrechten Asymptoten:

a) $f: x \mapsto \dfrac{1}{x^2 + 1}$ b) $f: x \mapsto \dfrac{4x - 4}{x^2 - 2x + 2}$ c) $f: x \mapsto \dfrac{x^2}{x^4 + 1}$ d) $f: x \mapsto \dfrac{|x|}{x - 1}$

12. Warum sind die folgenden Integrale nicht definiert:

a) $\displaystyle\int_{-1}^{+1} \dfrac{dx}{x^2}$ b) $\displaystyle\int_{-2}^{+2} \dfrac{dx}{x^2 - 1}$ c) $\displaystyle\int_{3}^{5} \dfrac{x\,dx}{x^2 - 6x + 8}$ d) $\displaystyle\int_{0}^{1} \cot x\,dx$

13. Stelle folgende Funktionsterme integralfrei dar:

a) $\displaystyle\int_{1}^{x} \dfrac{dt}{t^5}$ b) $\displaystyle\int_{1}^{x} \dfrac{2 + 3t^2}{t^4}\,dt$ c) $\displaystyle\int_{1}^{x} \dfrac{t^2 - 1}{t^4 + t^3}\,dt$ d) $\displaystyle\int_{1}^{x} \dfrac{t^3 - 3}{t^2}\,dt$

14. Berechne die Integrale:

a) $\displaystyle\int_{1}^{2} \dfrac{dx}{x^2}$ b) $\displaystyle\int_{-3}^{-1} \dfrac{1 + x}{x^3}\,dx$ c) $\displaystyle\int_{0,5}^{3} \dfrac{x^2 - 2}{x^4}\,dx$ d) $2\displaystyle\int_{2}^{1} \dfrac{1 - x^4}{x^2}\,dx$

15. Berechne den Inhalt eines der Flächenstücke, die von den Graphen der Funktionen

$$f_1: x \mapsto \frac{4}{x^2}; \quad x \in \mathbb{R} \setminus \{0\} \quad \text{und} \quad f_2: x \mapsto x^2 - 6x + 9; \quad x \in \mathbb{R}$$

eingeschlossen werden!

16. Gegeben die abschnittsweise definierte Funktion:

$$f: x \mapsto f(x) = \begin{cases} 2 - x^2 & \text{für} \quad |x| \leq 1 \\ \dfrac{1}{x^2} & \text{für} \quad |x| > 1 \end{cases}$$

a) Ist diese Funktion überall stetig? Ist sie überall differenzierbar?

b) Welcher Punkt des Graphen hat vom Nullpunkt die kürzeste Entfernung?

c) Berechne den Inhalt der Fläche, die vom Graphen, der x-Achse und den Ordinaten zu $x = 0$ und $x = a$ eingeschlossen wird! $(a > 1)$

d) Existiert der Grenzwert des Flächeninhalts für $a \to \infty$?

17. Berechne den Inhalt der Fläche zwischen x-Achse und Funktionsgraph in [1; 2] für folgende Funktionen:

a) $f: x \mapsto \dfrac{2x}{x^2+2}$ b) $f: x \mapsto \dfrac{1}{3x-1}$ c) $f: x \mapsto \dfrac{2x-2}{x^2-2x-3}$ d) $f: x \mapsto 3 \cdot \dfrac{\sqrt{x}+1}{2\sqrt{x^3}+3x}$

18. Integration unecht gebrochener rationaler Funktionen

Bei jedem der folgenden Terme f(x) ist der Grad des Zählerpolynoms gleich dem des Nennerpolynoms oder größer als dieser. Um einen Stammfunktionsterm F(x) zu finden, verwandelt man f(x) durch Ausdividieren oder durch eine geeignete Zählerergänzung in die Summe eines Polynoms in x und eines echt gebrochenen Restgliedes.

Muster: $f(x) = \dfrac{x^3}{x-1} = \dfrac{x^3-1+1}{x-1} = \dfrac{x^3-1}{x-1} + \dfrac{1}{x-1} = x^2+x+1+\dfrac{1}{x-1}$

Ein Stammfunktionsterm zu f(x) ist demnach $F(x) = \frac{1}{3}x^3 + \frac{1}{2}x^2 + x + \ln|x-1|$

Bestimme $D_{f(x)}$ und gib einen Stammfunktionsterm F(x) zu f(x) an:

a) $f(x) = \dfrac{x}{x+1}$ b) $f(x) = \dfrac{5x}{x-1}$ c) $f(x) = \dfrac{x+1}{x-1}$

d) $f(x) = \dfrac{3x-1}{3x+2}$ e) $f(x) = \dfrac{x^2}{x-2}$ f) $f(x) = \dfrac{x^3}{x+1}$

19. Integration echt gebrochener rationaler Funktionen

Bei jedem der folgenden Terme f(x) ist der Grad des Zählerpolynoms kleiner als der des Nennerpolynoms. Um einen Stammfunktionsterm F(x) zu finden, verwandelt man den Nenner in ein Produkt und stellt f(x), wie das Muster zeigt, als Summe von Teilbrüchen dar. Auf eine systematische Behandlung dieser Methode der sog. Partialbruchzerlegung muß hier verzichtet werden.

Muster: $f(x) = \dfrac{5x+1}{x^2-1} = \dfrac{5x+1}{(x+1)(x-1)} = \dfrac{A}{x+1} + \dfrac{B}{x-1} = \dfrac{(A+B)x+(B-A)}{(x+1)(x-1)}$

Um A und B zu finden, beachten wir, daß die Beziehung

$\dfrac{5x+1}{x^2-1} = \dfrac{(A+B)x+(B-A)}{(x+1)(x-1)}$ für alle $x \in D_{f(x)}$

nur dann bestehen kann, wenn die Zählerpolynome beiderseits identisch sind. Damit ergeben sich die Gleichungen

I. $A+B=5$
II. $\land$ $B-A=1$

Die Auflösung dieses Gleichungssystems ergibt $A=2 \land B=3$. Also gilt:

$f(x) = \dfrac{5x+1}{x^2-1} = \dfrac{2}{x+1} + \dfrac{3}{x-1}$

Ein Stammfunktionsterm zu f(x) ist $F(x) = 2\ln|x+1| + 3\ln|x-1|$

Bestimme $D_{f(x)}$ und gib einen Stammfunktionsterm F(x) zu f(x) an:

a) $f(x) = \dfrac{1}{x^2-1}$ $f(x) = \dfrac{1}{x^2-16}$ c) $f(x) = \dfrac{1}{x^2-x}$

d) $f(x) = \dfrac{5x+12}{x^2+5x+6}$ e) $f(x) = \dfrac{1}{x^3-x}$ f) $f(x) = \dfrac{4x^2-3x-4}{x^3+x^2-2x}$

g) $f(x) = \dfrac{2x^2+3x-2}{x^2-x^3}$ Anleitung: $\dfrac{2x^2+3x-2}{x^2(1-x)} = \dfrac{A}{x} + \dfrac{B}{x^2} + \dfrac{C}{1-x}$

h) $f(x) = \dfrac{2x^3+2x^2-x+1}{x^2+x}$ i) $f(x) = \dfrac{x^4+3x^3-x^2-2x-3}{x^2-1}$

12.3. Der Graph der rationalen Funktion

12.3.1. Asymptoten

In 5.3. lernten wir die Kurvendiskussion am Beispiel der ganzrationalen Funktion kennen. Wir untersuchten ihren Graphen in bezug auf Symmetrieeigenschaften, Schnittpunkte mit den Achsen, Steigen und Fallen, Krümmungsverhalten, Extremwerte, Wendepunkte und das Verhalten für $x \to \pm\infty$.

Für den Graphen der gebrochenrationalen Funktion sind darüber hinaus Asymptoten charakteristisch. Wir sind ihnen bereits verschiedentlich begegnet, wobei wir sie als Geraden beschrieben, die einer Kurve „beliebig nahe kommen ohne sie zu erreichen". Wir fassen diese anschauliche Erklärung jetzt präziser.

Definition:

(1) Der Graph der linearen Funktion $l: x \mapsto l(x) = ax + b$ mit $a, b \in \mathbb{R}$ heißt Asymptote des Graphen von $f: x \mapsto f(x)$, falls

$$\lim_{x \to \infty} [f(x) - l(x)] = 0 \qquad \text{oder} \qquad \lim_{x \to -\infty} [f(x) - l(x)] = 0$$

(2) Der Graph der Relation $\{(x; y) \in \mathbb{R} \times \mathbb{R} \mid x - a = 0\}$ mit $a \in \mathbb{R}$ heißt Asymptote des Graphen von $f: x \mapsto f(x)$, falls

$$f(x) \to \pm\infty \qquad \text{für} \qquad x \to a$$

Im Falle (1) hat die Asymptote die Gleichung $y = ax + b$. Für $a \neq 0$ bildet sie mit der x-Achse einen von 90° verschiedenen Winkel („schräge" Asymptote). Für $a = 0 \wedge b \neq 0$ ist sie zur x-Achse parallel. Für $a = 0 \wedge b = 0$ fällt sie mit der x-Achse zusammen („waagrechte" Asymptoten).

Im Falle (2) hat die Asymptote die Gleichung $x - a = 0$. Sie steht auf der x-Achse senkrecht („senkrechte" Asymptote).

Aus 12.2.2. wissen wir bereits:

a) Der Graph einer rationalen Funktion hat an jeder Polstelle eine senkrechte Asymptote.

b) Der Graph einer rationalen Funktion der allgemeinen Form

$$f: x \mapsto \frac{a_n x^n + \ldots + a_1 x + a_0}{b_m x^m + \ldots + b_1 x + b_0}; \qquad D_f = D_{f(x)}$$

hat für $n < m$ (echt gebrochener Funktionsterm) die x-Achse als Asymptote,
$n = m$ die Gerade mit der Gleichung $y = \frac{a_n}{b_m}$ als Asymptote.

In beiden Fällen liegen also waagrechte Asymptoten vor.

Kriterium I:

Ist der Zählergrad einer rationalen Funktion f kleiner als der Nennergrad, so hat der Graph G_f die x-Achse als Asymptote.
Ist der Zählergrad einer rationalen Funktion f gleich dem Nennergrad, so hat der Graph G_f eine Parallele zur x-Achse als Asymptote.

Beispiel: $f: x \mapsto \dfrac{5x^4 + x - 3}{2x^4 + x^2 + 1}$; $D_f = \mathbb{R}$

Die Parallele zur x-Achse mit der Gleichung $y = \frac{5}{2}$ ist Asymptote von G_f.

Wir wollen nun noch den Fall n > m betrachten.

1. Beispiel: $f: x \mapsto f(x) = \dfrac{2x^2 - 3x + 1}{x}$; $x \in \mathbb{R} \backslash \{0\}$

Wir formen den Funktionsterm durch Division um und erhalten

$f(x) = (2x - 3) + \frac{1}{x} = l(x) + \frac{1}{x}$

Damit haben wir $f(x)$ als Summe eines linearen und eines echt gebrochenen Terms dargestellt. Der lineare Term $l(x) = 2x - 3$ hat die in der Definition geforderte Eigenschaft. Denn es ist

$$\lim_{x \to \pm \infty} [f(x) - l(x)] = \lim_{x \to \pm \infty} \frac{1}{x} = 0$$

Die Gerade mit der Gleichung $y = 2x - 3$ ist demnach schräge Asymptote des Graphen G_f. Fig. 12.7.

2. Beispiel: $f: x \mapsto f(x) = \dfrac{3x^2}{x - 2}$; $x \in \mathbb{R} \backslash \{2\}$

Wir dividieren wieder den Zähler durch den Nenner und gewinnen so die Darstellung:

$f(x) = (3x + 6) + \dfrac{12}{x - 2} = l(x) + \dfrac{12}{x - 2}$

Wieder hat der lineare Term $l(x)$ die in der Definition geforderte Eigenschaft, denn es ist

$$\lim_{x \to \pm \infty} [f(x) - l(x)] = \lim_{x \to \pm \infty} \dfrac{12}{x - 2} = 0$$

Der Graph G_f hat somit eine schräge Asymptote mit der Gleichung $y = 3x + 6$.

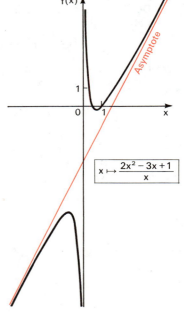

$x \mapsto \dfrac{2x^2 - 3x + 1}{x}$

Fig. 12.7

Die Beispiele zeigen, daß es offenbar immer dann möglich ist, den Term einer rationalen Funktion f als Summe eines linearen und eines echt gebrochenen Terms darzustellen, wenn der Zählergrad von f um 1 größer ist als der Nennergrad. Der echt gebrochene Term geht für $x \to \pm \infty$ gegen Null. Damit folgt das

Kriterium II:

Ist der Zählergrad einer rationalen Funktion f um 1 größer als der Nennergrad, so hat der Graph G_f eine schräge Asymptote.

Bemerkung: Für n > m + 1 läßt sich der Funktionsterm f(x) einer rationalen Funktion in die Summe eines ganzrationalen Terms möglichst hohen Grades und eines echt gebrochenen Terms zer-

legen. Man kann dann eine „krummlinige" Asymptote definieren, worauf wir nicht näher eingehen. Der Leser möge sich den Sachverhalt am Beispiel von

$$f: x \mapsto \frac{x^3 - x^2 + x}{x - 1}; \quad x \in \mathbb{R} \setminus \{1\}$$

klarmachen und zeigen, daß hier die Parabel mit der Gleichung $y = x^2 + 1$ als krummlinige Asymptote von G_f definiert werden kann.

12.3.2. Diskussion des Graphen

Wir erläutern das Vorgehen an zwei Beispielen.

1. Beispiel: $f: x \mapsto f(x) = \dfrac{x^2 + 4x - 21}{x^2 - 4}$

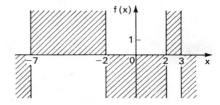

$\qquad D_f = \mathbb{R} \setminus \{-2; 2\}$

a) Nullstellen: $x_1 = 3 \vee x_2 = -7$;
   Pole: $x_3 = 2 \vee x_4 = -2$;
   Felderabstreichen liefert Figur
   12.8, da hier an jeder Nullstelle
   und jedem Pol das Vorzeichen
   von $f(x)$ wechselt.

Fig. 12.8

b) Asymptoten
   An den Polen $x_3 = 2$ und $x_4 = -2$ hat der Graph senkrechte Asymptoten.
   Zähler und Nenner haben gleichen Grad. Die waagrechte Asymptote hat die
   Gleichung $y - 1 = 0$.
   Diese Asymptote wird von dem Graphen von f nur im Punkt $(4,25; 1)$ ge-
   schnitten, wie aus der Gleichung

$$\frac{x^2 + 4x - 21}{x^2 - 4} = 1$$

   zu errechnen ist. Dadurch kann man weitere Felder abstreichen. (In Fig. 12.9
   rot bezeichnet.)

c) Extremwerte, Wendepunkte
   Man findet:

$$f'(x) = \frac{-4x^2 + 34x - 16}{(x^2 - 4)^2}$$

   und als Nullstellen der 1. Ableitung: $x_5 = 0,5 \vee x_6 = 8$.
   Da $f'(x)$ bei x_5 von negativen zu positiven und bei x_6 von positiven zu nega-
   tiven Werten wechselt, erhält man:
   Lokales Minimum $(0,5; 5)$, lokales Maximum $(8; 1,25)$.

   An den Polstellen ändert sich wegen des Quadrats im Nenner von $f'(x)$ das
   Vorzeichen von $f'(x)$ nicht. Daher

   steigt der Graph für $0,5 < x < 8$
   fällt der Graph für $x < 0,5 \vee x > 8$

   abgesehen von den Polen, wo die Funktion nicht definiert ist.
   Zur Bestimmung der Extremwerte zieht man die 2. Ableitung möglichst nicht
   heran, weil deren Ermittlung bei gebrochenrationalen Funktionen recht mühsam ist. Auch auf die Bestimmung des Wendepunktes verzichten wir meist.

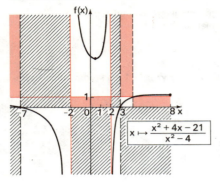

Fig. 12.9   Fig. 12.10

2. Beispiel: $f: x \mapsto f(x) = \dfrac{x^3}{3(x-2)^2}$; $D_f = \mathbb{R} \setminus \{2\}$.   Fig. 12.10

a) Nullstelle: $x_1 = 0$
   Pol: $x_2 = 2$ (2. Ordnung, also ohne Vorzeichenwechsel)
   Felderabstreichen: Vorzeichenwechsel tritt nur bei $x = 0$ auf.

b) Senkrechte Asymptote: $x - 2 = 0$. Schräge Asymptote durch Division:

   $$x^3 : (3x^2 - 12x + 12) = \frac{x}{3} + \frac{4}{3} + \frac{12x - 16}{3(x-2)^2}$$

   Gleichung dieser Asymptote:

   $$y = \frac{x}{3} + \frac{4}{3}$$

   Schnittpunkt des Graphen mit der schrägen Asymptote:

   $$\frac{x^3}{3(x-2)^2} = \frac{x}{3} + \frac{4}{3} \;\Rightarrow\; x_3 = \frac{4}{3}; \quad y_3 \approx 1{,}8$$

   Felderabstreichen: Die Kurve muß links vom Schnittpunkt unter der schrägen Asymptote, rechts vom Schnittpunkt über ihr verlaufen.

c) $f'(x) = \dfrac{x^2(x-6)}{3(x-2)^3}$

   Nullstellen von $f'(x)$: $x_4 = 6 \lor x_1 = 0$

   für $x < 2$: $f'(x) > 0$ Graph steigt
   für $2 < x < 6$: $f'(x) < 0$ Graph fällt
   für $x > 6$: $f'(x) > 0$ Graph steigt.

   Lokales Minimum $(6; 4,5)$, kein Maximum.

   $$f''(x) = \frac{8x}{(x-2)^4}$$

   $f''(x) = 0$ für $x = 0$

   für $x < 0$: $f''(x) < 0$ Rechtskrümmung
   für $0 < x < 2$: $f''(x) > 0$ Linkskrümmung
   für $x > 2$: $f''(x) > 0$ Linkskrümmung

   Der Ursprung ist Wendepunkt und zwar Terrassenpunkt.

Aufgaben

1. Was läßt sich bei den folgenden Funktionen über den maximal möglichen Definitionsbereich, Pole, Nullstellen, Asymptoten, Wertebereich und Symmetrieeigenschaften aussagen? Skizze!

a) $f: x \mapsto \dfrac{1}{(x-4)^2}$ b) $f: x \mapsto \dfrac{1}{x^2-4}$ c) $f: x \mapsto \dfrac{x^2-1}{x}$ d) $f: x \mapsto \dfrac{x^2+1}{x}$

e) $f: x \mapsto \dfrac{x^2+1}{x^2}$ f) $f: x \mapsto \dfrac{x^3-1}{x^2}$ g) $f: x \mapsto \dfrac{x^2}{x+1}$ h) $f: x \mapsto \dfrac{x^2+2}{x^2+1}$

i) $f: x \mapsto \dfrac{x^2-2}{x^2+1}$ k) $f: x \mapsto \dfrac{x^2}{x^2+1}$ l) $f: x \mapsto \dfrac{x^4}{x^2+1}$ m) $f: x \mapsto \dfrac{x^4-1}{x^2}$

2. Bilde Funktionen mit
   a) einem Pol 2. Ordnung und einer zweifachen Nullstelle,
   b) zwei einfachen Polen und einer zweifachen Nullstelle,
   c) einem einfachen Pol, keiner Nullstelle und der Asymptote mit der Gleichung $y = x$,
   d) einer einfachen Nullstelle, einem Pol 1. Ordnung und keiner zur x-Achse parallelen Asymptote!
   Skizziere jeweils den Graphen!

3. Welche lineare Funktion l kann man für große $|x|$ als Näherung für die Funktion

   $$f: x \mapsto \dfrac{2x^2}{x+1}$$

   nehmen? Wie groß muß x sein, damit gilt: $|f(x) - l(x)| < 0{,}01$?

4. Die Funktion

   $$f: x \mapsto \dfrac{x^3+2}{2x^2}$$

   kann für große $|x|$ durch $x \mapsto \dfrac{x}{2}$ und für kleine $|x|$ durch $x \mapsto \dfrac{1}{x^2}$ angenähert werden. Für welche x-Werte ist der absolute Fehler jeweils kleiner als $0{,}01$?

5. Gib zwei Funktionen an, die als Näherung für $f: x \mapsto f(x)$ für sehr kleine bzw. sehr große Werte von $|x|$ benützt werden können!

   a) $f(x) = x^2 + \dfrac{1}{x^2}$ b) $f(x) = \dfrac{2x^3+5}{x}$ c) $f(x) = \dfrac{x^3+2x^2+3}{x^2}$

6. Diskutiere und zeichne die Graphen folgender Funktionen:

   a) $f: x \mapsto \dfrac{54}{x^2+9}$, (1 LE = 5 mm) b) $f: x \mapsto \dfrac{4-x}{(1-\frac{x}{3})^2}$, (1 LE = 5 mm)

   c) $f: x \mapsto \dfrac{x^3+9x}{x^2+1}$, (1 LE = 1 cm) d) $f: x \mapsto \dfrac{x^2+8x+7}{1-x}$, (1 LE = 5 mm)

7. Gegeben ist die Funktion

   $$f: x \mapsto \dfrac{4x-5}{2x+3}; \quad D_f = D_{f(x)}.$$

   Diskutiere und zeichne den Graphen! Wie lautet die Gleichung der Kurventangente im Punkte $P(4; ?)$? Für welche x-Werte ist $f(x) > 4$?

8. Für die Funktion

   $$f: x \mapsto \dfrac{4x^2}{x^2+3}; \quad D_f = D_{f(x)}$$

   sind die Nullstellen, Asymptoten, Extremwerte und die Tangentengleichung für den Kurvenpunkt mit der Abszisse $x = 3$ zu bestimmen. Zeichnung im Bereich $[-3; 10]$.

9. Bestimme die Formvariablen a und b so, daß die Funktion f bei $x = 2$ und $x = -8$ Extremwerte hat!

$$f: x \mapsto \frac{2x + b}{x^2 + a}$$

10. Für die Funktion

$$f: x \mapsto \frac{a x^2 + b}{x^2 + c}$$

sollen a, b, c so bestimmt werden, daß für $x = 2$ ein Pol und für $x = 1$ eine Nullstelle vorliegt. Die Gerade mit der Gleichung $y = 2$ soll Asymptote werden.

11. Gib für die Funktionenschar

$$f_a: x \mapsto \frac{8 a^3 x^3 + 1}{8 a x^2}$$

den maximalen Definitionsbereich, die Nullstellen, Pole, Extremwerte sowie die Asymptoten und Wendepunkte des Graphen an! Bestimme diejenigen Graphen der Schar, die die x-Achse unter dem Winkel 56,31° schneiden! Zeichne diese Graphen!

12. Bestimme für den Graphen der Funktion

$$f: x \mapsto \frac{5x - x^3}{x^2 + 3}.$$

Symmetrieeigenschaften, Nullstellen, Extremwerte, Wendepunkte, Asymptoten! Welche seiner Punkte haben von den Asymptoten den größten Abstand? Zeichnung für $|x| \leqq 3$.

Ergänzungen und Ausblicke

Anwendung einer Kurvendiskussion auf Optik, Elektrizitätslehre und Astronautik

Wir betrachten die Funktion $\varphi: x \mapsto \varphi(x) = y = \dfrac{cx}{x - c}$; $D_\varphi = \mathbb{R}_0^+$, $c \in \mathbb{R}^+$. Fig. 12.11.

Es ist $\varphi'(x) = -\dfrac{c^2}{(x - c)^2}$ und $\varphi'(0) = -1$. Wir stellen fest:

1. Nullstelle für $x = 0$. Gleichung der Tangente t (Halbgerade) an der Nullstelle: $y = -x$. In der Nähe des Ursprungs gilt daher: $\varphi(x) \approx -x$.
2. Einfacher Pol für $x = c$. Die Gerade s: $x = c$ ist senkrechte Asymptote.
3. $x > c \Rightarrow \varphi(x) > 0$; $x < c \Rightarrow \varphi(x) < 0$.
4. Umformung:
   $\varphi(x) = \dfrac{c}{1 - \frac{c}{x}}$; für $x \to \infty$ geht $\varphi(x)$ gegen c: $y = c$ ist die
   Gleichung der waagrechten Asymptote w.
5. Da $\varphi'(x) < 0$ für $x \neq c$, ist die Funktion abnehmend. Es gibt keinen Extremwert.
6. Schnittpunkt von G_φ mit der WH. des I. Quadranten: $x = y = 2c$.

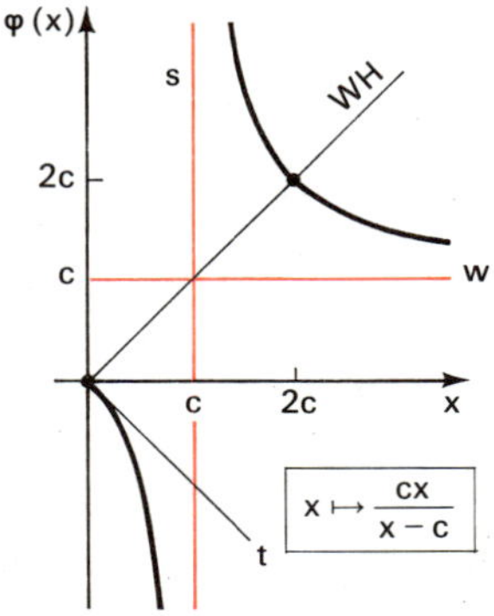

Fig. 12.11

In der Mathematik führt man die Diskussion dieser gebrochenrationalen Funktion durch, ohne danach zu fragen, welche Bedeutung man den Variablen x, y und c geben kann. Wir wollen bei dieser Funktion einmal Beispiele für Gebiete kennenlernen, in denen sie auftritt und überlegen, was unsere Ergebnisse jeweils besagen.

Wir wählen drei Beispiele aus Optik, Elektrizitätslehre und Astronautik.
In der ersten Spalte der folgenden Tabelle steht das mathematische Symbol bzw. die Funktionsgleichung, in den übrigen Spalten die Interpretation in der jeweiligen Anwendung.

Math. Symbol Gleichung	Bedeutung beim Beispiel aus der		
	Optik	Elektrizität	Astronautik
c	Brennweite f einer Sammellinse	Gesamtwiderstand R einer Parallelschaltung	Rotationszeit e der Erde $\approx$ 1 Tag
x	Gegenstandsweite g	Ein Teilwiderstand R_1	Umlaufzeit s eines Satelliten auf einer Äquatorbahn
y	Bildweite b	Der andere Teilwiderstand R_2	Zeit t zwischen zwei Meridiandurchgängen an einem Ort der Erde
$y = \dfrac{c\,x}{x - c}$	$b = \dfrac{f\,g}{g - f}$	$R_2 = \dfrac{R \cdot R_1}{R_1 - R}$	$t = \dfrac{e\,s}{s - e}$
$x \to \infty \Rightarrow y \to c$ nach (4)	Gegenstand in großer Entfernung, Bild fast in Brennebene	R_1 nahezu ein Isolator $R \approx R_2$	Bei langer Umlaufzeit bewegt sich der Satellit gegenüber den Fixsternen sehr langsam. Er kommt etwa nach 1 Tag wieder in Sicht (unser Mond!)
x wird kleiner $\Rightarrow y$ nimmt zu (5)	Gegenstand rückt näher, Bild entfernt sich von der Linse	Je mehr R_1 abnimmt, desto größer wird R_2	Bei kürzerer Umlaufzeit verspätet sich der Satellit täglich mehr
$x = y \Rightarrow$ $x = y = 2c$ (6)	Bild und Gegenstand in gleicher Entfernung 2 f	$R_1 = R_2 = 2\,R$ oder $R = \dfrac{R_1}{2} = \dfrac{R_2}{2}$	Wenn die Umlaufzeit 2 Tage beträgt, holen wir den Satelliten auch alle 2 Tage ein. Er ist 24 Stunden über und 24 Stunden unter dem Horizont (noch nicht realisiert)
$x \to c \Rightarrow \lvert y \rvert \to \infty$ Pol (2)	Gegenstand in der Brennebene, Bild rückt ins Unendliche	Wenn $R_1 = R$, muß R_2 ein Isolator sein	24-Stunden-Bahn. $t \to \infty$ Der Satellit steht über einem Ort der Erde still. Fernsehsatellit
$x < c \Rightarrow y$ negativ (3)	Gegenstand zwischen Brennebene und Linse, b negativ, virtuelles Bild	$R_1 < R$, R_2 negativ physikalisch sinnlos	Umlaufzeit s < 1 Tag, t negativ, d.h. der Satellit bewegt sich nicht mehr von Ost nach West, sondern umgekehrt. Er geht im Westen auf (Echo I)
$x \to 0 \Rightarrow y \approx -x$ (1) Kurve wird für kleine $\lvert x \rvert$ durch $y = -x$ approximiert	Gegenstand und virtuelles Bild etwa gleich weit von der Linse entfernt, wenn Gegenstand sehr nahe an der Linse		Schneller, d.h. tieffliegender Satellit. Umlaufzeit unterscheidet sich kaum von der Zeit zwischen zwei Durchgängen (z.B. Sojus, Skylab)

13. WEITERE FUNKTIONEN UND IHRE EIGENSCHAFTEN

13.1. Potenzfunktionen

13.1.1. Umkehrungen der ganzrationalen Potenzfunktionen

Wie wir bereits wissen, ist die ganzrationale Potenzfunktion

$$f_n: x \mapsto y = x^n; \quad \text{mit} \quad D = \mathbb{R}_0^+ \quad \text{und} \quad n \in \mathbb{N}$$

eine streng monoton wachsende und daher umkehrbare Funktion mit der Werte-menge $W_{f_n} = \mathbb{R}_0^+$. Lösen wir die Funktionsgleichung nach x auf, so wird jedem $y \in W_{f_n}$ wegen $x \in \mathbb{R}_0^+$ diejenige nicht-negative Zahl x zugeordnet, deren n-te Potenz y ist. Nach den in der Algebra[1] festgesetzten Definitionen ist also $x = y^{\frac{1}{n}}$.
Vertauschen wir wieder die Variablen x und y, so erhalten wir die Umkehrfunktion:

$$f_n^{-1}: x \mapsto y = x^{\frac{1}{n}}; \quad x \in \mathbb{R}_0^+ \quad \text{mit} \quad n \in \mathbb{N}$$

Neben $x^{\frac{1}{n}}$ ist auch die Wurzelschreibweise $\sqrt[n]{x}$ üblich; f_n^{-1} wird deshalb auch *Wurzel-funktion* genannt.
Der Graph $G_{f_n^{-1}}$ ergibt sich durch Spiegelung von G_{f_n} an der Winkelhalbierenden des I. und III. Quadranten (jeweils rot in Fig. 13.1 für $n = 2$ und in Fig. 13.2 für $n = 3$). Wegen $D_{f_n} = W_{f_n^{-1}} = \mathbb{R}_0^+$ nimmt f_n^{-1} keine negativen Werte an und ist nach Satz 2 in 10.1. streng monoton zunehmend.
Setzen wir f_n ohne Änderung des Funktionsterms in den Bereich der negativen x-Werte fort, so sind hinsichtlich der Umkehrbarkeit zwei Fälle zu unterscheiden:
Bei *geradzahligem* n geht wegen $(-x)^n = x^n$ die Umkehrbarkeit verloren. Dagegen ist die Funktion $\bar{f}_n: x \mapsto x^n; x \in \mathbb{R}_0^-$, deren Graph durch Spiegelung an der y-Achse aus G_{f_n} hervorgeht, streng monoton abnehmend und damit umkehrbar. Die Umkehr-funktion lautet:

$$\bar{f}_n^{-1}: x \mapsto -x^{\frac{1}{n}}; \quad x \in \mathbb{R}_0^+ \quad \text{(blauer Graph in Fig. 13.1 für } n = 2)$$

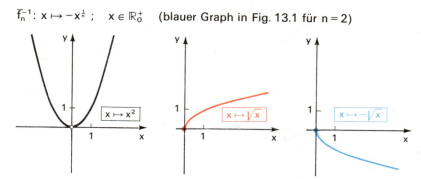

Fig. 13.1

Bei *ungeradzahligem* n tritt wegen $(-x)^n = -x^n$ diese Schwierigkeit nicht auf, die Funktion: $x \mapsto x^n; x \in \mathbb{R}$ ist überall streng monoton wachsend und daher umkehrbar. Aus algebraischen Gründen[2] definiert man jedoch den Term $x^{\frac{1}{n}}$ auch hier nicht für

---

[1] Vgl. H. Titze, H. Walter u. R. Feuerlein, Algebra 2, § 76.
[2] Beispiel: Bei der in $\mathbb{R}_0^+$ allgemeingültigen Gleichung $x^{\frac{1}{3}} = (x^{\frac{1}{6}})^2$ wäre sonst die linke Seite auch für nega-tives x definiert, die rechte nicht.

negative x-Werte. Die Umkehrfunktion zur Funktion

$$\bar{f}_n: x \mapsto x^n; \quad x \in \mathbb{R}_0^-,$$

deren Graph aus G_{f_n} durch Punktspiegelung am Ursprung hervorgeht, muß man daher für ungerades n in der Form

$$\bar{f}_n^{-1}: x \mapsto -(-x)^{\frac{1}{n}}; \quad x \in \mathbb{R}_0^-$$

schreiben (vgl. blauer Graph in Fig. 13.2 für n = 3).

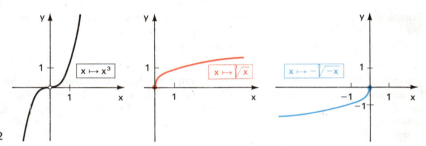

Fig. 13.2

1. Bilde die Umkehrfunktion zu folgenden Funktionen:
   a) f: $x \mapsto x^5$; $D_f = \mathbb{R}_0^+$
   b) f: $x \mapsto x^4$; $D_f = [1; 2]$
   c) f: $x \mapsto x^6$; $D_f = [-1; 0]$
   d) f: $x \mapsto x^5$; $D_f = \,]-\infty; -1]$
   e) f: $x \mapsto x^3$; $D_f = [-2; 3]$
   f) f: $x \mapsto x^5$; $D_f = [-1; 2]$

2. Gib zu den folgenden Funktionstermen f (x) jeweils ein möglichst großes rechtsseitig und ein möglichst großes linksseitig unbeschränktes Intervall J als Definitionsmenge an, so daß die Funktion f: $x \mapsto f(x)$; $x \in J$ umkehrbar ist! Bestimme jeweils die zugehörige Umkehrfunktion f^{-1}!
   a) $f(x) = x^2 - 4$
   b) $f(x) = (2-x)^2$
   c) $f(x) = \frac{1}{3}[1-(x+2)^2]$
   d) $f(x) = x^3 - 6x^2 + 12x - 7$
   e) $f(x) = x^4 - 5x^2 + 4$
   f) $f(x) = 8x^2 - x^4$

3. Gib für die folgenden Funktionsterme f (x) jeweils die Definitionsmenge $D_{f(x)}$ und die Wertemenge $W := f(D_{f(x)})$ an und zeichne den Graphen der zugehörigen Funktion:
   a) $f(x) = \sqrt{x}$
   b) $f(x) = \sqrt{x+2}$
   c) $f(x) = \sqrt{x} + 2$
   d) $f(x) = \sqrt{x-3}$
   e) $f(x) = 2\sqrt{x}$
   f) $f(x) = \sqrt{2x}$
   g) $f(x) = -\sqrt{x+4}$
   h) $f(x) = \sqrt{1-x}$
   i) $f(x) = (x+2)^{\frac{1}{3}}$
   k) $f(x) = \sqrt[3]{8-x}$
   l) $f(x) = \sqrt[3]{-1-x}$

13.1.2. Die allgemeine Potenzfunktion

Im vorigen Abschnitt haben wir für beliebiges $n \in \mathbb{N}$ zur Funktion

$$f_n: x \mapsto x^n; \quad x \in \mathbb{R}_0^+$$

die Umkehrfunktion

$$f_n^{-1}: x \mapsto x^{\frac{1}{n}}; \quad x \in \mathbb{R}_0^+$$

gefunden.
Wir können die Funktion f_n^{-1} als Potenzfunktion mit dem gebrochenen Exponenten $\frac{1}{n}$ auffassen und bezeichnen sie daher auch mit $f_{\frac{1}{n}}$.

Die Potenzfunktion mit einem beliebigen positiven rationalen Exponenten $\frac{m}{n}$ erhalten wir, in dem wir $x^{\frac{1}{n}}$ noch mit m potenzieren, d. h. darauf noch eine Potenzfunktion f_m mit $m \in \mathbb{N}$ anwenden.

Die Funktion $f_{\frac{m}{n}} : x \mapsto y = x^{\frac{m}{n}};\ x \in \mathbb{R}_0^+$ mit $(m, n) \in \mathbb{N} \times \mathbb{N}$ kann also als Verkettung

$$f_{\frac{m}{n}} = f_m \circ f_{\frac{1}{n}}$$

aufgefaßt werden. Da für alle $x \in \mathbb{R}_0^+$ gilt $(x^{\frac{1}{n}})^m = (x^m)^{\frac{1}{n}}$, können wir ebenso schreiben

$$f_{\frac{m}{n}} = f_{\frac{1}{n}} \circ f_m \qquad \text{(vgl. Aufgabe 1).}$$

Potenzieren wir in der Funktionsgleichung $y = x^{\frac{m}{n}}$ beide Seiten mit n, so erhalten wir die für $x \in \mathbb{R}_0^+$ und $y \in \mathbb{R}_0^+$ dazu äquivalente Gleichung $y^n = x^m$.
Wir können die Funktion $f_{\frac{m}{n}}$ daher auch als Relation

$$f_{\frac{m}{n}} = \{(x; y) \in \mathbb{R}_0^+ \times \mathbb{R}_0^+ \,|\, x^m - y^n = 0\}$$

schreiben. Man nennt dies die *implizite Form* der Potenzfunktion $f_{\frac{m}{n}}$. Warum ist die Einschränkung auf die Grundmenge $\mathbb{R}_0^+ \times \mathbb{R}_0^+$ dabei nach 13.1.1. notwendig?
Zur Potenzfunktion mit einem negativen rationalen Exponenten $-\frac{m}{n}$ mit m, n $\in \mathbb{N}$ gelangen wir dadurch, daß wir von $x^{\frac{m}{n}}$ zum Kehrwert $x^{-\frac{m}{n}} = (x^{\frac{m}{n}})^{-1}$ übergehen, d. h. $f_{\frac{m}{n}}$ mit der Funktion $f_{-1} : x \mapsto \frac{1}{x};\ x \in \mathbb{R}^+$ verketten:

$$f_{-\frac{m}{n}} = f_{-1} \circ f_{\frac{m}{n}} = f_{\frac{m}{n}} \circ f_{-1}$$

Man sieht sofort ein, daß sich die Funktion $f_{-\frac{m}{n}}$ auch durch die Verkettungen $f_{-m} \circ f_{\frac{1}{n}} = = f_{\frac{1}{n}} \circ f_{-m}$ definieren läßt.
Da die Funktionen f_{-1} und f_{-m} an der Stelle 0 nicht definiert sind, muß auch die Definitionsmenge von $f_{-\frac{m}{n}}$ auf $\mathbb{R}^+$ reduziert werden. Damit haben wir für ein beliebiges $q \in \mathbb{Q}$ die Funktion

$$f_q : x \mapsto x^q;\quad D_q = \begin{cases} \mathbb{R}_0^+ & \text{für}\quad q > 0 \\ \mathbb{R}^+ & \text{für}\quad q \leqq 0 \end{cases}$$

definiert. Fig. 13.3 zeigt die Graphen für einige Werte von q.

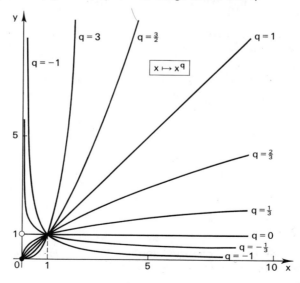

Fig. 13.3

Zur allgemeinsten Potenzfunktion: $x \mapsto x^r$; $x \in \mathbb{R}^+$ mit beliebigem $r \in \mathbb{R}$ kann man gelangen, in dem man für die Zahl r eine Intervallschachtelung mit rationalen Intervallgrenzen konstruiert[1]. Abschnitt 11.2. erlaubt uns eine noch einfachere Definition: Wir können für $x \in \mathbb{R}^+$ schreiben $x = e^{\ln x}$ und dann $x^r := e^{r \ln x}$ setzen.

Aufgaben

1. Zeige, daß die Menge G aller Funktionen $f_q: x \mapsto x^q$ mit $x \in \mathbb{R}_0^+$ und $q \in \mathbb{Q}^+$ bezüglich der Verkettung eine kommutative Gruppe bildet! Zu welcher anderen Gruppe ist sie isomorph?

2. Führe den oben angedeuteten Weg zur Definition von x^r mit $r \in \mathbb{R}$ durch eine geeignete Intervallschachtelung mit rationalen Exponenten genauer durch!

3. Bestimme die Definitionsmengen der folgenden Terme:

   a) $f(x) = \dfrac{\sqrt{8-x}}{x}$

   b) $f(x) = \dfrac{\sqrt{x^2-4}}{x^{\frac{1}{3}} - x^{-\frac{1}{3}}}$

   c) $f(x) = \dfrac{\sqrt{x-3}}{\sqrt{5x-x^2-4}}$

   d) $f(x) = \sqrt{\dfrac{x^2-4}{x^2-1}}$

   e) $f(x) = (e^x - 1)^{-\frac{1}{3}}$

   f) $f(x) = \sqrt[3]{\ln(x^2-1)}$

   g) $f(x) = \dfrac{1}{\sqrt{\sin x}}$

   h) $f(x) = \ln(x - \sqrt{x^2-1})$

13.1.3. Ableitung und Integration der Potenzfunktion

Die Ableitung der Funktion

$$f_{\frac{1}{n}} = f_n^{-1}: x \mapsto x^{\frac{1}{n}}; \quad x \in \mathbb{R}_0^+ \quad \text{mit} \quad n \in \mathbb{N}$$

gewinnen wir aus dem Ableitungssatz für die Umkehrfunktion in 10.2. Die Funktion $f_n: x \mapsto x^n$; $x \in \mathbb{R}_0^+$ hat die Ableitungsfunktion

$$f_n': x \mapsto n x^{n-1}; \quad x \in \mathbb{R}_0^+.$$

Für $x \in \mathbb{R}^+$ ist $f_n'(x) > 0$ und daher gilt für alle $x \in f_n(\mathbb{R}^+) = \mathbb{R}^+$:

$$(f_n^{-1})'(x) = \frac{1}{f_n'(f_n^{-1}(x))} = \frac{1}{n(x^{\frac{1}{n}})^{n-1}} = \frac{1}{n x^{1-\frac{1}{n}}} = \frac{1}{n} x^{\frac{1}{n}-1}$$

Wir stellen fest, daß sich die Ableitung für den Potenzterm $x^{\frac{1}{n}}$ formal in der gleichen Weise ergibt wie für x^n. Wir wollen jetzt zeigen, daß diese Ableitungsregel sogar für jeden beliebigen rationalen Exponenten q gilt. Da 0^q für $q \leq 0$ nicht definiert ist, müssen wir uns dabei auf die Definitionsmenge $\mathbb{R}^+$ beschränken. Wir behaupten also folgenden

Satz:

Die Funktion $f_q: x \mapsto x^q$; $D = \mathbb{R}^+$ mit $q \in \mathbb{Q}$ ist in $\mathbb{R}^+$ differenzierbar und hat die Ableitungsfunktion $f_q': x \mapsto q x^{q-1}$; $D' = \mathbb{R}^+$.

---

[1] Vgl. H. Titze, H. Walter und R. Feuerlein, Algebra 2, § 81.

Beweis:

Die rationale Zahl q können wir in der Form $q = \frac{m}{n}$ mit $m \in \mathbb{Z}$ und $n \in \mathbb{N}$ schreiben. Dann ist $x^q = (x^{\frac{1}{n}})^m$. Wir können f_q daher als Verkettung der Funktionen $f_n^{-1}: x \mapsto u = x^{\frac{1}{n}}; x \in \mathbb{R}$ und $f_m: u \mapsto u^m$; $u \in \mathbb{R}^+$ auffassen und auf diese beiden (differenzierbaren!) Funktionen die Kettenregel anwenden. Sie liefert für $x \in \mathbb{R}^+$:

$$f_q'(x) = f_m'(u) \cdot (f_n^{-1})'(x) = mu^{m-1} \cdot \frac{1}{n}x^{\frac{1}{n}-1} = \frac{m}{n}x^{\frac{m-1}{n}} \cdot x^{\frac{1}{n}-1} = \frac{m}{n}x^{\frac{m}{n}-1} = qx^{q-1}$$

Bemerkung: In der nachfolgenden Aufgabe 2 werden wir uns davon überzeugen können, daß die eben abgeleitete Beziehung über die rationalen Zahlen hinaus für jeden beliebigen reellen Exponenten gilt.

Mit der Differenzierbarkeit ist auch die Stetigkeit der Funktion f_q in $\mathbb{R}^+$ nachgewiesen. Für $q > 0$ ist f_q an der Stelle 0 noch rechtsseitig stetig (warum?). Der Term der Ableitungsfunktion f_q' ist dagegen schon für $q < 1$ an der Stelle 0 nicht mehr definiert. Für $0 < q < 1$ trifft der Graph im Ursprung unter einem rechten Winkel auf die x-Achse (vgl. Fig. 13.3).

Unter zusätzlicher Benützung der Kettenregel können wir nun auch komplizierter aufgebaute Wurzelfunktionen differenzieren:

Beispiel: $f: x \mapsto \sqrt[3]{x^3 + 6x} + \sqrt[4]{(1-x)^3}; \; x \in \,]0; 1[$

In der Potenzschreibweise ist $f(x) = (x^3 + 6x)^{\frac{1}{3}} + (1-x)^{\frac{3}{4}}$. Als Ableitung ergibt sich mit Verwendung der Kettenregel:

$f'(x) = \frac{1}{3}(x^3 + 6x)^{-\frac{2}{3}} \cdot (3x^2 + 6) + \frac{3}{4}(1-x)^{-\frac{1}{4}} \cdot (-1)$, also

$$f': x \mapsto \frac{x^2 + 2}{\sqrt[3]{(x^3 + 6x)^2}} - \frac{3}{4\sqrt[4]{1-x}}; \qquad x \in \,]0; 1[$$

Wenden wir unsere Ableitungsregel auf die Funktion $f_{q+1}: x \mapsto x^{q+1}; \; x \in \mathbb{R}^+$ an, so ergibt sich

$$f_{q+1}'(x) = (q+1)x^q$$

Daraus erhalten wir nach 8.3. sofort die Integrationsregel

$$\int x^q \, dx = \frac{x^{q+1}}{q+1} + C \quad \text{mit} \quad q \neq -1$$

Bemerkung: Der hier wegen des Nenners ausgeschlossene Fall $q = -1$ wurde bereits in Abschnitt 11 ausführlich behandelt.

Die gefundene Integrationsregel gilt gemäß Aufgabe 2 für jedes $q \in \mathbb{R} \setminus \{-1\}$

1. Beispiel: $\int\limits_a^b \sqrt{x} \, dx = \int\limits_a^b x^{\frac{1}{2}} \, dx = [\frac{2}{3}x^{\frac{3}{2}}]_a^b = \frac{2}{3}(b^{\frac{3}{2}} - a^{\frac{3}{2}}); \; a, b \in \mathbb{R}_0^+$

2. Beispiel: $\int\limits_a^1 \frac{dx}{\sqrt{x}} = \int\limits_a^1 x^{-\frac{1}{2}} \, dx = [2x^{\frac{1}{2}}]_a^1 = 2 - 2\sqrt{a} \quad \text{für} \quad a \in \mathbb{R}^+$

Hier fällt auf, daß der Ergebnisterm für $a \to 0 + 0$ dem Grenzwert 2 zustrebt, obwohl die Integrandenfunktion für $x = 0$ nicht definiert ist (vgl. Abschnitt 15).

Bemerkung: Eine Funktion wie $f: x \mapsto \sqrt{x^3 + 1}; \; x \in \mathbb{R}^+$ läßt sich nicht mit Hilfe unserer obigen Beziehung integrieren. Es gibt nämlich in der Integralrechnung keine Regel, die der Kettenregel der Differentialrechnung entspricht, die es also gestatten würde, eine zusammengesetzte Funktion zu integrieren, wenn die Einzelfunktionen integriert werden können.

Aufgaben

1. Die folgenden Funktionen $f: x \mapsto f(x); \; x \in D_{f(x)}$ sind zu differenzieren. Gib jeweils die Differenzierbarkeitsmenge an! Bei den trigonometrischen Funktionen genügt jeweils die Teilmenge innerhalb einer Periode.

a) $f(x) = x^{\frac{2}{5}}$

b) $f(x) = \sqrt{x+1}$

c) $f(x) = \sqrt{-x}$

d) $f(x) = (2-x)^{\frac{1}{3}}$

e) $f(x) = \sqrt{x^2-1}$

f) $f(x) = \sqrt{(x-1)^3}$

g) $f(x) = \sqrt{\sin x}$

h) $f(x) = \sqrt{x \cos x}$

i) $f(x) = \sqrt{(x-1)(x+2)}$

k) $f(x) = \left(\dfrac{x}{x-1}\right)^{\frac{1}{3}}$

l) $f(x) = \dfrac{1}{\sqrt{x}}$

m) $f(x) = (x+1)^{-\frac{2}{3}}$

n) $f(x) = (1-x^2)^{-\frac{3}{2}}$

o) $f(x) = \dfrac{x-1}{\sqrt{x+1}}$

p) $f(x) = \ln |x + \sqrt{x^2 - a^2}|$

q) $f(x) = \dfrac{x}{2}\sqrt{a^2+x^2} + \dfrac{a^2}{2}\ln(x+\sqrt{a^2+x^2})$

2. Beweise, daß die Funktion

$f_r: x \mapsto x^r; \qquad D = \mathbb{R}^+ \quad$ für jedes $\quad r \in \mathbb{R} \quad$ die Ableitung

$f_r': x \mapsto rx^{r-1}; \quad D' = \mathbb{R}^+ \quad$ hat!

Hinweis: Setze $x^r = e^{r \ln x}$.

3. Berechne die Maßzahl A des Flächenstücks zwischen den Graphen der beiden für $x \in \mathbb{R}$ definierten Funktionen

$$f_a: x \mapsto \frac{x^2}{a} \qquad \text{und} \qquad g_a: x \mapsto -ax^2 + 1 \qquad \text{mit} \qquad a \in \mathbb{R} \setminus \{0\}$$

Diskutiere den für A erhaltenen Term in Abhängigkeit vom Parameter a (maximal zulässige Definitionsmenge, Extrema, Verhalten am Rand)!

4. Differenziere die Funktion $f: x \mapsto \sqrt{x} \cdot \sqrt[3]{x^2}; \; x \in \mathbb{R}^+$

a) mit der Produktregel,

b) nach vorheriger Zusammenfassung mit Hilfe der Potenzgesetze!

5. Zeige, daß die Funktion

$$f: x \mapsto \begin{cases} \frac{1}{2}x^2 - 2x + 3; & x \in \,]-\infty; 1[\\ \frac{5}{2} - x; & x \in [1; \infty[\end{cases}$$

in ganz $\mathbb{R}$ differenzierbar und umkehrbar ist!
Bestimme f^{-1} und $(f^{-1})'$ und zeichne in verschiedenen Farben die Graphen G_f und $G_{f^{-1}}$!

6. Gegeben ist die Funktion $f: x \mapsto f(x) = \sqrt{(1-x)(x+2)}; \; D_f = D_{f(x)}$.

a) Bestimme D_f!

b) Welche Wertemenge hat f?

c) In welchem Teilbereich von D_f ist f umkehrbar (2 Möglichkeiten)?
Wie lautet in beiden Fällen die Umkehrfunktion?

d) Welche der beiden Umkehrfunktionen hat mit f ein Wertepaar gemeinsam und wie findet man dieses auf möglichst einfache Weise?

Ein Erdsatellit umfliegt die Erde auf einer Kreisbahn in h km Höhe; der Erdradius sei r km.

a) Berechne die Entfernung y des Satelliten S vom Beobachter B auf der Erdoberfläche als Funktion des Winkels $x = \sphericalangle \, SMB$ (M Erdmittelpunkt; Winkel im Bogenmaß)!

b) Die Umlaufzeit beträgt U Sekunden. Gib damit x als Funktion der Zeit t an!

c) Berechne die Radialgeschwindigkeit des Satelliten in bezug auf den Beobachter, d. h. die Ableitung $\dot{y}$!

Bemerkung: Diese Radialgeschwindigkeit kann durch den Dopplereffekt der Funksignale gemessen werden.

8. Gib die folgenden („unbestimmten") Integrale an:

a) $\int x^{\frac{1}{3}} dx$ b) $\int \left(x\sqrt{x} - \dfrac{x}{\sqrt{x}} \right) dx$ c) $\int x^{-\frac{3}{5}} dx$

9. Berechne die Integrale

a) $\displaystyle\int_{0}^{1} \sqrt{x^3}\, dx$ b) $\displaystyle\int_{1}^{8} \dfrac{x^2}{x^{\frac{2}{3}}}\, dx$ c) $\displaystyle\int_{4}^{9} \dfrac{1-x}{\sqrt{x}}\, dx$ d) $\displaystyle\int_{4}^{0} (1+\sqrt{x})^2\, dx$

13.2. Implizite Differentiation

13.2.1. Einführung

Wir betrachten die Funktion $f: x \mapsto y = \sqrt{x};\ x \in \mathbb{R}^+$.

Alle Paare $(x; y) \in f$ gehören auch zur Relation $\{(x; y) \in \mathbb{R} \times \mathbb{R} \,|\, y^2 - x = 0\}$. (Beachte, daß die Umkehrung dazu nicht gilt!)

Beschränken wir uns auf diese Paare $(x; y) \in f$, so können wir y durch $f(x) = \sqrt{x}$ ersetzen und damit wird der zwei Variable enthaltende Term $y^2 - x = F(x; y)$ zu einem Term $F(x; f(x)) = \Phi(x)$ der Variablen x allein. Da die Funktion Φ für alle $x \in \mathbb{R}^+$ mit der Nullfunktion identisch ist, erhalten wir durch Differentiation nach der Kettenregel, wobei wir y und y' als Abkürzungen für $f(x)$ bzw. $f'(x)$ verwenden:

$$\Phi'(x) = 2yy' - 1 = 0, \qquad \text{also} \qquad y' = \frac{1}{2y} = \frac{1}{2\sqrt{x}}; \qquad \text{für alle } x \in \mathbb{R}^+$$

Wir gewinnen auf diese Weise als y' die uns bereits bekannte Ableitung der Funktion f. Man nennt dieses Verfahren *implizite Differentiation*. Wie man sofort sieht, erfüllen auch die Elemente $(x; y)$ der Funktion $f^*: x \mapsto y = -\sqrt{x}$ mit $x \in \mathbb{R}^+$ die Gleichung $y^2 - x = 0$. Was erhält man in entsprechender Weise für die Ableitung von f^*? Welches Problem ergibt sich bei dieser Methode für das Paar $(0; 0)$?

Das Verfahren der impliziten Differentiation läßt sich folgendermaßen verallgemeinern: Gehören die Elemente $(x; y)$ einer Funktion $f: x \mapsto y = f(x);\ x \in D$ zur Relation $\{(x; y) \in \mathbb{R} \times \mathbb{R} \,|\, F(x; y) = 0\}$, dann stellt $\Phi: x \mapsto \Phi(x) = F(x; f(x))$ eine Funktion von x dar, die für alle $x \in D$ den konstanten Wert 0 hat. Es gilt daher $\Phi'(x) = 0$ innerhalb der Differentiationsmenge der Funktion f (vgl. 4.2.2.). Durch gliedweises Differenzieren der linken Seite der Funktion Φ unter Beachtung der Kettenregel erhalten wir einen Ausdruck der $y' = f'(x)$ nur linear enthält und daher nach y' aufgelöst werden kann, wenn der Faktor von y' von Null verschieden ist.

13.2.2. Weitere Beispiele

1. Beispiel: Die allgemeine Potenzfunktion $f: x \mapsto y = x^{\frac{m}{n}};\ x \in \mathbb{R}^+$ mit $m \in \mathbb{Z} \wedge n \in \mathbb{N}$ erfüllt die Relation $y^n - x^m = 0$.

Durch Differenzieren ergibt sich $n y^{n-1} \cdot y' - m x^{m-1} = 0$ und daraus

$$y' = \frac{m}{n} \frac{x^{m-1}}{y^{n-1}} = \frac{m}{n} x^{m-1} \cdot (x^{\frac{m}{n}})^{1-n} = \frac{m}{n} x^{\frac{mn-n+m-mn}{n}} = \frac{m}{n} x^{\frac{m}{n}-1}$$

für alle $x \in \mathbb{R}^+$, wie wir aus 13.1.3. bereits wissen.

2. Beispiel: Alle Paare der Funktion

$$f: x \mapsto y = \frac{1}{\sqrt{x^2+1}} \; ; \quad x \in \mathbb{R}$$

erfüllen die Gleichung

$$y^2 = \frac{1}{x^2+1}, \quad \text{also} \quad y^2 x^2 + y^2 - 1 = 0.$$

Nach der Produkt- und der Kettenregel ergibt sich

$$2yy'x^2 + 2y^2 x + 2yy' = 0$$

und daraus

$$y' = \frac{-xy}{x^2+1}.$$

(Das Kürzen mit y ist dabei wegen $f(x) \neq 0$ für alle $x \in \mathbb{R}$ erlaubt.)
Setzen wir für y den Term von f ein, so erhalten wir daraus

$$y' = f'(x) = -\frac{x}{(x^2+1)^{\frac{3}{2}}}$$

Prüfe selbst nach, daß man durch das übliche Differenzieren zum gleichen Ergebnis gelangt.

3. Beispiel: Betrachten wir nun die gegenüber dem 2. Beispiel nur geringfügig veränderte Relation $y^2 x^2 + y^2 + 4 = 0$ in der Grundmenge $\mathbb{R} \times \mathbb{R}$, so würde sich durch implizites Differenzieren auch hier ergeben:

$$y' = \frac{-yx}{x^2+1}.$$

Diese Beziehung ist hier aber offenbar sinnlos, da es überhaupt kein Paar $(x; y) \in \mathbb{R} \times \mathbb{R}$ gibt, das die Relation $y^2 x^2 + y^2 + 4 = 0$ erfüllt (warum nicht?).

4. Beispiel: Als Beispiel einer für uns nicht nach y auflösbaren Funktion hatten wir im 3. Beispiel von 2.2.3. folgende Funktion behandelt:

$$f = \{(x; y) \,|\, x \in \mathbb{R}_0^+ \wedge x - y^3 + 3y - 2 = 0\}$$

Aus $x - y^3 + 3y - 2 = 0$ erhalten wir durch implizites Differenzieren:

$$1 - 3y^2 y' + 3y' = 0 \quad \text{also} \quad y' = \frac{1}{3(y^2-1)} \quad \text{für} \quad |y| \neq 1$$

Wir finden auf diese Weise die Ableitung der Funktion, obwohl wir y gar nicht explizit als Funktion von x schreiben können. Allerdings können wir auf der rechten Seite auch y nicht durch x ausdrücken. Immerhin ist es jetzt möglich, für spezielle Wertepaare $(x; y) \in f$ die Ableitung anzugeben. So ist z. B. $(4; 2) \in f$; für diese Stelle gilt:

$$y' = \frac{1}{3 \cdot (4-1)} = \frac{1}{9}$$

Weitere Beispiele dieser Art werden wir später noch kennenlernen.

13.2.3. Ergänzungen

Wie wir schon beim 3. Beispiel gesehen haben, ist beim impliziten Differenzieren Vorsicht geboten. Wir fragen daher, welche Voraussetzungen erfüllt sein müssen, damit das Ergebnis der Rechnung sinnvoll ist. Dazu stellen wir fest:

Es muß zunächst ein Paar $(x_0; y_0)$ geben, das zur Relation $\{(x; y) \in \mathbb{R} \times \mathbb{R} \mid F(x; y) = 0\}$ gehört. Eingeschränkt auf eine geeignet gewählte Umgebung von $(x_0; y_0)$ muß die Erfüllungsmenge dieser Relation eine Funktion f definieren. Zur Anwendung der Kettenregel müssen ferner alle auftretenden Einzelfunktionen in dieser Umgebung differenzierbar sein. Schließlich muß es möglich sein, die durch Differenzieren erhaltene Gleichung nach y′ aufzulösen, d. h. der Faktor von y′ muß für das Wertepaar $(x_0; y_0)$ von Null verschieden sein. Wir wollen hier nicht genauer untersuchen, wie diese Eigenschaften untereinander zusammenhängen. Darüber gibt der folgende Satz Auskunft, den wir hier ohne Beweis angeben:

Satz:

Wenn die Relation $R = \{(x; y) \in \mathbb{R} \times \mathbb{R} \mid F(x; y) = 0\}$ das Wertepaar $(x_0; y_0)$ enthält, die implizite Differentiation durchgeführt und die entstehende Gleichung nach y′ aufgelöst werden kann, so definiert die Relation R, eingeschränkt auf eine geeignet gewählte Umgebung von $(x_0; y_0)$, eine differenzierbare Funktion, deren Ableitung für das Paar $(x_0; y_0)$ durch y′ gegeben ist.

Aufgaben

1. Bei den nachfolgenden Funktionen ist die Ableitung implizit zu ermitteln und das Ergebnis durch gewöhnliches Differenzieren zu kontrollieren:

   a) $f: x \mapsto y = \dfrac{1}{x}$; $x \in \mathbb{R} \setminus \{0\}$

   b) $f: x \mapsto y = \sqrt{x^2 + 1}$; $x \in \mathbb{R}$

   c) $f: x \mapsto y = (x^4 + 1)^{-\frac{1}{3}}$; $x \in \mathbb{R}$

   d) $f: x \mapsto y = 1 + \sqrt{2x - x^2}$; $x \in \ ]0; 2[$

   e) $f: x \mapsto y = \dfrac{x - 1}{x^2 - 2}$; $x \in D_{f(x)}$ f) $f: x \mapsto y = \dfrac{2}{\sqrt{1 + x^2}}$; $x \in D_{f(x)}$ g) $f: x \mapsto y = \dfrac{3(x - 1)}{\sqrt{e^x - 1}}$; $x \in D_{f(x)}$

2. In der Grundmenge $\mathbb{R} \times \mathbb{R}$ sind die folgenden Relationen R gegeben, die sich in der Form $R = f_1 \cup f_2$ in zwei stetige Funktionen zerlegen lassen. Bestimme jeweils die Funktionen f_1 und f_2 und differenziere sie implizit! Wo sind f_1 bzw. f_2 nicht differenzierbar? Zeichne auch die Graphen der Funktionen!

   a) $R = \{(x; y) \mid y^2 - 4x = 0\}$

   b) $R = \{(x; y) \mid x^2 + y^2 = 9\}$

   c) $R = \{(x; y) \mid (x - 4)^2 + (y - 3)^2 = 9\}$

   d) $R = \{(x; y) \mid x^2 - y^2 = 0\}$

   e) $R = \{(x; y) \mid y^2 - 3xy - 4x^2 = 0\}$

   f) $R = \{(x; y) \mid (x - y)^2 = x^2 - y^2\}$

   g) $R = \{(x; y) \mid x^2 + 2xy + y^2 = x + y\}$

   h) $R = \{(x; y) \mid y^2 - 4y - x = 0\}$

3. Beweise den Ableitungssatz für die Umkehrfunktion (Satz 3 in 10.2.) durch implizite Differentiation!

   Hinweis: Alle Elemente von f^{-1} erfüllen die Gleichung $x - f(y) = 0$.

4. Gegeben sind die folgenden Relationen R in der Grundmenge $\mathbb{R} \times \mathbb{R}$. Ist auf Grund des Satzes in 13.2.3. durch R eine differenzierbare Funktion in der Umgebung einer Stelle $(x_0; y_0)$ definiert? Gib, falls es möglich ist, eine derartige Stelle und die Ableitung der Funktion dort an!

   a) $R = \{(x; y) \mid y + y^2 - x = 0\}$

   b) $R = \{(x; y) \mid x^2 + y^2 = 0\}$

   c) $R = \{(x; y) \mid x^2 + y^2 - 2x + 2 = 0\}$

   d) $R = \{(x; y) \mid y + y^4 + 3x - x^2 = 0\}$

13.3. Durch algebraische Gleichungen definierte Relationen und Funktionen

13.3.1. Begriffsbestimmungen

In 13.1.2. haben wir bereits davon gesprochen, daß alle Elemente (x; y) der Potenzfunktion f: $x \mapsto y = x^{\frac{m}{n}}$ mit $x \in \mathbb{R}_0^+$ und $(m; n) \in \mathbb{N} \times \mathbb{N}$ die algebraische Gleichung $x^m - y^n = 0$ erfüllen. f ist also eine Teilmenge der Relation

$$R = \{(x; y) \in \mathbb{R} \times \mathbb{R} \mid x^m - y^n = 0\}.$$

x^m und y^n sind besonders einfache Polynome der Variablen x und y.

Zu sehr viel allgemeineren Relationen gelangt man, wenn man von beliebigen Polynomen ausgeht:

Definition:

> Eine Relation $R \subseteq \mathbb{R} \times \mathbb{R}$ heißt *algebraisch*, wenn sie Lösungsmenge einer Gleichung der Form
>
> $$P_n(x) y^n + P_{n-1}(x) y^{n-1} + \ldots + P_1(x) y + P_0(x) = 0; \quad \text{mit} \quad n \in \mathbb{N} \quad (1)$$
>
> ist. Dabei sind die $P_v(x)$ für $0 \leqq v \leqq n$ Polynome der Variablen x mit reellen Koeffizienten. Eine Gleichung der Form (1) nennen wir *algebraische Gleichung*.

Bemerkung: In der Definition sind x und y in Wirklichkeit gleichberechtigt, da man ja alle Ausdrücke $P_v(x) y^v$ für $0 \leqq v \leqq n$ ausmultiplizieren und auch nach Potenzen von x zusammenfassen kann.

Beispiele:

a) $R_1 := \{(x; y) \in \mathbb{R} \times \mathbb{R} \mid 5y + 3x - 10 = 0\}$

Da die Gleichung eindeutig nach y aufgelöst werden kann, handelt es sich um eine Funktion mit der Zuordnungsvorschrift $x \mapsto 2 - \frac{3}{5}x$; $x \in \mathbb{R}$.

b) $R_2 := \{(x; y) \in \mathbb{R} \times \mathbb{R} \mid (x^2 + 2x - 3) y - 4x + 1 = 0\}$

Auch hier liegt eine Funktion vor mit der Zuordnungsvorschrift

$$x \mapsto \frac{4x - 1}{x^2 + 2x - 3}; \quad x \in \mathbb{R} \setminus \{1; -3\}$$

Die Relation R_2 zeigt außerdem, daß alle rationalen Funktionen algebraische Relationen sind.

c) $R_3 := \{(x; y) \in \mathbb{R} \times \mathbb{R} \mid x^2 - y^2 = 0\}$

Die Relation R_3 kann auf verschiedene Weisen in jeweils *zwei* Funktionen zerlegt werden (Fig. 13.4). Neben der Zerlegung in die beiden stetigen (und differenzierbaren!) Funktionen mit den Zuordnungsvorschriften $x \mapsto x$; $x \in \mathbb{R}$ und $x \mapsto -x$; $x \in \mathbb{R}$ gibt es unendlich viele Zerlegungsmöglichkeiten in unstetige Funktionen, z. B. $x \mapsto x$ für $x \in \mathbb{Q}$ und $x \mapsto -x$ für $x \in \mathbb{R} \setminus \mathbb{Q}$. Im vorliegenden Fall ist sogar noch eine zweite Zerlegung in stetige Funktionen möglich, nämlich $x \mapsto |x|$; $x \in \mathbb{R}$ und $x \mapsto -|x|$; $x \in \mathbb{R}$.[1]

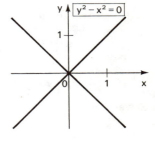

Fig. 13.4

---

[1] Funktionen, die Teilmengen einer algebraischen Relation sind und gewisse Differenzierbarkeitseigenschaften aufweisen, nannte man früher *algebraische Funktionen*. Da das Beispiel zeigt, daß die allgemeine Festlegung dieser Differenzierbarkeitseigenschaften recht kompliziert werden kann, verzichten wir auf den Begriff der algebraischen Funktion.

d) $R_4 := \{(x; y) \in \mathbb{R} \times \mathbb{R} \,|\, y^2 - 2xy + 2x^2 - 1 = 0\}$

Diese Relation läßt sich entsprechend zerlegen in die Funktionen mit den Zuordnungsvorschriften

$$x \mapsto x + \sqrt{1 - x^2}\,; \quad x \in [-1; 1]$$

und

$$x \mapsto x - \sqrt{1 - x^2}\,; \quad x \in [-1; 1].$$

Fig. 13.5.

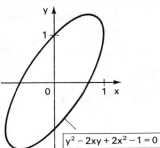

Fig. 13.5

$y^2 - 2xy + 2x^2 - 1 = 0$

e) $R_5 := \{(x; y) \in \mathbb{R} \times \mathbb{R} \,|\, x^2 + y^2 + 1 = 0\}$

Die Relation R_5 wird von keinem einzigen Wertepaar $(x; y)$ erfüllt. $R_5 = \emptyset$.

f) $R_6 := \{(x; y) \in \mathbb{R} \times \mathbb{R} \,|\, 9y^2 + 54y + 4x^2 - 8x + 49 = 0\}$

R_6 gehört zu einem Typ von Relationen, die in der Analytischen Geometrie, aber auch in der Physik von Bedeutung sind und mit denen wir uns im folgenden Abschnitt näher befassen werden.

g) $R_7 := \{(x; y) \in \mathbb{R} \times \mathbb{R} \,|\, y^5 x^6 + 3y^4 x^3 - 2y^3 x^2 - 2 = 0\}$

R_7 kann in der üblichen Weise nicht mehr explizit in eine oder mehrere Funktionen zerlegt werden.

13.3.2. Quadratische Relationen

Wir betrachten jetzt eine Gleichung der Form

$$Ax^2 + By^2 + Cx + Dy + E = 0 \quad \text{mit} \quad (A; B) \neq (0; 0) \tag{#}$$

Ihre Erfüllungsmenge R nennen wir *allgemeine quadratische Relation*[1]. Wir wissen bereits, daß der Graph der Relation (#) bei spezieller Wahl der Formvariablen A bis E ein Kreis oder eine Parabel sein kann. Zur allgemeinen Untersuchung müssen wir eine Reihe von Fällen unterscheiden:

I. $A \neq 0 \wedge B \neq 0$

In diesem Fall können wir die Gleichung (#) bei x und y quadratisch ergänzen:

$$A \left[x^2 + \frac{C}{A} x + \left(\frac{C}{2A} \right)^2 \right] + B \left[y^2 + \frac{D}{B} y + \left(\frac{D}{2B} \right)^2 \right] = \frac{C^2}{4A} + \frac{D^2}{4B} - E \Leftrightarrow$$

$$A \left(x + \frac{C}{2A} \right)^2 + B \left(y + \frac{D}{2B} \right)^2 = \frac{BC^2 + AD^2 - 4ABE}{4AB}$$

Setzen wir

$$\bar{x} := x + \frac{C}{2A}\,; \quad \bar{y} := y + \frac{D}{2B} \quad \text{sowie} \tag{1}$$

$$C^* := \frac{BC^2 + AD^2 - 4ABE}{4AB} \tag{2}$$

---

[1] Auf quadratische Relationen, die auch noch ein gemischtes Glied xy enthalten, werden wir im nachfolgenden Ergänzungsabschnitt kurz eingehen. Der ausgeschlossene Sonderfall $(A; B) = (0; 0)$ führt bekanntlich auf *lineare* Relationen, deren Graphen Gerade sind.

so können wir (#) auch in der Form

$$A\bar{x}^2 + B\bar{y}^2 = C^*$$

schreiben.

Die Gleichungen (1) lassen sich als Translation des Koordinatensystems um den Vektor

$$\vec{m} = \begin{pmatrix} -\dfrac{C}{2A} \\[2mm] -\dfrac{D}{2B} \end{pmatrix}$$

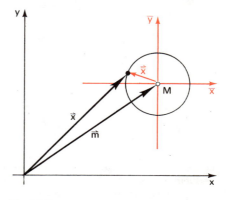

Fig. 13.6

auffassen. Fig. 13.6 zeigt, daß $\vec{\bar{x}} = \vec{x} - \vec{m}$. Der Punkt M mit dem Ortsvektor $\vec{m}$ ist der Koordinatenursprung des $\bar{x}$, $\bar{y}$-Systems.

Nennen wir unsere neuen Koordinaten der Einfachheit halber wieder (x; y) statt $(\bar{x}; \bar{y})$, so nimmt (#) die Form

$$Ax^2 + By^2 = C^* \tag{3}$$

an. An dieser Form erkennt man sofort, daß mit einem Wertepaar (x; y) auch die Wertepaare (−x; y); (x; −y) und (−x; −y) die Gleichung (3) erfüllen. Der Graph von *R* liegt jetzt symmetrisch zu den Koordinatenachsen, sein „Mittelpunkt" im Ursprung. Man nennt (3) daher die *Mittelpunktsform*[1] von (#).
Wir können (3) mit Division durch A $\neq$ 0 auf die Form

$$\boxed{x^2 + ry^2 = s} \tag{4}$$

bringen, wobei

$$r := \frac{B}{A} \quad \text{und} \quad s := \frac{C^*}{A}$$

gesetzt wurde. Zu beachten ist dabei, daß wegen B $\neq$ 0 auch r $\neq$ 0 ist.

Damit können wir in zwei Fällen bereits Aussagen über die Erfüllungsmenge *R* bzw. deren Graphen G_R machen. Es handelt sich um die

Sonderfälle:

$s = 0 \land r > 0$; G_R ist eine einelementige, nur aus dem Ursprung bestehende Punktmenge.

$r = 1 \land s > 0$; G_R stellt einen Kreis um den Ursprung dar mit dem Radius $a = \sqrt{s}$ LE.

Wir untersuchen nun die Hauptfälle zu I:

I.1: $r > 0 \land s < 0$

Da die linke Seite von (4) in diesem Fall nicht negativ werden kann, ist die Gleichung (4) durch kein Wertepaar aus $\mathbb{R} \times \mathbb{R}$ erfüllbar. Anders ausgedrückt: Die Relation *R* ist die leere Menge.

---

[1] Unser gesamtes Verfahren kann nachträglich geometrisch auch als eine Translation des Mittelpunkts des Graphen in den Ursprung gedeutet werden.

I. 2: r > 0 ∧ s > 0

Hier knüpfen wir an den Sonderfall $r = 1 \wedge s > 0$ an: Man schreibt auch hier $s = a^2$ und kann dann wegen $r > 0$ ansetzen:

$$r = \left(\frac{a}{b}\right)^2 \quad \text{mit} \quad a > 0 \quad \text{und} \quad b > 0.$$

Dann erhält (4) die Form

$$x^2 + \left(\frac{a}{b}\, y\right)^2 = a^2 \tag{5}$$

Wir führen nun folgende einfache Koordinatentransformation durch:

$$x^* = x; \quad y^* = \frac{a}{b}\, y \tag{6}$$

Diese Transformation ordnet jedem Punkt (x; y) den Punkt (x; $\frac{a}{b}$ y) zu, vergrößert oder verkleinert also nur die y-Koordinate jedes Punktes im Verhältnis a:b. Die x-Achse ist Fixpunktgerade dieser Transformation, jede Parallele zur y-Achse ist Fixgerade. Man nennt eine solche Abbildung eine *senkrechte Achsenaffinität* mit der x-Achse als sog. *Affinitätsachse.* Wie man an Gleichung (5) sofort sieht, lautet die Gleichung des Bildes des Relationsgraphen G_R bei dieser Achsenaffinität:

$$(x^*)^2 + (y^*)^2 = a^2 \tag{7}$$

Dies ist aber die Gleichung des Kreises um den Ursprung des „gesternten" Koordinatensystems mit dem Radius a. Umgekehrt wird dieser Kreis durch die Rücktransformation

$$x = x^*; \quad y = \frac{b}{a}\, y^*$$

wieder in den Graphen von *R* abgebildet.

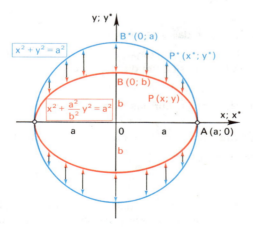

Fig. 13.7

Wir nennen dieses achsenaffine Bild des Kreises

eine *Ellipse mit der Hauptachse* a *und der Nebenachse* b. Durch Umformung von (5) erhalten wir für diese Ellipse die Gleichungsform

$$\boxed{\frac{x^2}{a^2} + \frac{y^2}{b^2} = 1}$$ (8)

Die Zerlegung der Relation R in die beiden Funktionen

$$f_1: x \mapsto \frac{b}{a}\sqrt{a^2 - x^2}; \ x \in [-a;\,a] \quad \text{und} \quad f_2: x \mapsto -\frac{b}{a}\sqrt{a^2 - x^2}; \ x \in [-a;\,a]$$

und deren Diskussion bestätigt den in Fig. 13.7 gezeichneten Graphen. Durch Differentiation erkennt man insbesondere, daß der Graph für $|x| \to a - 0$ senkrecht auf die x-Achse stößt.

Von den nun noch ausstehenden Fällen mit $r < 0$ untersuchen wir zuerst den

Sonderfall: $r < 0 \land s = 0$

Aus Gründen, die aus der späteren geometrischen Deutung klar werden, setzen wir diesmal

$$r = -\left(\frac{a}{b}\right)^2 \quad \text{mit} \quad a > 0 \quad \text{und} \quad b > 0,$$

womit natürlich von a und b nur das Verhältnis festgelegt ist, und erhalten aus (4):

$$y^2 = \left(\frac{b}{a}\,x\right)^2$$

Daraus lesen wir ab, daß R in die beiden Funktionen

$$f_1: x \mapsto \frac{b}{a}\,x; \ x \in \mathbb{R} \quad \text{und} \quad f_2: x \mapsto -\frac{b}{a}\,x; \ x \in \mathbb{R}$$

zerlegt werden kann.

Der Graph von R zerfällt hier also in zwei Geradenpaare (Fig. 13.8).

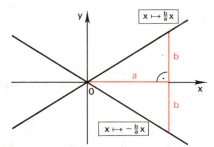

Fig. 13.8

Bei der Behandlung der Fälle mit $r < 0$ und $s > 0$ fehlt uns zunächst ein einfacher Vergleichsfall, wie ihn der Kreis für $r = 1$ als Sonderfall bei positivem r darstellte. Deshalb untersuchen wir auch hier erst den

Sonderfall: $r = -1 \land s > 0$

Wir können dabei wieder $s = a^2$ mit $a > 0$ schreiben und gewinnen dann aus (4):

$$x^2 - y^2 = a^2$$ (9)

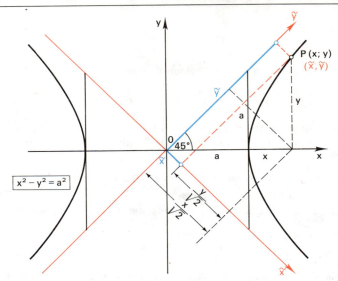

Fig. 13.9

Der zugehörige Graph heißt *gleichseitige Hyperbel mit der Halbachse* a (Fig. 13.9).
Die Relation läßt sich für $|x| \geqq a$ in die beiden Funktionen

$$f: x \mapsto \sqrt{x^2 - a^2} \quad \text{und} \quad f^*: x \mapsto -\sqrt{x^2 - a^2}$$

zerlegen. Für $x \in \,]-a;\, a\,[$ gibt es keine Elemente von *R*. Für die Ableitung

$$f': x \mapsto \frac{x}{\sqrt{x^2 - a^2}} \quad \text{mit} \quad |x| > a$$

gilt $f'(x) \to +\infty$ für $x \to a + 0$. Der Graph stößt also im Punkt $(a;\, 0)$ senkrecht auf
die x-Achse, außerdem erkennt man:

$$\lim_{x \to \infty} f'(x) = 1 \quad \text{und} \quad \lim_{x \to -\infty} f'(x) = -1.$$

Wegen

$$f(x) = \sqrt{x^2 - a^2} = |x| \sqrt{1 - \frac{a^2}{x^2}}$$

nähert sich der Graph von f für $x \to \pm\infty$ asymptotisch dem Graphen der Funktion:
$x \mapsto |x|$ an. Da sich der Graph von f^* entsprechend dem Graphen von $x \mapsto -|x|$
annähert, sind die beiden Geraden mit den Gleichungen $y = x$ und $y = -x$ Asymptoten
der gleichseitigen Hyperbel.

Wählen wir diese beiden Geraden als Achsen eines neuen $\tilde{x}\tilde{y}$-Koordinatensystems,
das gegenüber dem xy-Koordinatensystem um 45° gedreht ist, so kann man an
Fig. 13.9 folgende Transformationsgleichungen ablesen:

$$\tilde{x} = \frac{x}{\sqrt{2}} - \frac{y}{\sqrt{2}}; \quad \tilde{y} = \frac{x}{\sqrt{2}} + \frac{y}{\sqrt{2}}$$

Dann ergibt sich aber aus (9):

$$\tilde{x}\tilde{y} = \tfrac{1}{2}(x + y)(x - y) = \tfrac{1}{2}a^2$$

Die Punkte der gleichseitigen Hyperbel erfüllen also im Koordinatensystem der beiden Asymptoten die Gleichung

$$\tilde{x}\tilde{y} = \frac{a^2}{2}$$

Damit wird verständlich, warum wir bereits früher Funktionsgraphen, z. B. den zu $x \mapsto \frac{1}{x}; x \in \mathbb{R} \setminus \{0\}$, Hyperbeln genannt haben.

Mit diesen Vorkenntnissen können wir nun den allgemeinen Fall

I. 3: r < 0 ∧ s > 0

sehr leicht behandeln. Setzen wir nämlich wieder

$$s = a^2 \quad \text{und} \quad r = -\left(\frac{a}{b}\right)^2 \quad \text{mit } a > 0 \text{ und } b > 0,$$

so geht (4) über in

$$x^2 - \left(\frac{a}{b}\,y\right)^2 = a^2, \tag{10}$$

oder

$$\boxed{\frac{x^2}{a^2} - \frac{y^2}{b^2} = 1} \tag{11}$$

Der zu dieser Gleichung gehörige Graph (in Fig. 13.10 rot) geht analog zu Fall I.2 durch die Transformation

$$x = x^*; \quad y = \frac{b}{a}\,y^*$$

aus der gleichseitigen Hyperbel mit der Gleichung

$$(x^*)^2 - (y^*)^2 = a^2$$

(in Fig. 13.10 blau) hervor. Man spricht hier von der (gewöhnlichen) *Hyperbel mit der Hauptachse* a *und der Nebenachse* b. Auch sie hat schräge Asymptoten, nämlich die Geraden mit den Gleichungen

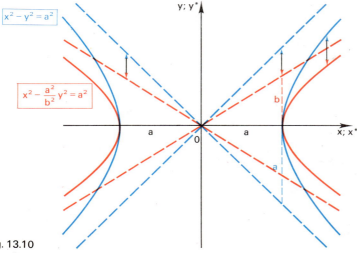

Fig. 13.10

$$y = \frac{b}{a} x; \ x \in \mathbb{R} \quad \text{und} \quad y = -\frac{b}{a} x; \ x \in \mathbb{R}$$

(vgl. auch Sonderfall $r < 0 \wedge s = 0$ sowie Fig. 13.8).

I. 4: $r < 0 \wedge s < 0$

Diesen Fall können wir auf den eben behandelten Fall I.3 zurückführen. Dividieren wir zunächst (4) durch r, so erhalten wir:

$$\frac{x^2}{r} + y^2 = \frac{s}{r}$$

Dann setzen wir

$$r' := \frac{1}{r} \quad \text{und} \quad s' := \frac{s}{r}$$

Vertauschen wir schließlich noch x und y (was geometrisch nur eine Spiegelung an der Winkelhalbierenden des 1. und 3. Quadranten bedeutet), so folgt:

$$x^2 + r' y^2 = s'$$

mit $r' < 0$ und $s' > 0$. Der Graph der ursprünglichen Relation war also auch hier eine Hyperbel, bei der aber die Hauptachse auf der y-Achse und die Nebenachse auf der x-Achse lag.

II: $A = 0 \wedge B \neq 0$

Gleichung ($\#$) hat jetzt die Form

$$By^2 + Cx + Dy + E = 0$$

Daraus ergibt sich wieder durch quadratische Ergänzung

$$B \left(y + \frac{D}{2B} \right)^2 + Cx + E - \frac{D^2}{4B} = 0.$$

Wir betrachten zunächst den Fall

II. 1: $C \neq 0$

Dann können wir weiter umformen:

$$B \left(y + \frac{D}{2B} \right)^2 + C \left(x + \frac{4BE - D^2}{4BC} \right) = 0.$$

Durch die Translation des Koordinatensystems

$$\bar{x} := x + \frac{4BE - D^2}{4BC}; \quad \bar{y} := y + \frac{D}{2B}$$

erhalten wir die Gleichung

$$B\bar{y}^2 + C\bar{x} = 0$$

Setzen wir $2p := -\dfrac{C}{B}$ und schreiben der Einfachheit halber wieder $(x; y)$ statt $(\bar{x}; \bar{y})$,
so folgt:

$$y^2 = 2px$$

Der zugehörige Graph ist also eine *Parabel*, die sich für $p > 0$ aus den Graphen der beiden Funktionen

$$f: x \mapsto \sqrt{2px} \quad \text{und}$$
$$f^*: x \mapsto -\sqrt{2px} \quad \text{mit} \quad x \in \mathbb{R}_0^+$$

zusammensetzen läßt.

Der sog. *Parameter* p hat eine anschauliche Bedeutung: an der Stelle $x = \frac{1}{2}p$ ist $y = \pm p$; daher ist p ein geometrisches Maß dafür, wie weit die Parabel geöffnet ist (Fig. 13.11). Für $p < 0$ ist die Parabel nach links geöffnet.

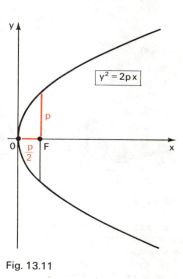

Fig. 13.11

II. 2: C = 0

Die Gleichung (#) kann in die von x unabhängige Form

$$\left(y + \frac{D}{2B}\right)^2 = \frac{D^2 - 4BE}{4B}$$

gebracht werden. Der Graph von *R* besteht also aus

zwei zur x-Achse parallelen Geraden für $\dfrac{D^2 - 4BE}{4B} > 0$

oder einer zur x-Achse parallelen (Doppel-)Geraden für $D^2 - 4BE = 0$

oder der leeren Menge für $\dfrac{D^2 - 4BE}{4B} < 0$.

III: $A \neq 0 \wedge B = 0$

Dieser Fall kann durch Vertauschung von x und y auf II zurückgeführt werden.

Bemerkungen

1. Raumgeometrische Betrachtungen

Durch raumgeometrische Überlegungen läßt sich zeigen[1], daß man alle Graphen der quadratischen Relationen als Schnitte einer Ebene mit einem geraden Kreisdoppelkegel erhalten kann. Man nennt alle diese Graphen daher auch *Kegelschnitte* (Fig. 13.12). Eine Ebene E_1', welche die Kegelspitze Z nicht enthält, schneidet den Doppelkegel in einer

a) *Ellipse*, wenn E_1' parallel zu keiner,

b) *Parabel*, wenn E_1' parallel zu genau einer,

c) *Hyperbel*, wenn E_1' parallel zu zwei

Mantelgeraden verläuft.

---

[1] Vgl. H. Honsberg, Analytische Geometrie.

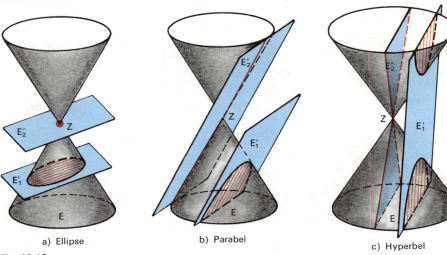

a) Ellipse   b) Parabel   c) Hyperbel

Fig. 13.12

Fig. 13.12 zeigt weiter, daß man Ellipse, Parabel und Hyperbel ebenso als Bild eines Kreises (in Fig. 13.12 in der Ebene E liegend) bei
der Zentralprojektion mit dem Zentrum Z auffassen kann.
Enthält eine Ebene E_2' die Kegelspitze, so schneidet sie den Doppelkegel in einem *entarteten* oder *zerfallenden* Kegelschnitt und zwar
im Falle

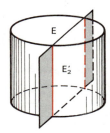

a) in einem *Punkt*,

b) in einer *Doppelgeraden* (Berührung),

c) in einem *sich schneidenden Geradenpaar*.

Ferner kann der Kegel selbst zu einem Zylinder entarten und von
einer Ebene E_2' parallel zur Zylinderachse in einem *parallelen Ge-*
radenpaar oder überhaupt *nicht* geschnitten werden (Fig. 13.13).

Fig. 13.13

2. Der Flächeninhalt der Ellipse

Von den nicht entarteten Kegelschnitten hat nur die Ellipse (und als deren Sonderfall der Kreis)
einen endlichen Flächeninhalt. Die Hälfte des Flächeninhalts A_E der Ellipse mit den Halbachsen
a und b ergibt sich nach Fig. 13.7 und Gleichung (8) als Integral:

$$\tfrac{1}{2}A_E = \int\limits_{-a}^{a} \frac{b}{a}\,\sqrt{a^2 - x^2}\,dx$$

Obwohl wir für die Integrandenfunktion bisher noch keine Stammfunktion angeben können,
läßt sich der Wert des bestimmten Integrals ermitteln. Zunächst gilt nach 7.2.3.:

$$\int\limits_{-a}^{a} \frac{b}{a}\,\sqrt{a^2 - x^2}\,dx = \frac{b}{a}\int\limits_{-a}^{a} \sqrt{a^2 - x^2}\,dx$$

Nun können wir aber das Integral

$$\int\limits_{-a}^{a} \sqrt{a^2 - x^2}\,dx$$

geometrisch als den halben Flächeninhalt des zur Ellipse achsenaffinen Kreises mit dem Radius a deuten (Fig. 13.7). Es muß daher den Wert $\frac{1}{2}a^2\pi$ haben. Damit erhalten wir für die Ellipsenfläche:

$$A_E = 2\,\frac{b}{a} \cdot \int_{-a}^{a} \sqrt{a^2 - x^2}\,dx = 2\,\frac{b}{a} \cdot \frac{1}{2}\,a^2\pi = ab\pi$$

$$\boxed{A_E = ab\pi}$$

Aufgaben

1. Stelle fest, welche Arten von Kegelschnitten in der Euklidischen Zahlenebene durch die nachfolgenden Gleichungen beschrieben werden! Bestimme jeweils auch Mittelpunkt und Länge der Halbachsen bzw. Scheitel und Parameter!

   a) $25x^2 + 150x + 9y^2 - 54y + 81 = 0$;
   b) $y^2 - x^2 + 8x - 12 = 0$;
   c) $y^2 - 8x - 4y + 100 = 0$
   d) $7x^2 - 8y - 70x + 103 = 0$
   e) $100x^2 - 49y^2 - 392y - 1000x - 3184 = 0$
   f) $x^2 + 9y^2 + 8x + 7 = 0$
   g) $16x^2 + 9y^2 - 128x - 36y + 148 = 0$
   h) $y^2 + 6y + 6x + 39 = 0$
   i) $9y^2 - 16x^2 - 160x + 36y - 508 = 0$
   k) $x^2 - x - 2 = 0$
   l) $9y^2 - 2x^2 - 54y + 16x + 85 = 0$
   m) $x^2 - y - 4 = 0$
   n) $4y^2 - 4x^2 - 40x - 24y - 145 = 0$
   o) $y^2 + 2x - 16 = 0$
   p) $2x^2 - 9y^2 - 16x + 54y - 49 = 0$
   q) $y^2 - 2y - 8 = 0$

2. Durch die Gleichung

$$\frac{x^2}{25} + \frac{y^2}{9} = 1$$

wird die Ellipse E festgelegt. Fasse E als achsenaffines Bild eines Kreises auf und konstruiere damit einige Ellipsenpunkte! Konstruiere nach dem gleichen Prinzip die Tangente an die Ellipse im Punkt P_0 (3; 2,4)!

3. Beweise, ausgehend von der gleichseitigen Hyperbel, für eine beliebige Hyperbel:
   Zieht man durch einen Hyperbelpunkt die Parallelen zu den beiden Asymptoten, so bilden diese mit den Asymptoten ein Parallelogramm, dessen Flächeninhalt von der Wahl des Hyperbelpunktes unabhängig ist.
   Wie hängt der Flächeninhalt von der Länge der Hyperbelachsen a und b ab?

13.3.3. Geometrische Eigenschaften der Kegelschnitte

Nachdem wir die Kegelschnitte bisher als Graphen bestimmter *algebraischer* Relationen kennengelernt haben, fragen wir nun, ob sie sich in der Ebene auch *geometrisch* charakterisieren lassen.
Die Menge aller Punkte P (x; y), die eine bestimmte geometrische Eigenschaft haben, nennt man gelegentlich einen *geometrischen Ort*. Wir wollen also die Kegelschnitte als „geometrische Ortslinien" deuten. Einen Weg dazu bietet uns die folgende

Aufgabe:

Gegeben ist eine Gerade l und ein Punkt $F \notin l$. Gesucht ist die Menge (der „geometrische Ort") aller Punkte P (x; y), für die das Verhältnis der Entfernung vom Punkt F zum Abstand von der Geraden l eine konstante Zahl $\varepsilon > 0$ ist.

Lösung:

Wir wählen das Koordinatensystem so, daß $F(\bar{e}; 0)$ auf der x-Achse und l parallel zur y-Achse liegt. $D(\bar{d}; 0)$ mit festem $\bar{d} - \bar{e} \neq 0$ sei der Schnittpunkt von l mit der x-Achse. Vgl. hierzu Fig. 13.14, wo $\bar{e} > 0$, $\bar{d} > 0$ und $0 < \varepsilon < 1$ gewählt wurde.

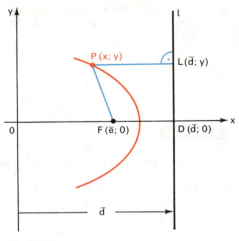

Es ist zu beachten, daß wir die Punkte F und D damit nur in ihrer relativen Lage zueinander festgelegt haben. Wir werden nachher davon Gebrauch machen, daß der Koordinatenursprung auf der Geraden FD noch beliebig verschoben werden kann.

Die gesuchte Menge besteht aus allen Punkten $P(x; y)$ mit der Eigenschaft

$$\overline{PF} : \overline{PL} = \varepsilon, \quad \text{also}$$

$$\sqrt{(x - \bar{e})^2 + y^2} = \varepsilon |\bar{d} - x|$$

Fig. 13.14

Wir formen äquivalent um, indem wir die positiven(!) Terme auf beiden Seiten quadrieren und dann ordnen:

$$(x - \bar{e})^2 + y^2 = \varepsilon^2 (\bar{d} - x)^2 \Leftrightarrow$$
$$x^2 (1 - \varepsilon^2) - 2x (\bar{e} - \varepsilon^2 \bar{d}) + y^2 + (\bar{e}^2 - \varepsilon^2 \bar{d}^2) = 0 \tag{1}$$

Wir erkennen bereits hier, daß eine quadratische Relation vorliegt. Die gesuchte Punktmenge muß also ein Kegelschnitt sein.

Man nennt den Punkt F *Brennpunkt*, die Gerade l die zugehörige *Leitgerade* des Kegelschnitts, ε heißt (aus Gründen, die wir noch kennenlernen werden) die *numerische Exzentrizität* des Kegelschnitts.

Um zu übersichtlicheren Ergebnissen zu gelangen, legen wir den bisher auf FD beweglichen Ursprung unseres Koordinatensystems durch eine geeignete Translation möglichst günstig fest:

I. Mittelpunktsgleichung für $\varepsilon \neq 1$

Da die Kegelschnitte mit $\varepsilon \neq 1$ ein Symmetriezentrum M haben, können wir den Koordinatenursprung auf M legen. Für dieses spezielle Wertepaar von $\bar{d}$ und $\bar{e}$, das wir von nun an einfach d und e nennen, muß das lineare x-Glied verschwinden, es muß also gelten:

$$d = \frac{e}{\varepsilon^2} \tag{2}$$

e ist dann die Entfernung des Brennpunkts vom Mittelpunkt des Kegelschnitts und wird als *lineare Exzentrizität* bezeichnet.

Setzen wir (2) in (1) ein, so erhalten wir

$$x^2 (1 - \varepsilon^2) + y^2 + \frac{e^2}{\varepsilon^2} (\varepsilon^2 - 1) = 0, \quad \text{und daraus} \quad x^2 + \frac{y^2}{1 - \varepsilon^2} = \left(\frac{e}{\varepsilon}\right)^2 \tag{3}$$

Vergleichen wir mit der Gleichung (4) in 13.3.2. so erhalten wir

a) für $0 < \varepsilon < 1$ eine *Ellipse.*

Für ihre Achsen a und b ergeben sich durch Koeffizientenvergleich mit Gleichung (5) in 13.3.2. die Beziehungen

$$a = \frac{e}{\varepsilon} \Rightarrow$$

$$\boxed{\varepsilon = \frac{e}{a}} \tag{4}$$

und

$$\left(\frac{a}{b}\right)^2 = \frac{1}{1 - \varepsilon^2}.$$

Aus diesen beiden Gleichungen erhält man weiter

$$b = a\sqrt{1 - \varepsilon^2} = \sqrt{a^2 - a^2\varepsilon^2} = \sqrt{a^2 - e^2}$$

Es gilt also:

$$\boxed{a^2 = b^2 + e^2} \tag{5}$$

Fig. 13.15 zeigt (unterhalb der x-Achse) wie man, ausgehend von Gleichung (5), mit Hilfe des Satzes von Pythagoras den Brennpunkt einer Ellipse mit den gegebenen Halbachsen a und b finden kann.

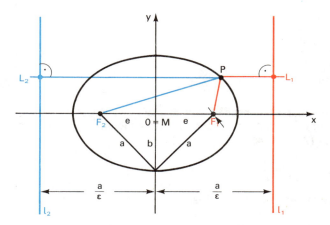

Fig. 13.15

Aus Symmetriegründen gibt es zu jeder Ellipse (und zu jeder Hyperbel) zwei Brennpunkte F_1 und F_2 und daher auch zwei Leitgerade l_1 und l_2.

b) für $\varepsilon > 1$ eine *Hyperbel.*

Für ihre Achsen ergibt der Koeffizientenvergleich mit Gleichung (10) aus 13.3.2.

$$a = \frac{e}{\varepsilon} \Rightarrow$$

$$\boxed{\varepsilon = \frac{e}{a}} \tag{4'}$$

und

$$\left(\frac{a}{b}\right)^2 = \frac{1}{\varepsilon^2 - 1}$$

Daraus erhält man:

$$b = a\sqrt{\varepsilon^2 - 1} = \sqrt{a^2\varepsilon^2 - a^2} = \sqrt{e^2 - a^2} \;\Rightarrow$$

$$\boxed{e^2 = a^2 + b^2}$$

(5')

Fig. 13.16 zeigt (unterhalb der x-Achse) die Konstruktion der Brennpunkte aus den beiden Halbachsen einer Hyperbel nach Gleichung (5').

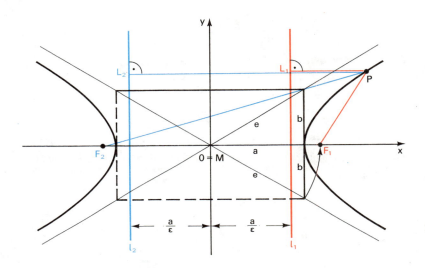

Fig. 13.16

Eine weitere wichtige Eigenschaft von Ellipse bzw. Hyperbel können wir nun sehr leicht herleiten: Für den Abstand der beiden Leitgeraden l_1 und l_2 von der x-Achse ergibt sich aus (2) und (4) bzw. (4'):

$$d = \frac{e}{\varepsilon^2} = \frac{a}{\varepsilon}$$

Zeichnet man daher l_1 und l_2 bei einer

Ellipse,   so ist $d = \dfrac{a}{\varepsilon} > a$ wegen $\varepsilon < 1$ (Fig. 13.15)

Hyperbel, so ist $d = \dfrac{a}{\varepsilon} < a$ wegen $\varepsilon > 1$ (Fig. 13.16)

Dann können wir aus Fig. 13.15 für einen beliebigen Ellipsenpunkt P ablesen:

$$\overline{PF_1} + \overline{PF_2} = \varepsilon\,\overline{PL_1} + \varepsilon\,\overline{PL_2} = \varepsilon\,\overline{L_1 L_2} = \varepsilon \cdot 2\,\frac{a}{\varepsilon} = 2a$$

Ergebnis:

Für einen beliebigen Ellipsenpunkt ist die Summe der Entfernungen von den beiden Brennpunkten konstant gleich 2a, *der doppelten Länge der Hauptachse* (vgl. Aufgabe 2).

Erkläre die sog. „Fadenkonstruktion" einer Ellipse (Fig. 13.17) bei gegebenen Brennpunkten mit einem Faden (rot!) der Gesamtlänge $2a > 2e$! Welche Aussage ergibt sich aus dem eben erhaltenen Satz für den Grenzübergang $e \to 0$ bei festem a?

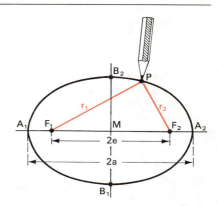

Entsprechend erhalten wir aus Fig. 13.16 für einen beliebigen Hyperbelpunkt

$$|\overline{PF_2} - \overline{PF_1}| = |\varepsilon\,\overline{PL_2} - \varepsilon\,\overline{PL_1}| =$$

$$= \varepsilon\,\overline{L_2 L_1} = \varepsilon \cdot 2\,\frac{a}{\varepsilon} = 2a$$

Fig. 13.17

Ergebnis:

Für einen beliebigen Hyperbelpunkt ist die Differenz der Entfernungen von den beiden Brennpunkten ihrem Betrage nach konstant gleich 2a, *der doppelten Länge der Hauptachse* (vgl. Aufgabe 3).

II. Scheitelgleichung*

Als Lösung unserer eingangs gestellten Aufgabe haben wir für $0 < \varepsilon < 1$ eine Ellipse, für $\varepsilon > 1$ eine Hyperbel erhalten. Wie man an Gleichung (1) sofort abliest, erhält man für $\varepsilon = 1$ eine Parabel. Daß wir den Fall $\varepsilon = 1$ in Abschnitt I ausschließen mußten, lag nicht allein an der Division durch $1 - \varepsilon^2$ bei Gleichung (3), sondern schon im Ansatz bei (2). Dort würde nämlich $\varepsilon = 1$ die Gleichung $d = e$ nach sich ziehen, die wegen $F \notin l$ ausgeschlossen ist. Für $\varepsilon = 1$ kann also das lineare x-Glied in Gleichung (1) nicht zum Verschwinden gebracht werden.

Wir versuchen statt dessen, den Ursprung des Koordinatensystems so zu legen, daß das *konstante Glied* verschwindet. Die zugehörigen speziellen Werte von $\bar{d}$ und $\bar{e}$ nennen wir jetzt e_0 und d_0. Dann muß gelten:

$$e_0^2 - \varepsilon^2 d_0^2 = 0.$$

Dies kann erreicht werden für

$$d_0 = \pm\frac{e_0}{\varepsilon}$$

Um hier für $\varepsilon = 1$ nicht wieder in die gleiche Schwierigkeit wie bei den Mittelpunktgleichungen zu geraten, *müssen* wir

$$d_0 = -\frac{e_0}{\varepsilon} \tag{6}$$

wählen, d.h. F und D müssen auf verschiedenen Seiten des Ursprungs O liegen. O teilt also die Strecke [FD] im Verhältnis $\varepsilon : 1$ und muß daher nach der Aufgabenstellung selbst zum gesuchten Kegelschnitt gehören. Dies sehen wir auch unmittelbar, wenn wir (6) in (1) einsetzen. Wir erhalten dann:

$$x^2\,(1 - \varepsilon^2) + y^2 - 2xe_0\,(1 + \varepsilon) = 0$$

Führen wir noch den sogenannten „Parameter"

$$p := e_0\,(1 + \varepsilon) \tag{7}$$

ein, so ergibt sich

$$x^2(1-\varepsilon^2) + y^2 - 2px = 0 \qquad\qquad (8)$$

Der Punkt O (0; 0) erfüllt diese Gleichung für alle Werte von ε und p. Wegen der Symmetrie zur x-Achse ist der Ursprung ein Scheitelpunkt des jeweiligen Kegelschnitts. Die Gleichung (8) heißt daher auch die *Scheitelgleichung* des Kegelschnitts. Je nach Wahl von ε erhalten wir (mit p als Parameter)

für ε > 1   eine *Hyperbel* (gleichseitige Hyperbel für $\varepsilon = \sqrt{2}$)

für ε = 1   eine *Parabel*,

für 0 < ε < 1 eine *Ellipse* mit verschieden langen Achsen,

für ε = 0   einen *Kreis* mit dem Radius p.

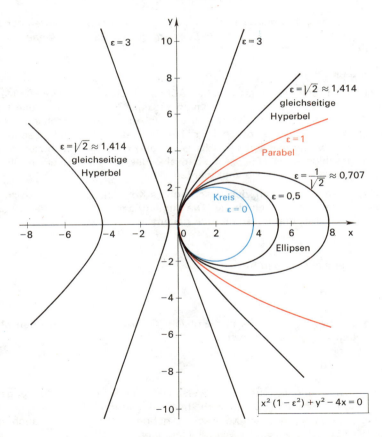

Fig. 13.18

Auch wenn in unserer einleitenden Aufgabe das Teilverhältnis ε = 0 nicht vorgesehen war, steht diese nachträgliche Interpretation in Einklang mit den Gleichungen (4) und (5): Da der Kreis als eine Ellipse mit den gleich langen Halbachsen a = b anzusehen ist, ergibt sich bei ihm für die lineare Exzentrizität aus Gleichung (4) e = 0 und damit aus Gleichung (5) auch für die numerische Exzentrizität ε = 0. Die Exzentrizität ist anschaulich gesprochen ein Maß dafür, wie stark die Form des jeweiligen Kegelschnitts von der des Kreises abweicht. Fig. 13.18 zeigt Kegelschnitte in Scheitellage für verschiedene Werte von ε bei gleichem Parameter p = 2. Welche Kegelschnitte ergeben sich aus (8) für p = 0?

Aufgaben

1. a) Erkläre die Parabelkonstruktion in Fig. 13.19! Konstruiere danach einige Punkte des Graphen der Funktion: $x \mapsto \frac{1}{4}x^2$; $x \in \mathbb{R}$!

   b) Wie könnte man nach diesem Prinzip aus Brennpunkt und Leitgerade bei gegebenem ε > 0 eine Ellipse bzw. Hyperbel punktweise konstruieren?

2. Gegeben sind zwei Strecken a und e mit a > e > 0 sowie die beiden Punkte F_1 (e; 0) und F_2 (−e; 0). Zeige rechnerisch, daß alle Punkte, für die die Summe der Entfernungen von den Punkten F_1 und F_2 die konstante Länge 2a beträgt, auf einer Ellipse liegen!

3. Zeige entsprechend zu Aufgabe 2 rechnerisch, daß die Menge aller Punkte, für welche die Differenz der Entfernungen von zwei (voneinander verschiedenen) Punkten F_1 und F_2 betragsmäßig gleich einer festen Strecke 2a > 0 ist, eine Hyperbel bildet! Was ergibt sich für a = 0?

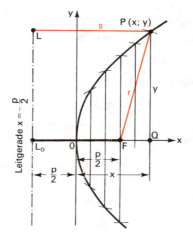

Fig. 13.19

4. a) Zeige an der Scheitelgleichung (8), daß der Betrag der Ordinate im Brennpunkt bei jedem Kegelschnitt gleich dem Wert des Parameters p ist! Was bedeutet dies für Fig. 13.18?

   b) Zeige, daß für Ellipse und Hyperbel gilt: $p = \frac{b^2}{a}$.

5. Warum muß aus geometrischen Gründen $e - d = e_0 - d_0$ sein? Leite daraus einen Zusammenhang zwischen e und e_0 her!

6. a) In Gleichung (1) kann der Koordinatenursprung auch in den Brennpunkt F gelegt werden. Zeige, daß man dann die sog. *Brennpunktsgleichung* des Kegelschnitts erhält:

$$x^2(1 - \varepsilon^2) + 2x\varepsilon p + y^2 - p^2 = 0$$

wobei p wieder der in Gleichung (7) definierte Parameter des Kegelschnitts ist.

   b) Zeichne analog zu Fig. 13.18 für verschiedene Werte von ε und festem p = 2 einige zugehörige Graphen. Welche Ordinaten erhält man für x = 0 (vgl. Aufgabe 4a)?

13.3.4. Kegelschnittstangenten

Wir wollen uns nun die Aufgabe stellen, an einen gegebenen Kegelschnitt in einem bestimmten Punkt P_0 (x_0; y_0) die Tangente zu legen (Fig. 13.20). Wir gehen von der allgemeinen Kegelschnittsgleichung

$$Ax^2 + By^2 + Cx + Dy + E = 0 \qquad (1)$$

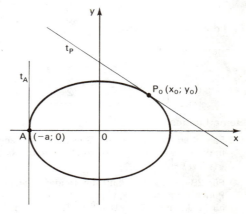

Fig. 13.20

aus, wobei wir nur voraussetzen, daß der Kegelschnitt nicht aus der leeren Menge oder aus einem einzigen Punkt bestehen soll. Aus 13.3.2. wissen wir bereits, daß man in diesem Fall die zugehörige Relation R in Funktionen zerlegen kann, die in ihrer ganzen Definitionsmenge differenzierbar sind mit Ausnahme derjenigen Stellen, in denen — geometrisch gesprochen — die Tangente senkrecht zur x-Achse verläuft (vgl. Punkt A in Fig. 13.20).

Ist nun $P_0(x_0; y_0)$ ein Punkt des Kegelschnitts, so gilt

$$Ax_0^2 + By_0^2 + Cx_0 + Dy_0 + E = 0 \qquad (2)$$

Zur Ermittlung der Ableitung differenzieren wir (1) implizit:

$$2Ax + 2Byy' + C + Dy' = 0.$$

Bezeichnen wir die Ableitung im Punkt P_0 mit y_0', so erhalten wir durch Einsetzen der Koordinaten von P_0 und Auflösen nach y_0':

$$y_0' = -\frac{2Ax_0 + C}{2By_0 + D} \quad \text{für} \quad 2By_0 + D \neq 0$$

Die Tangente t ist die Gerade durch P_0 mit der Steigung y_0'. Also ergibt sich für t die Gleichung

$$\frac{y - y_0}{x - x_0} = -\frac{2Ax_0 + C}{2By_0 + D}, \quad \text{und daraus}$$

$$(y - y_0)(2By_0 + D) = -(x - x_0)(2Ax_0 + C)$$

Diese Gleichung läßt sich schließlich auf die Form bringen:

$$2Axx_0 + 2Byy_0 + Cx + Dy = 2Ax_0^2 + 2By_0^2 + Cx_0 + Dy_0 \qquad (3)$$

Hier erinnert uns die rechte Seite stark an Gleichung (2), die wir dazu noch etwas umformen:

$$2Ax_0^2 + 2By_0^2 + 2Cx_0 + 2Dy_0 = -2E \qquad (2')$$

Addieren wir auf beiden Seiten der Gleichung (3) den Term $Cx_0 + Dy_0$, so ergibt sich unter Beachtung von (2'):

$$2Axx_0 + 2Byy_0 + Cx + Cx_0 + Dy + Dy_0 = -2E$$

und daraus die

Tangentengleichung:

$$\boxed{Axx_0 + Byy_0 + \frac{C}{2}(x + x_0) + \frac{D}{2}(y + y_0) + E = 0} \qquad (4)$$

Bemerkungen:

(1) Formal erhält man also die Gleichung der Tangente im Punkt $P_0(x_0; y_0)$ dadurch, daß man in der Kegelschnittsgleichung (1) x^2 durch xx_0, y^2 durch yy_0, x durch $\frac{1}{2}(x + x_0)$ und y durch $\frac{1}{2}(y + y_0)$ ersetzt.

(2) Für $2By_0 + D = 0$ verläuft die Tangente senkrecht zur x-Achse und besteht daher aus der Punktmenge $t = \{P(x; y) \mid x = x_0\}$. Man kann leicht zeigen (vgl. Aufgabe 7), daß man auch für Punkte mit $2By_0 + D = 0$ die Tangentengleichung dadurch erhält, daß man die Koordinaten von x_0 und y_0 in die Gleichung (4) einsetzt.

Beispiel: Die Tangente an die durch die Gleichung

$$\frac{x^2}{9} + \frac{y^2}{4} = 1$$

festgelegte Ellipse im Punkt $P_0\,(x_0;y_0)$ mit $x_0 \in [-3;\,3]$ hat die Gleichung

$$\frac{x\,x_0}{9} + \frac{y\,y_0}{4} = 1\,;$$

also speziell im Punkt $(\sqrt{5};\,\tfrac{4}{3})$:

$$\frac{x\sqrt{5}}{9} + \frac{y}{3} = 1$$

Für einen Scheitelpunkt, z. B. $(-3;\,0)$ ergibt sich durch Einsetzen:

$$\frac{x \cdot (-3)}{9} = 1, \quad \text{also} \quad t = \{P\,(x;\,y)\,|\,x = -3\}\,.$$

Vgl. Fig. 13.20.

Aufgaben

1. Wie lautet die Gleichung der Kegelschnittstangente und der Normalen im Berührpunkt P_0?

   a) $16x^2 + 25y^2 = 400$; $P_0\,(3;\,y_0)$ mit $y_0 > 0$
   b) $16x^2 - 25y^2 = 400$; $P_0\,(-3;\,y_0)$ mit $y_0 > 0$
   c) $x^2 + 18y = 0$; $P_0\,(x_0;\,-8)$ mit $x_0 < 0$

2. Ermittle die Gleichungen der Tangenten parallel zur Geraden g:

   a) $\dfrac{x^2}{49} + \dfrac{y^2}{25} = 1$;   g: $15x + 28y - 35 = 0$;

   b) $5y^2 = 16x$;   g: $12x + 15y - 10 = 0$;

3. a) Gegeben sind die Ellipse E durch die Gleichung

   $$\frac{x^2}{a^2} + \frac{y^2}{b^2} = 1$$

   und der Punkt $P_0\,(x_0;\,y_0)$ außerhalb von E (Fig. 13.21).
   Zeige: Legt man von P_0 aus die beiden Tangenten an die Ellipse, so liegen die zugehörigen Berührpunkte P_1 und P_2 auf der Geraden p mit der Gleichung:

   $$\frac{x\,x_0}{a^2} + \frac{y\,y_0}{b^2} = 1\,.$$

   Bemerkung: Man nennt p die *Polare zum Pol* P_0 *bezüglich der Ellipse E.*
   Beachte die formale Übereinstimmung mit der Tangentengleichung! Was geschieht, wenn sich P_0 auf die Ellipse zu bewegt?

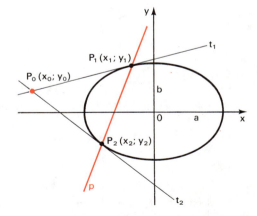

Fig. 13.21

   b) Verallgemeinere die Überlegungen auf einen nicht entarteten Kegelschnitt mit der Gleichung:

   $$Ax^2 + By^2 + Cx + Dy + E = 0\,.$$

4. Vom Punkt P_0 aus sind die Tangenten an den jeweiligen Kegelschnitt zu legen:

a) $\dfrac{x^2}{4} + y^2 = 1$; $P_0\,(2{,}8;\ 0{,}2)$

b) $x^2 - 2y^2 = 2$; $P_0\,(1;\ 0)$

c) $y^2 = 6x$; $P_0\,(-3;\ 1{,}5)$

Hinweis: Es empfiehlt sich, erst die Gleichung der Polare zu P_0 bezüglich des jeweiligen Kegelschnitts aufzustellen (vgl. Aufgabe 3).

5. a) Beweise, daß die Tangente in einem beliebigen Parabelpunkt P_0 mit der Parallelen zur Parabelachse und mit der Geraden $P_0\,F$ (F Brennpunkt) gleiche Winkel einschließt ($\alpha = \gamma$ in Fig. 13.22).

Hinweis: Drücke $\tan\gamma$ durch $\tan\beta$ und $\tan\alpha$ aus und vergleiche! Daneben gibt es auch rein geometrische Beweismöglichkeiten.

b) Wie läßt sich diese Erkenntnis physikalisch interpretieren? (*Parabolspiegel*; Erklärung des Wortes „Brennpunkt"!)

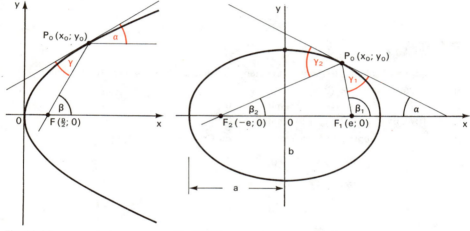

Fig. 13.22   Fig. 13.23

6. a) Beweise, daß die Tangente in einem beliebigen Ellipsenpunkt P_0 mit den „Brennpunktsstrahlen" $[F_1\,P_0$ und $[F_2\,P_0$ gleiche Winkel einschließt.

Hinweis: Drücke in Fig. 13.23 $\tan\gamma_1$ und $\tan\gamma_2$ durch $\tan\alpha$, $\tan\beta_1$ und $\tan\beta_2$ aus und beachte $e^2 = a^2 - b^2$.

b) Interpretiere die obige Aussage physikalisch! Warum nennt man F_1 und F_2 daher „Brennpunkte"?

7. a) Zeige, daß bei einem nichtentarteten Kegelschnitt mit der Gleichung

$$Ax^2 + By^2 + Cx + Dy + E = 0$$

für einen Punkt $P_0\,(x_0;\ y_0)$ nur dann $2By_0 + D = 0$ gelten kann, wenn es zu x_0 nur genau ein y_0 gibt, das obige Gleichung erfüllt!

b) Zeige, daß man durch formales Einsetzen eines solchen Punktes P_0 in die Tangentengleichung (4) unabhängig von y_0 die Gleichung $x = x_0$ erhält!

8. Gegeben ist die in $D_{f(x)}$ differenzierbare Funktion f: $x \mapsto f(x)$; $x \in D_{f(x)}$. $P(x_0;\ y_0)$ sei ein Punkt des Graphen G_f und $f'(x_0) \neq 0$. Tangente und Normale in P schneiden die x-Achse in T bzw. N. Die Projektion von P auf die x-Achse sei Q (Fig. 13.24).

Dann heißt

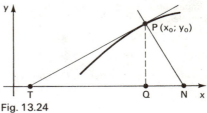

Fig. 13.24

$\overline{PT} = t$ LE „Länge" der Tangente,

$\overline{PN} = n$ LE „Länge" der Normale,

$\overline{TQ} = t_s$ LE „Länge" der Subtangente,

$\overline{QN} = n_s$ LE „Länge" der Subnormale

a) Zeige: Für die Maßzahlen t, n, t_s, n_s gelten folgende Formeln:

$$t = \left| \frac{f(x_0)}{f'(x_0)} \right| \sqrt{1 + [f'(x_0)]^2} \qquad n = |f(x_0)|\sqrt{1 + [f'(x_0)]^2}$$

$$t_s = \left| \frac{f(x_0)}{f'(x_0)} \right| \qquad\qquad\qquad n_s = |f(x_0)\, f'(x_0)|$$

b) Beweise folgende Eigenschaften der durch $y = 2px$; $x \in \mathbb{R}$ gegebenen Parabel:

Die Subtangente der Parabel wird durch den Scheitel halbiert.

Die Längenmaßzahl der Subtangente ist konstant gleich dem Parameter p.

Wie lassen sich beide Eigenschaften für die Konstruktion der Tangente in einem Parabelpunkt verwenden?

c) Berechne die Längenmaßzahl von Subtangente und Subnormale der Ellipse mit der Gleichung $b^2 x^2 + a^2 y^2 - a^2 b^2 = 0$! Welchem Grenzwert strebt n_s für $x_0 \to a$ zu?

d) Zeige, daß bei der Hyperbel mit der Gleichung $b^2 x^2 - a^2 y^2 - a^2 b^2 = 0$ die Maßzahl n_s zu x_0 proportional ist!

Ergänzungen und Ausblicke

A. Quadratische Relationen mit xy-Glied

Bisher hatten wir nur quadratische Relationen ohne das gemischte Glied xy genauer untersucht. Beispiele für das Auftreten eines xy-Gliedes waren in 13.3.1. die Relation

$$R_4 = \{(x; y) \in \mathbb{R} \times \mathbb{R} \,|\, y^2 - 2xy + 2x^2 - 1 = 0\}, \qquad \text{(Fig. 13.5)}$$

und die gleichseitige Hyperbel (Sonderfall $r = -1 \wedge s > 0$ in I. 2, Abschnitt 13.3.2.), im Zusammenhang mit der Drehung des Koordinatensystems. Fig. 13.5 läßt vermuten, daß der Graph von R_4 eine gegenüber dem Koordinatensystem gedrehte Ellipse ist.

Tatsächlich läßt sich durch eine geeignete Drehung zeigen, *daß jede Gleichung der Form*

$$ax^2 + bxy + cy^2 + dx + ey + f = 0 \qquad\qquad\qquad (1)$$

einen (eventuell entarteten) Kegelschnitt beschreibt.

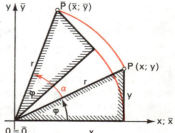

Dazu überlegen wir zunächst, welche Koordinaten $(\bar{x}; \bar{y})$ der Bildpunkt $\bar{P}$ des Punktes $P(x; y)$ mit $x = r\cos\varphi$ und $y = r\sin\varphi$ nach der Drehung um den Ursprung um den Winkel α erhält. Aus Fig. 13.25 liest man sofort ab:

$$\bar{x} = r\cos(\varphi + \alpha) = r\cos\varphi\cos\alpha - r\sin\varphi\,\sin\alpha$$

$$\bar{y} = r\sin(\varphi + \alpha) = r\cos\varphi\,\sin\alpha + r\sin\varphi\cos\alpha$$

Das ergibt folgende Transformationsgleichungen für diese Drehung:

$$\bar{x} = x\cos\alpha - y\sin\alpha$$

$$\bar{y} = x\sin\alpha + y\cos\alpha \qquad\qquad (2)$$

Fig. 13.25

Umgekehrt erhält man P aus $\bar{P}$ durch Zurückdrehung um den Winkel $-\alpha$, daher lauten die Umkehrgleichungen zu (2):

$$x = \ \ \bar{x}\cos\alpha + \bar{y}\ \sin\alpha$$
$$y = -\bar{x}\ \sin\alpha + \bar{y}\cos\alpha \tag{3}$$

Unterwerfen wir nun den zu (1) gehörigen Graphen einer solchen Drehung, so ergibt sich durch Einsetzen von (3) in (1) eine Gleichung der Form

$$\bar{a}\bar{x}^2 + \bar{b}\bar{x}\bar{y} + \bar{c}\bar{y}^2 + \bar{d}\bar{x} + \bar{e}\bar{y} + \bar{f} = 0 \tag{4}$$

mit $\bar{b} = a \cdot 2\sin\alpha\cos\alpha + b\,[(\cos\alpha)^2 - (\sin\alpha)^2] - c \cdot 2\sin\alpha\cos\alpha =$
$$= (a - c)\sin 2\alpha + b\cos 2\alpha$$

Man kann nun den Drehwinkel α tatsächlich so festlegen, daß $\bar{b} = 0$ wird. Im Fall $c \neq a$ muß dazu nur

$$\tan 2\alpha = \frac{b}{c - a}$$

gewählt werden. Es gibt stets einen Winkel $0° \leq 2\alpha \leq 180°$, für den $\bar{b}$ verschwindet (Fig. 13.26).

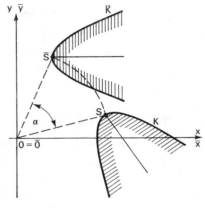

So ist z. B. für die oben erwähnte Relation R_4 aus 13.3.1.: $a = 2$; $b = -2$; $c = 1$ und damit $\tan 2\alpha = 2$, also $\alpha = 31°43'$.
Ermittelt man die zugehörigen Werte von $\sin\alpha$ und $\cos\alpha$, so erhält man durch die Transformation (3) aus der ursprünglichen Gleichung

$$y^2 - 2xy + 2x^2 - 1 = 0$$

nach längerer Rechnung die Gleichung für den um α gedrehten Graphen:

$$\frac{\bar{x}^2}{[\frac{1}{2}(\sqrt{5} - 1)]^2} + \frac{\bar{y}^2}{[\frac{1}{2}(\sqrt{5} + 1)]^2} = 1$$

Daran erkennt man, daß tatsächlich eine Ellipse vorliegt mit den Halbachsen:

$$\tfrac{1}{2}(\sqrt{5} - 1) \quad \text{und} \quad \tfrac{1}{2}(\sqrt{5} + 1),$$
(Fig. 13.5).

Fig. 13.26

B. Eine algebraische Relation vierter Ordnung

Kegelschnitte sind, wir wir sahen, die Graphen quadratischer Relationen. Man nennt sie auch Relationen zweiter Ordnung. Als Beispiel einer Relation höherer Ordnung wollen wir

$$R = \{(x; y) \in \mathbb{R} \times \mathbb{R} \mid (x^2 + y^2)^2 - 4x^2 + 4y^2 = 0\}$$

untersuchen. Es handelt sich hier um eine Relation vierter Ordnung mit der Gleichung

$$(x^2 + y^2)^2 - 4x^2 + 4y^2 = 0. \tag{1}$$

Da x und y nur quadratisch vorkommen, gehören mit einem Zahlenpaar $(x; y)$ auch $(-x; y)$, $(x; -y)$ und $(-x; -y)$ zu R. Der Relationsgraph muß also zu den beiden Koordinatenachsen symmetrisch und damit auch punktsymmetrisch zum Ursprung sein. Man erkennt sofort, daß auf den Achsen genau die Punkte $(0; 0)$; $(2; 0)$ und $(-2; 0)$ zum Graphen der Relation gehören. An der zu (1) äquivalenten Gleichung

$$(x^2 + y^2)^2 = 4(x^2 - y^2)$$

sieht man, daß wegen der nichtnegativen linken Seite alle Punkte $P(x; y)$ mit $x^2 < y^2$ nicht zum

Graphen gehören. Man kann also das grau gerasterte Feld in Fig. 13.27 „abstreichen". Zerlegt man die linke Seite von Gleichung (1) dagegen in

$$(x^2 + y^2 + 2x)(x^2 + y^2 - 2x) + 4y^2 = 0,$$

so erhält man nach quadratischer Ergänzung innerhalb der beiden Klammern:

$$[(x+1)^2 + y^2 - 1] \cdot [(x-1)^2 + y^2 - 1] = -4y^2.$$

Aus dieser Gleichung geht hervor, daß für alle Graphenpunkte mit $y \neq 0$ genau einer der beiden Faktoren in den eckigen Klammern negativ sein muß. Das bedeutet, daß alle Punkte des Graphen, die nicht auf der x-Achse liegen, im Innern eines der beiden Kreise um $(1;0)$ bzw. $(-1;0)$ mit Radius 1 LE liegen müssen (Fig. 13.27).

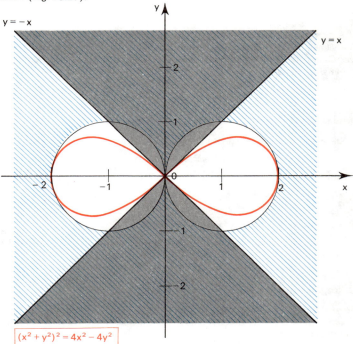

Fig. 13.27 $(x^2 + y^2)^2 = 4x^2 - 4y^2$

Zur Bestimmung der Punkte mit waagrechten Tangenten differenzieren wir die Gleichung (1) implizit:

$$2(x^2 + y^2)(2x + 2yy') - 8x + 8yy' = 0$$

und erhalten daraus für $y \neq 0$

$$y' = \frac{x(2 - x^2 - y^2)}{y(2 + x^2 + y^2)} \tag{2}$$

Der Zähler verschwindet außer bei $x = 0$ (unzulässig, weil dann nach Gleichung (1) auch $y = 0$ wäre) nur für $x^2 + y^2 = 2$. Eingesetzt in (1) ergibt sich daraus

$$x = \pm\tfrac{1}{2}\sqrt{6} \quad \text{und} \quad y = \pm\tfrac{1}{2}\sqrt{2}$$

An den vier zugehörigen Punkten hat der Graph horizontale Tangenten.
Für $x \to 2 - 0$ bzw. $x \to -2 + 0$ folgt aus Gleichung (1) $y \to 0$ und daraus nach Gleichung (2) für die Ableitung $|y'| \to \infty$. Daher verlaufen die Tangenten in den Punkten $(2;0)$ und $(-2;0)$ parallel zur y-Achse.

Zur Bestimmung der Tangenten im Ursprung geht man am einfachsten von Gleichung (1) aus. An ihr kann man ablesen, daß für $x \to 0$ auch $y \to 0$ geht. Die Tangentensteigung m im Ursprung muß sich also, wenn sie überhaupt existiert, als

$$m = \lim_{x \to 0} \frac{y}{x}$$

ergeben. Division von Gleichung (1) durch x^2 liefert

$$\left(x + y \cdot \frac{y}{x}\right)^2 - 4 + \left(\frac{y}{x}\right)^2 = 0.$$

Daraus erhält man für $x \to 0$ und $y \to 0$ nach den Grenzwertsätzen

$$(0 + 0 \cdot m)^2 - 4 + 4\,m^2 = 0$$

also $m^2 = 1$ und damit $m = \pm 1$.

Die Winkelhalbierenden zu den Koordinatenachsen berühren daher den Graphen im Ursprung. Der Graph hat die Gestalt einer sich im Ursprung überschneidenden Schleife und wird daher *Lemniskate* genannt.[1]

Aufgaben

1. Bestimme durch eine geeignete Drehung den Graphen der algebraischen Relation:
$$R = \{(x;\,y) \in \mathbb{R} \times \mathbb{R} \mid 52x^2 - 72xy + 73y^2 - 400x + 200y + 700 = 0\}$$

2. Diskutiere die Graphen folgender algebraischer Relationen dritter bzw. vierter Ordnung:

   a) $R_1 = \{(x;\,y) \in \mathbb{R} \times \mathbb{R} \mid x^3 + y^3 - 3xy = 0\}$

   b) $R_2 = \{(x;\,y) \in \mathbb{R} \times \mathbb{R} \mid x^2 y^2 - x^2 - y^2 = 0\}$

   c) $R_3 = \{(x;\,y) \in \mathbb{R} \times \mathbb{R} \mid x^2 y^2 - x^2 + y^2 = 0\}$

Bemerkung: G_{R_1} heißt *Cartesisches Blatt*,[2] G_{R_2} *Kreuzkurve*, G_{R_3} *Kohlenspitzenkurve*.

C. Kegelschnitte in Raumfahrt und Astronomie

Bewegt sich ein Körper im Weltraum innerhalb des Gravitationsfeldes eines sehr viel schwereren Himmelskörpers, so ist seine Bahnkurve ein Kegelschnitt. Der eine Brennpunkt dieses Kegelschnitts fällt dabei in den Mittelpunkt des „Zentralkörpers".

Nehmen wir an, eine Rakete erreicht nach Abbrand des Treibstoffes 800 km über der Erdoberfläche die Horizontalgeschwindigkeit v. Die Erdbeschleunigung in dieser Höhe beträgt etwa $7{,}74\ \mathrm{ms^{-2}}$. Man rechnet leicht nach, daß die Zentrifugalbeschleunigung $v^2 : r$ für $v = 7{,}45\ \mathrm{km\,s^{-1}}$ den gleichen Betrag erreicht. Dann fliegt der Körper als Satellit auf einer Kreisbahn um den Erdmittelpunkt (Fig. 13.28a).

Ist $v < 7{,}45\ \mathrm{km\,s^{-1}}$, so fällt der Körper auf einer Ellipsenbahn zur Erde, bis der Luftwiderstand die Bahn stärker krümmt (Fig. 13.28b).

Ist zwar die Geschwindigkeit $v > 7{,}45\ \mathrm{km\,s^{-1}}$, aber noch kleiner als die Geschwindigkeit von $10{,}5\ \mathrm{km\,s^{-1}}$, die ein Körper braucht, um aus 800 km Höhe das Gravitationsfeld der Erde verlassen zu können (vgl. 15.1.3.), dann umfliegt der Körper die Erde als Satellit auf einer Ellipse (Fig. 13.28c).

Bei $v > 10{,}5\ \mathrm{km\,s^{-1}}$ verläßt der Körper das Gravitationsfeld der Erde auf einem Hyperbelast, in dessen Brennpunkt der Erdmittelpunkt steht (Fig. 13.28d).

---

[1] Vom griechischen Wort λημνισκος (*lemniskos*), Schleife; Jakob Bernoulli, 1694.

[2] Nach dem berühmten französischen Philosophen und Mathematiker René Descartes (Cartesius), der als erster die Grundgedanken der analytischen Geometrie entwickelte (1596–1650).

Nur für Geschwindigkeiten wesentlich unter 7,45 km s^{-1} und in geringer Höhe über der Erde (Fig. 13.28e) kann man näherungsweise mit einem homogenen statt mit dem radialen Gravitationsfeld rechnen. Man erhält dann (ohne Berücksichtigung des Luftwiderstands) die bekannte Wurfparabel.

In ähnlicher Weise umkreisen die Planeten die wesentlich schwerere Sonne auf Ellipsenbahnen. Bei regelmäßig wiederkehrenden Kometen (z. B. beim Halleyschen Komet) sind die Ellipsenbahnen stark exzentrisch.

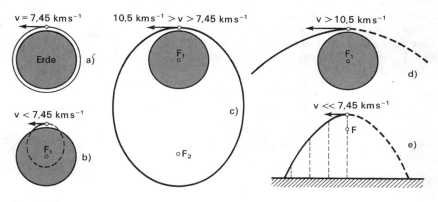

Fig. 13.28

14. TRIGONOMETRISCHE FUNKTIONEN UND IHRE UMKEHRUNGEN

14.1. Trigonometrische Funktionen

14.1.1. Grundeigenschaften der trigonometrischen Funktionen

Wir wollen in diesem Abschnitt die wichtigsten Eigenschaften der trigonometrischen Funktionen nochmals kurz zusammenstellen. Dabei werden wir, wie im Abschnitt 3.3.2. vereinbart, bei den Winkeln grundsätzlich das Bogenmaß verwenden. Die Terme $\sin x$ und $\cos x$ lassen sich für beliebiges $x \in \mathbb{R}$ am Einheitskreis (Fig. 14.1) veranschaulichen. Die Funktionen

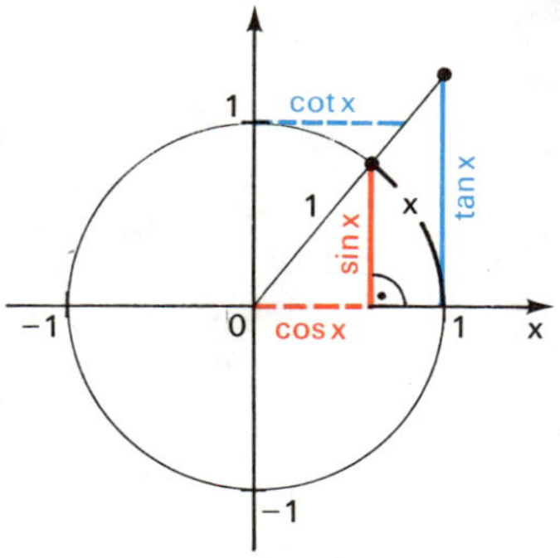

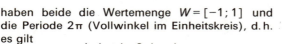

$$\sin: x \mapsto \sin x; \; x \in \mathbb{R} \quad \text{und}$$
$$\cos: x \mapsto \cos x; \; x \in \mathbb{R}$$

haben beide die Wertemenge $W = [-1; 1]$ und die Periode 2π (Vollwinkel im Einheitskreis), d.h. es gilt

Fig. 14.1

$$\sin (x + k \cdot 2\pi) = \sin x;$$
$$\cos (x + k \cdot 2\pi) = \cos x;$$
$$\text{für alle } k \in \mathbb{Z}.$$

Beide Funktionen haben im Intervall $[0; 2\pi[$ zwei Nullstellen und daher wegen der Periodizität in $\mathbb{R}$ unendlich viele. Es gilt:

$$\sin k\pi = 0 \quad \text{sowie} \quad \cos \left(k\pi + \frac{\pi}{2} \right) = 0 \quad \text{für alle } k \in \mathbb{Z}$$

Die Terme

$$\tan x = \frac{\sin x}{\cos x} \quad \text{und} \quad \cot x = \frac{\cos x}{\sin x}$$

sind für alle $x \in \mathbb{R}$ definiert, die nicht Nullstellen des jeweiligen Nennerterms sind. Wir erhalten damit die Funktionen

$$\tan = \frac{\sin}{\cos}; \quad D_{\tan} = \mathbb{R} \setminus \{ x_k \, | \, x_k = (2k+1) \, \frac{\pi}{2} \wedge k \in \mathbb{Z} \}; \quad W_{\tan} = \mathbb{R}$$

$$\cot = \frac{\cos}{\sin}; \quad D_{\cot} = \mathbb{R} \setminus \{ x'_k \, | \, x'_k = k\pi \wedge k \in \mathbb{Z} \}; \quad W_{\cot} = \mathbb{R}$$

An den Definitionslücken haben beide Funktionen senkrechte Asymptoten. Beide Funktionen haben die Periode π:

$$\tan (x + k\pi) = \tan x; \quad \cot (x + k\pi) = \cot x \quad \text{für alle } k \in \mathbb{Z}$$

Unmittelbar aus den Definitionen folgen die für alle $x \in \mathbb{R}$ gültigen Gleichungen:

$$(\sin x)^2 + (\cos x)^2 = 1 \quad \text{sowie}$$
$$\sin (-x) = -\sin x \quad \text{und} \quad \cos (-x) = \cos x.$$

sin ist also eine ungerade, cos eine gerade Funktion.
Entsprechend erhält man:

$$\tan x \cdot \cot x = 1; \quad x \in D_{\tan} \cap D_{\cot} = \mathbb{R} \setminus \{x_m \mid x_m = m \, \frac{\pi}{2} \wedge m \in \mathbb{Z}\}$$
$$\tan(-x) = -\tan x; \quad x \in D_{\tan}.$$

Aus der Mittelstufe[1] kennen wir auch bereits die sog. *Additionstheoreme* für die Funktionen sin und cos, die wir hier mit den im Bogenmaß gemessenen Winkeln a, b $\in \mathbb{R}$ anschreiben:

$$\sin(a + b) = \sin a \cos b + \cos a \sin b$$
$$\cos(a + b) = \cos a \cos b - \sin a \sin b$$

Daraus kann man durch Division für alle zulässigen Werte von a und b herleiten:

$$\tan(a + b) = \frac{\tan a + \tan b}{1 - \tan a \cdot \tan b}.$$

Die entsprechenden Terme für den Differenzwinkel erhält man am einfachsten durch Einsetzen von a + (−b) in die Ausdrücke für den Summenwinkel unter Berücksichtigung der Tatsache, daß sin und tan ungerade Funktionen, cos aber eine gerade Funktion darstellt. (Führe die Herleitung selbst durch und vergleiche mit der mathematischen Formelsammlung.)

Bemerkung:
Obwohl die Funktionen sin und cos wie die ganzrationalen Funktionen für alle x $\in \mathbb{R}$ definiert sind, lassen sie sich nicht in Form einer ganzrationalen Funktion, auch nicht als Quotient zweier ganzrationaler Funktionen, darstellen: Eine rationale Funktion könnte nach dem Nullstellensatz in 5.2.3. nur endlich viele Nullstellen aufweisen, die Funktionen sin und cos haben dagegen unendlich viele. sin, cos, tan (und cot) gehören wie exp und ln zu den sog. *transzendenten* Funktionen.

Aufgaben

1. Welche Beziehungen bestehen zwischen den trigonometrischen Funktionen des Winkels x und denen des Winkels

a) $\frac{\pi}{2} - x$ b) $\frac{\pi}{2} + x$ c) $\pi - x$ d) $\pi + x$?

Die Beziehungen sind zunächst am Einheitskreis abzulesen und dann mit den Additionstheoremen zu bestätigen.

2. Ist die Funktion f: x $\mapsto$ f(x); $D_f = D_{f(x)}$ gerade, ungerade oder keines von beiden?

a) $f(x) = x^2 \cos x$ b) $f(x) = x \cdot \cos x$ c) $f(x) = x \sin x$

d) $f(x) = \cos x \cdot \tan x$ e) $f(x) = \frac{x^2}{\sin x}$ f) $f(x) = \frac{\cos x}{x}$

g) $f(x) = \frac{\sin x}{x}$ h) $f(x) = \cos x \cdot \sin x$ i) $f(x) = x + \sin x$

k) $f(x) = x + \cos x$ l) $f(x) = x^2 - \cos x$

---

[1] Vgl. Kratz-Wörle, Geometrie 2, § 24.
In 14.1.3. werden wir diese Beziehungen mit den Mitteln der Differentialrechnung beweisen.

3. Es sind sämtliche Symmetrieachsen der Graphen folgender Funktionen f: $x \mapsto f(x)$ mit $D_f = D_{f(x)}$ anzugeben:

a) $f(x) = \sin x$ b) $f(x) = \cos x$ c) $f(x) = \sin(x-1)$

d) $f(x) = (\tan x)^2$ e) $f(x) = x \sin x$

14.1.2. Einfache Transformationen

Wir wollen nun auf den Graphen $G_{\sin}$ der Sinusfunktion einige einfache Abbildungen (*Transformationen*) anwenden:

1. Senkrechte y-Affinität: $\bar{x} = x$; $\bar{y} = ay$

Der Graph $G_{\sin}$ wird abgebildet auf den Graphen der Funktion

$$\bar{x} \mapsto \bar{y} = a \sin \bar{x}; \quad \bar{x} \in \mathbb{R}.$$

Der jeweilige Funktionswert $\sin x$ wird mit a multipliziert, also für $a > 1$ vergrößert, für $0 < a < 1$ verkleinert, für $a < 0$ wird sein Vorzeichen umgekehrt (Fig. 14.2).

2. Senkrechte x-Affinität: $\bar{x} = \frac{1}{b}x$; $\bar{y} = y$ $(b \neq 0)$

$G_{\sin}$ wird abgebildet auf den Graphen der Funktion

$$\bar{x} \mapsto \bar{y} = \sin b\bar{x}; \quad \bar{x} \in \mathbb{R}$$

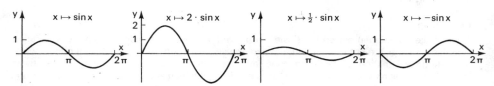

Fig. 14.2

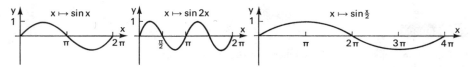

Fig. 14.3

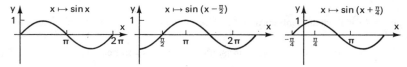

Fig. 14.4

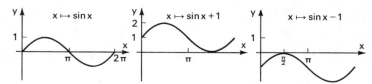

Fig. 14.5

Der Faktor b bedingt für $0 < b < 1$ eine Dehnung und für $b > 1$ eine Stauchung des Graphen in der x-Richtung (Fig. 14.3). Was ergibt sich für $b < 0$?

3. Translation in der x-Richtung: $\bar{x} = x + c$; $\bar{y} = y$
$G_{\sin}$ wird abgebildet auf den Graphen der Funktion

$$\bar{x} \longmapsto \bar{y} = \sin(\bar{x} - c); \quad \bar{x} \in \mathbb{R}$$

Der Summand c bewirkt eine Verschiebung in Richtung wachsender x-Werte für $c > 0$ und in Richtung abnehmender x-Werte für $c < 0$ (Fig. 14.4).

4. Translation in der y-Richtung: $\bar{x} = x$; $\bar{y} = y + d$
$G_{\sin}$ wird abgebildet auf den Graphen der Funktion

$$\bar{x} \longmapsto \bar{y} = \sin\bar{x} + d$$

Durch den Summanden d wird der Graph in Richtung der y-Achse verschoben (Fig. 14.5).

| Beispiel: | f: $x \longmapsto 2\sin 2(x + 2) + 2$; $x \in \mathbb{R}$ (Fig. 14.6) |

Der Graph dieser Funktion geht aus $G_{\sin}$ folgendermaßen hervor:

1. Dehnung der Ordinaten auf den doppelten Betrag.
2. Stauchung der Periodenlänge auf die Hälfte.
3. Verschiebung um 2 LE nach links.
4. Verschiebung um 2 LE nach oben.

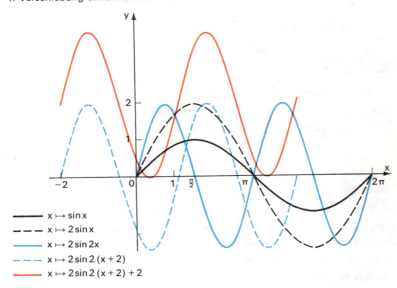

Fig. 14.6

- $x \longmapsto \sin x$
- $x \longmapsto 2\sin x$
- $x \longmapsto 2\sin 2x$
- $x \longmapsto 2\sin 2(x + 2)$
- $x \longmapsto 2\sin 2(x + 2) + 2$

Sind die Graphen von Funktionen mit Zuordnungsvorschriften wie

$$x \longmapsto x + \sin x; \ x \longmapsto x^2 - \sin x; \ x \longmapsto \sin x - 2\cos x \quad \text{oder} \quad x \longmapsto x + \tan x$$

gesucht, so zeichnet man am besten die Graphen der einzelnen Summanden und addiert (bzw. subtrahiert) zeichnerisch die Funktionswerte (*Überlagerung* oder *Superposition*).

Sonderfall:

Funktionen des Typs

$x \mapsto A \sin x + B \cos x; \ x \in \mathbb{R}$

Ermittelt man z. B. den Graphen der Funktion

$f: x \mapsto \sin x - 2 \cos x; \ x \in \mathbb{R}$

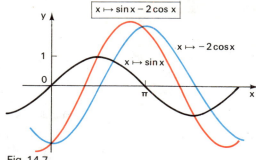

nach der Methode der Superposition (Fig. 14.7) so erinnert er an eine Funktion der Art $x \mapsto a \sin(x + b)$. Tatsächlich gilt:

Fig. 14.7

Jeder Funktionsterm vom Typ $f(x) = A \sin x + B \cos x$ läßt sich in die Form $f(x) = a \sin(x + b)$ bringen und umgekehrt.

Beweis:

Nach den Additionstheoremen ist $a \sin(x + b) = a \sin x \cos b + a \sin b \cos x$. Die Terme

$$f(x) = a \sin(x + b) \quad \text{und} \quad \bar{f}(x) = A \sin x + B \cos x$$

sind also für alle $x \in \mathbb{R}$ äquivalent, wenn

$$A = a \cos b \wedge B = a \sin b.$$

Wählt man

$$a = \sqrt{A^2 + B^2} \wedge \cos b = \frac{A}{\sqrt{A^2 + B^2}} \wedge \sin b = \frac{B}{\sqrt{A^2 + B^2}},$$

so sind diese beiden Bedingungen erfüllt.

Aufgaben

1. Zeichne die Graphen folgender Funktionen für $x \in \mathbb{R}$:

   a) $f: x \mapsto \frac{1}{2} \sin(\frac{1}{2}x) - \frac{1}{2}$ b) $f: x \mapsto -\frac{1}{2}(\cos x - \frac{\pi}{3})$ c) $f: x \mapsto 1,5 \sin 3x$

2. Zeichne die Graphen der folgenden in $\mathbb{R}$ definierten Funktionen durch Überlagerung (Superposition):

   a) $f: x \mapsto \frac{1}{2}x + \sin x$ b) $f: x \mapsto -x + \cos x$ c) $f: x \mapsto x + \sin 2x$

   d) $f: x \mapsto x^2 - \frac{1}{2} \sin 2x$ e) $f: x \mapsto \cos x - 2 \sin x$ f) $f: x \mapsto \sin 2x + \sin x$

3. Bringe die folgenden Funktionsterme auf die Form $f(x) = a \sin(x + b)$:

   a) $f(x) = \sin x + \cos x$ b) $f(x) = 3 \sin x - 4 \cos x$ c) $f(x) = -\sqrt{3} \sin x + \cos x$

4. Zeige, daß sich jeder Funktionsterm vom Typ

   $f(x) = A \sin Cx + B \cos Cx$ in die Form

   $f(x) = a \sin(Cx + b)$ bringen läßt!

5. Zeichne den Durchschnitt der Graphen folgender Relationen:

   $$R_1 = \{(x; y) \in \mathbb{R} \times \mathbb{R} \mid y < -x^2\} \quad \text{und} \quad R_2 = \{(x; y) \in \mathbb{R} \times \mathbb{R} \mid y > -\cos(\pi x) - 2\}$$

6. Auf den Graphen der Funktion $f: x \mapsto \cos x; \ x \in \mathbb{R}$ werden die nachfolgenden Abbildungen angewandt. Zeichne den Bildgraphen und gib die zugehörige Funktion an:

   a) $\bar{x} = x + 1; \quad \bar{y} = 2y$

   b) $\bar{x} = -x; \quad \bar{y} = y$ (Achsensymmetrie)

   c) $\bar{x} = 2x; \quad \bar{y} = 2y$ (zentrische Streckung)

   d) $\bar{x} = -x; \quad \bar{y} = -y$ (Punktsymmetrie)

   e) $\bar{x} = \frac{1}{2}x; \quad \bar{y} = y^2$

   f) $\bar{x} = x; \quad \bar{y} = \dfrac{1}{y}$

14.1.3. Die Ableitung der trigonometrischen Funktionen

In 4.2.2. erhielten wir für die Ableitung der Funktionen sin und cos:

$$\boxed{f(x) = \sin x \;\Rightarrow\; f'(x) = \cos x} \quad \text{und}$$

$$\boxed{f(x) = \cos x \;\Rightarrow\; f'(x) = -\sin x}$$

Daraus gewinnen wir die Ableitung der Funktion

$$\tan: x \longmapsto \frac{\sin x}{\cos x}; \quad x \in D_{\tan}$$

indem wir für alle x mit $\cos x \neq 0$ die Quotientenregel anwenden:

$$(\tan x)' = \frac{\cos x \cdot \cos x - \sin x \cdot (-\sin x)}{(\cos x)^2} = \frac{1}{(\cos x)^2}$$

Man hätte hier auch anders umformen können:

$$(\tan x)' = \frac{(\cos x)^2}{(\cos x)^2} + \frac{(\sin x)^2}{(\cos x)^2} = 1 + (\tan x)^2$$

Wir erhalten also:

$$\boxed{f(x) = \tan x \;\Rightarrow\; f'(x) = \frac{1}{(\cos x)^2} = 1 + (\tan x)^2}$$

Entsprechend findet man:

$$\boxed{f(x) = \cot x \;\Rightarrow\; f'(x) = -\frac{1}{(\sin x)^2} = -1 - (\cot x)^2}$$

Mit Hilfe der Ableitung läßt sich eine Reihe von Eigenschaften der trigonometrischen Funktionen besonders leicht beweisen.

Beispiel: Beweis der Additionstheoreme von Abschnitt 14.1.1.

Wir betrachten mit beliebigem $x \in \mathbb{R}$ und ebenfalls beliebigem, aber festem $b \in \mathbb{R}$ die Funktionsterme:

$$f(x) := \sin x \cos b + \cos x \sin b - \sin(x + b) \quad \text{und}$$
$$g(x) := \cos x \cos b - \sin x \sin b - \cos(x + b)$$

Durch Differenzieren erhält man sofort die Beziehungen

$$f'(x) = \cos x \cos b - \sin x \sin b - \cos(x + b) = g(x) \quad \text{und}$$
$$g'(x) = -\sin x \cos b - \cos x \sin b + \sin(x + b) = -f(x)$$

Deshalb ist

$$f(x)\, f'(x) + g(x)\, g'(x) = 0 \quad \text{für alle } x \in \mathbb{R}$$

Dies bedeutet aber nach der Kettenregel, daß die Ableitung des Funktionsterms

$$F(x) = [f(x)]^2 + [g(x)]^2$$

für alle $x \in \mathbb{R}$ verschwindet und daraus folgt nach Satz 1 in Abschnitt 6.3.1, daß $F(x) = C$ eine Konstante sein muß. Nun ist aber der Funktionswert

$$F(0) = [f(0)]^2 + [g(0)]^2 = (\sin b - \sin b)^2 + (\cos b - \cos b)^2 = 0$$

Daher muß $F(x)$ konstant Null sein. Das ist aber für eine Summe von zwei Quadraten nur möglich, wenn

$$f(x) = 0 \wedge g(x) = 0 \quad \text{für alle } x \in \mathbb{R}.$$

Damit haben wir die beiden Additionstheoreme bewiesen. Setzt man $x := a$, so erhält man die in Abschnitt 14.1.1. angegebene Form.

Aufgaben

1. Differenziere folgende Funktionen ($D_f = D_{f(x)}$):

   a) $f: x \mapsto \tan x - \cot x$ b) $f: x \mapsto x \sin x$ c) $f: x \mapsto \sin x - x \cos x$

   d) $f: x \mapsto x^2 \cos x$ e) $f: x \mapsto x^3 \tan x$ f) $f: x \mapsto \dfrac{1}{\sin x}$

   g) $f: x \mapsto \dfrac{\sin x}{x^2}$ h) $f: x \mapsto \dfrac{\sin x}{1 + \cos x}$ i) $f: x \mapsto \dfrac{1 + \cos x}{1 - \cos x}$

   k) $f: x \mapsto \ln \cos x$ l) $f: x \mapsto \ln |\sin x|$ m) $f: x \mapsto \ln \sqrt{\tan x}$

2. Diskutiere die folgenden in $\mathbb{R}$ definierten Funktionen und zeichne ihre Graphen für $x \in [-\pi; 2\pi]$:

   a) $f: x \mapsto \sin x + \cos x$

   b) $f: x \mapsto x + \sin x$

   c) $f: x \mapsto |\sin x| + |\sin(x - \frac{\pi}{2})|$;   (Gleichrichtung und Glättung von Wechselstrom)

   d) $f: x \mapsto e^{-x} \cos x$;   (Gedämpfte Schwingung)

   e) $f: x \mapsto \begin{cases} \dfrac{\sin x}{x} & \text{für } x \in \mathbb{R} \setminus \{0\} \\ 1 & \text{für } x = 0 \end{cases}$

   Ermittle insbesondere das Verhalten der 1. Ableitung in einer Umgebung der Stelle 0.

3. Gegeben ist die Funktion

   $$f: x \mapsto \frac{1}{\sin x} + \frac{1}{\cos x}; \quad D_f = D_{f(x)} \cap [0; \pi]$$

   Bestimme das Vorzeichen von f und von f'! Skizziere G_f! ($\pi \approx 3$).

4. Von einem Dreieck mit $\gamma = 90°$ ist die Maßzahl u des Umfangs gegeben. Wie groß muß der Winkel α gewählt werden, damit die Seite c möglichst klein wird?

5. Beweise durch Differenzieren die für alle $x \in \mathbb{R}$ gültige Beziehung:

   $$(\sin x)^2 + (\cos x)^2 = 1$$

6. Für die Funktion $f: x \mapsto \cos \sqrt{x}$; $x \in \mathbb{R}_0^+$ ist $\lim\limits_{x \to 0+0} f'(x)$ zu ermitteln. Welche geometrische Bedeutung hat dieser Grenzwert für den Graphen der Funktion? (Zeichnung von G_f für $0 \le x \le 3$; 1 LE $= 2$ cm).

7. Man bestimme den Grenzwert von $f(x) = \dfrac{\tan x}{x + \sin x}$ für $x \to 0$

   a) durch geeignete Umformung und Anwendung der Grenzwertregeln,

   b) durch Anwendung des Mittelwertsatzes der Differentialrechnung auf Zähler und Nenner in der Umgebung von $x = 0$.

   c) Kontrolliere das Ergebnis mit Hilfe der L'Hospitalschen Regel!

8. Gegeben ist die Funktion $f: x \mapsto f(x) = 3\sqrt{1 - 2\cos x}$.

   a) In welchem Teilbereich von $[0; 2\pi[$ ist f definierbar? Welcher Wertebereich ergibt sich?

b) Bestimme diejenigen Stellen x im unter a) ermittelten Definitionsbereich, für die $f'(x) = f(x)$ gilt!

c) Zeichne den Graphen von f mit 1 LE = 1 cm und $\pi \approx 3$!

9. Gegeben sind für $x \in \mathbb{R}$ die Funktionen

$$\sin: x \mapsto \sin x \quad \text{und} \quad f: x \mapsto x - \tfrac{1}{6}x^3;$$

a) Diskutiere den Verlauf der zugehörigen Graphen $G_{\sin}$ und G_f (Schnittpunkte mit der x-Achse, Maxima, Minima, Wendepunkte)! Beweise, daß beide Graphen eine gemeinsame Wendetangente haben, stelle deren Gleichung auf und zeichne sie!

b) Zeichne $G_{\sin}$ für $x \in [-\pi; \pi]$ und G_f für $x \in [-3; 3]$

c) f kann in der Umgebung des Ursprungs als Näherungsfunktion für sin angesehen werden. Bestätige dies durch die Untersuchung der Differenzfunktion $d := \sin - f$. Zeige dazu, daß der Funktionswert von d und der Wert der ersten drei Ableitungen von d im Ursprung verschwinden und daß f die einzige ganze rationale Funktion 3. Grades ist, für die das gilt! Welchen Funktionswert hat d an der Stelle $x := 0,5$?

d) Suche eine ganzrationale Funktion 4. Grades, welche die Funktion cos im gleichen Sinne möglichst gut annähert!

14.1.4. Die Grundintegrale der trigonometrischen Funktionen

In 8.3.2. fanden wir bereits

$$\int \sin x \, dx = -\cos x + C; \quad \int \cos x \, dx = \sin x + C$$

Durch Umkehrung der Differentiation für die Tangens- und Kotangensfunktion ergibt sich für Intervalle, in denen keine Nullstelle des Nenners der Integrandenfunktion liegt:

$$\int \frac{dx}{(\cos x)^2} = \tan x + C; \quad (\cos x \neq 0)$$

$$\int \frac{dx}{(\sin x)^2} = -\cot x + C; \quad (\sin x \neq 0)$$

Aufgaben

1. a) $\displaystyle\int_0^{0,5} \frac{dx}{(\cos x)^2}$;

b) $\displaystyle\int_{0,5}^1 \frac{dx}{1 - \cos 2x}$;

c) $\displaystyle\int \frac{dx}{1 - \cos 2x}$

d) $\displaystyle\int \frac{1}{(\sin x)^2 (\cos x)^2} \, dx$;

e) $\displaystyle\int \frac{dx}{\tan x \cdot (\cos x)^2}$;

f) $\displaystyle\int \frac{dx}{\sin x \cos x}$

g) $\displaystyle\int \frac{\cos 2x}{\sin x \cos x} \, dx$

Hinweise zu d): Ersetze 1 durch $(\sin x)^2 + (\cos x)^2$!

e), f) und g): Beachte Abschnitt 11.1.4!

2. a) $\displaystyle\int (\tan x)^2 \, dx$;

b) $\displaystyle\int_{0,5}^{0,8} (\cot x)^2 \, dx$;

c) $\displaystyle\int_{\pi/4}^{\pi/3} \frac{1 - \cos 2x}{1 + \cos 2x} \, dx$

Hinweis zu a): Beachte, daß $1 + (\tan x)^2 = \dfrac{1}{(\cos x)^2}$!

3. Berechne den Inhalt der Fläche, die von G_f und der x-Achse zwischen benachbarten Nullstellen eingeschlossen wird!

   a) $f: x \mapsto \sin x + \cos x; \quad D_f = [0; 2\pi]$

   b) $f: x \mapsto 2 - \dfrac{1}{(\cos x)^2}; \quad D_f = \left]\dfrac{\pi}{2}; \dfrac{3}{2}\pi\right[$

   c) $f: x \mapsto \sin x - \dfrac{2x}{\pi}; \quad D_f = \mathbb{R}_0^+$

   Hinweis zu c): Die Nullstellen sind durch Probieren zu finden.

4. Die Graphen der für $x \in \mathbb{R}$ definierten Funktionen

   $$f: x \mapsto \sin x \quad \text{und} \quad g: x \mapsto 1 - \cos x$$

   schließen zwei Flächen mit verschiedenen Inhalten ein. Berechne die Maßzahlen dieser Inhalte!

5. Die Graphen der für $x \in \mathbb{R}$ definierten Funktionen

   $$f_a: x \mapsto a \sin x \quad \text{und} \quad g_c: x \mapsto cx^2 \quad \text{mit} \quad a, c \in \mathbb{R}$$

   schneiden sich im Punkt $P\left(\dfrac{\pi}{2}; \dfrac{1}{2}\right)$. Zu berechnen sind a, c und der Inhalt der von den zugehörigen Graphen eingeschlossenen Fläche.

6. In einer Integraltafel findet man folgende Beziehungen:

   $$\int (\sin x)^2 \, dx = \tfrac{1}{2}x - \tfrac{1}{4}\sin 2x + C$$
   $$\int x (\sin x)^2 \, dx = \tfrac{1}{4}x^2 - \tfrac{1}{4}x \sin 2x - \tfrac{1}{8}\cos 2x + C$$

   Kontrolliere die Richtigkeit!

7. Wie ist die obere Grenze zu wählen, damit die Integrale die angegebenen Werte erhalten?

   a) $\displaystyle\int_{\pi/6}^{x} \dfrac{dt}{(\cos t)^2} = \dfrac{2}{3}\sqrt{3}$ b) $\displaystyle\int_{0}^{x} (8t + 2\sin t)\,dt = \pi^2 + 2$

8. Von zwei in $\mathbb{R}$ differenzierbaren Funktionen f_1 und f_2 weiß man, daß für alle $x \in \mathbb{R}$ gilt:

   $$f_1' = f_2 + f_1 \quad \text{und} \quad f_2' = f_2 - f_1$$

   a) Folgere daraus nach 11.2.4., daß für die Funktion $F = f_1 \cdot f_1 + f_2 \cdot f_2$ gilt:

   $$F(x) = Ce^{2x} \quad \text{mit} \quad C \geqq 0$$

   b) Zeige weiter, daß für jede der Funktionen f_i mit $i = 1,2$ gilt: Die Funktion

   $$g_i := \dfrac{f_i}{\exp}$$

   erfüllt die Differentialgleichung $g_i'' = -g_i$.
   Identifiziere damit die Funktionen f_1 und f_2!

Ergänzungen und Ausblicke

Überlagerung von Schwingungen

In vielen Gebieten der Physik spielen Schwingungen eine wichtige Rolle. So kann z.B. der zeitliche Ablauf der Druckschwankungen, die von einer angeschlagenen Stimmgabel als „reiner Ton" an unser Ohr gelangen, durch eine Sinusfunktion beschrieben werden: $y(t) = a \sin \omega t$.
Der Faktor a stellt die Amplitude der Schwingung dar, der Faktor ω hängt eng mit der Zahl v der Schwingungen pro Sekunde, der sog. Schwingungsfrequenz, zusammen: Wäre $\omega = 1$, so würde eine Schwingung in 2π Sekunden erfolgen, bei v Schwingungen in *einer* Sekunde ist daher $\omega = 2\pi v$.

Treffen nun von zwei verschiedenen, gleichphasig
schwingenden Zentren Z_1 und Z_2 (z. B. Schall-
quellen) im Punkt P Schwingungen der gleichen
Amplitude ein, so sind diese zeitlich gegenein-
ander versetzt, sobald die Entfernungen $\overline{PZ_1}$ und
$\overline{PZ_2}$ voneinander verschieden sind (Fig. 14.8).
Die Wegdifferenz Δs führt zu einer sog. Phasendifferenz $\Delta \varphi$ in der Sinusfunktion. Wir können
dann für die von Z_1 bzw. Z_2 in P eintreffenden
Schwingungen $y_1(t)$ bzw. $y_2(t)$ schreiben:

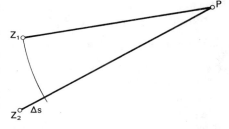

$$y_1(t) = a \sin \omega t \quad \text{bzw.} \quad y_2(t) = a \sin(\omega t + \Delta \varphi) \qquad \text{Fig. 14.8}$$

Der Zusammenhang zwischen $\Delta \varphi$ und Δs ist einfach: Einer Wegdifferenz von einer Wellenlänge λ
würde eine Phasendifferenz von 2π entsprechen, es ist daher

$$\frac{\Delta s}{\lambda} = \frac{\Delta \varphi}{2\pi}$$

Physikalisch beobachtet man nun im Punkt P, daß sich diese beiden Schwingungen einfach
additiv zu einer Gesamtschwingung $y(t)$ überlagern (*Superpositionsprinzip*):

$$y(t) = y_1(t) + y_2(t) = a \sin \omega t + a \sin(\omega t + \varphi)$$

Diesen Ausdruck kann man nach der allgemeingültigen Beziehung

$$\sin \alpha + \sin \beta = 2 \sin \frac{\alpha + \beta}{2} \cos \frac{\alpha - \beta}{2}, \qquad (1)$$

die sich leicht aus den Additionstheoremen herleiten läßt, umformen zu

$$y(t) = 2a \sin \frac{\omega t + (\omega t + \Delta \varphi)}{2} \cdot \cos \frac{\omega t - (\omega t + \Delta \varphi)}{2} = 2a \cos \frac{\Delta \varphi}{2} \sin \left(\omega t + \frac{\Delta \varphi}{2} \right)$$

Im Punkt P beobachtet man also eine Schwingung der Frequenz ω mit der *von der Phasendifferenz
$\Delta \varphi$ abhängigen Amplitude* $2a \cos \varphi$. Man nennt diese physikalische Erscheinung *Interferenz*.
Dabei sind besonders zwei Extremfälle interessant:

a) Maximal mögliche Amplitude vom Betrag $2a$, wenn

$$\cos \frac{\Delta \varphi}{2} = \pm 1, \quad \text{also} \quad \frac{\Delta \varphi}{2} = k\pi \quad \text{mit} \quad k \in \mathbb{Z}$$

oder $\Delta \varphi = 2k\pi$ ist (maximale Verstärkung durch Interferenz).

b) Amplitude 0, also überhaupt keine Schwingung, wenn

$$\cos \frac{\Delta \varphi}{2} = 0, \quad \text{also} \quad \frac{\Delta \varphi}{2} = (2k+1) \cdot \frac{\pi}{2} \quad \text{mit} \quad k \in \mathbb{Z}$$

oder $\Delta \varphi = (2k+1)\pi$ ist (Auslöschung durch Interferenz).

Ersetzt man die Phasendifferenz $\Delta \varphi$ durch die Wegdifferenz $\Delta s = \frac{\lambda}{2\pi} \Delta \varphi$, so erhält man

a) maximale Verstärkung bei $\Delta s = k\lambda$ $\Big\}$

b) Auslöschung bei $\Delta s = (2k+1)\dfrac{\lambda}{2}$ $\Big\}$ mit $k \in \mathbb{Z}$

Die Interferenz zweier Schwingungszentren dient in der Physik sowohl zum Nachweis, daß eine
Wellenerscheinung vorliegt als auch zur Bestimmung der Wellenlänge λ.
Gehen von Z_1 und Z_2 Wellen von gleicher Amplitude aus, die sich in der Frequenz nur wenig (im
Vergleich zur Schwingungsfrequenz selbst) unterscheiden, so beobachtet man in P auch bei
$\Delta s = 0$ ein periodisches Schwanken der Amplitude, eine sog. *Schwebung*.

Man mache sich den Sachverhalt rechnerisch durch Addition von

$$y_1(t) = a\sin\omega_1 t \quad \text{und} \quad y_2(t) = a\sin\omega_2 t$$

und Verwendung der Beziehung (1) klar und beachte dabei, daß wegen $\omega_1 \approx \omega_2$ die Differenz $\omega_1 - \omega_2$ gegenüber ω_1 und ω_2 klein ist. Zeichne das Schwingungsbild für $\omega_1 = 1$; $\omega_2 = \frac{5}{4}$; $0 \leqq t \leqq 8\pi$; 1 LE = 0,5 cm; $\pi \approx 3$! Was ergibt sich rechnerisch und zeichnerisch für die Frequenz, mit der die Amplitude moduliert wird (sog. *Schwebungsfrequenz*)?

Bemerkung:

In der Technik werden Schwebungen zur genauen Abstimmung von Schwingungsfrequenzen sowie bei der sog. *Frequenzmodulation* und der Geschwindigkeitsmessung durch *Radar* benutzt.

14.2. Arcusfunktionen

14.2.1. Definition der Arcusfunktionen

A. Die Umkehrung der Sinusfunktion

Die Funktion sin: $x \mapsto y = \sin x$; $x \in \mathbb{R}$ nimmt wegen ihrer Periodizität (vgl. 14.1.1.) jeden y-Wert zwischen -1 und $+1$ unendlich oft an, z. B. ist

$$\sin x = 0,5 \text{ für } \left\{ \begin{array}{l} x = \frac{\pi}{6} + 2k\pi \\ x = (\pi - \frac{\pi}{6}) + 2k\pi \end{array} \right\} \text{ mit } k \in \mathbb{Z}$$

Zur Funktion sin selbst gibt es daher *keine* Umkehr*funktion*. Eine Umkehrfunktion wird erst dadurch möglich, daß wir die Definitionsmenge der Sinusfunktion auf ein Intervall einschränken, in dem sin x streng monoton ist. Dies ist z. B. im Intervall $[-\frac{\pi}{2}; \frac{\pi}{2}]$ der Fall. Die zugehörige Einschränkung der Sinusfunktion

$$\sin_0: x \mapsto \sin x; \quad x \in [-\tfrac{\pi}{2}; \tfrac{\pi}{2}]$$

hat die Wertemenge $[-1; 1]$ und ist umkehrbar. Die Umkehrfunktion von $\sin_0$ hat daher die Definitionsmenge $[-1; 1]$ und die Wertemenge $[-\frac{\pi}{2}; \frac{\pi}{2}]$. Wir bezeichnen sie mit

$$\text{arcsin}: x \mapsto \text{arcsin} x; \quad x \in [-1; 1];^{[1]}$$

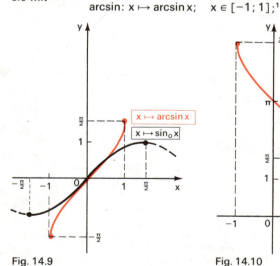

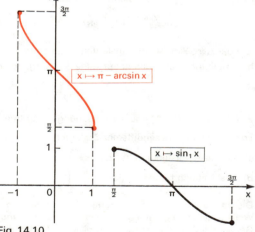

Fig. 14.9   Fig. 14.10

---

[1] Lies: Arcus-sinus-x.

Erklärung:

arcsin x bedeutet den Winkel im Bogenmaß (*arc*us)[1] zwischen $-\frac{\pi}{2}$ und $\frac{\pi}{2}$, dessen *sin*us gleich x ist.

Definitionsgemäß gilt daher (vgl. auch 6.1.2.)

$$\sin(\arcsin x) = x \quad \text{für } x \in [-1; 1]$$
$$\arcsin(\sin x) = x \quad \text{für } x \in [-\tfrac{\pi}{2}; \tfrac{\pi}{2}]$$

Beispiele: a) $\arcsin 0,5 = \frac{\pi}{6}$, weil $\sin\frac{\pi}{6} = 0,5$

                 b) $\arcsin\left(-\frac{1}{2}\sqrt{2}\right) = -\frac{\pi}{4}$, weil $\sin\left(-\frac{\pi}{4}\right) = -\sin\frac{\pi}{4} = -\frac{1}{2}\sqrt{2}$

Den Graphen G_{arcsin} erhalten wir durch Spiegelung von $G_{\sin}$ an der Winkelhalbierenden des 1. und 3. Quadranten (Fig. 14.9).

Bemerkung:

Die Funktion sin: $x \mapsto \sin x$; $x \in \mathbb{R}$ ist in *jedem* Intervall

$$[-\tfrac{\pi}{2} + k\pi; \tfrac{\pi}{2} + k\pi] \quad \text{mit} \quad k \in \mathbb{Z}$$

streng monoton. Bezeichnen wir die zugehörige Einschränkung der Sinusfunktion mit $\sin_k$, so ist $\sin_k$ umkehrbar. Wegen der Symmetrie- und Periodizitätseigenschaften von sin hängt die Umkehrfunktion von $\sin_k$ mit arcsin, der Umkehrfunktion von $\sin_0$, sehr einfach zusammen. Zeige selbst, daß gilt:

$$(\sin_k)^{-1}: x \mapsto \begin{cases} k\pi + \arcsin x & \text{für geradzahliges } k \\ k\pi - \arcsin x & \text{für ungeradzahliges } k \end{cases}$$

Den zu $k = 1$ gehörigen Graphen zeigt Fig. 14.10. Wir wollen künftig jedoch nur arcsin als Umkehrfunktion von $\sin_0$ betrachten. Sie wurde früher als Hauptwert aller möglichen Umkehrfunktionen bezeichnet und ist dadurch gekennzeichnet, daß ihr Graph den Ursprung enthält.

B. Die Umkehrungen der übrigen trigonometrischen Funktionen

Um zu einer Umkehrfunktion zur Kosinusfunktion zu gelangen, können wir entsprechend wie vorhin verfahren. Wir betrachten hier die eingeschränkte Funktion

$$\cos_0: x \mapsto \cos x; \quad x \in [0; \pi]$$

$\cos_0$ ist eine streng monoton abnehmende Funktion mit der Wertemenge $[-1; 1]$. Die zugehörige Umkehrfunktion heißt

$$\text{arccos}: x \mapsto \arccos x; \quad x \in [-1; 1]$$

Ihre Wertemenge ist $W = [0; \pi]$.

Erklärung:

arccos x bedeutet den *arc*us zwischen 0 und π, dessen *cos*inus gleich x ist.

Fig. 14.11 zeigt den Graphen G_{arccos}.

Beispiele: a) $\arccos\frac{1}{2} = \frac{\pi}{3}$, weil $\cos\frac{\pi}{3} = \frac{1}{2}$

                 b) $\arccos\left(-\frac{1}{2}\right) = \frac{2\pi}{3}$, weil $\cos\frac{2\pi}{3} = -\frac{1}{2}$

---

[1] Vom lat. Wort *arc*us, der Bogen.

Bemerkung:

Ähnlich wie bei der Sinusfunktion sind auch hier alle Funktionen $\cos_k : x \mapsto \cos x; \, x \in [k\pi; (k+1)\pi]$ mit $k \in \mathbb{Z}$ umkehrbar. In welcher Beziehung stehen die jeweiligen Umkehrfunktionen zu arccos?

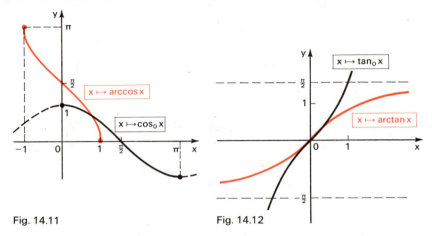

Fig. 14.11   Fig. 14.12

Bei der Tangensfunktion ist die Einschränkung

$$\tan_0 : x \mapsto \tan x; \quad x \in \,] -\tfrac{\pi}{2}; \tfrac{\pi}{2} [$$

mit der Wertemenge $\mathbb{R}$ umkehrbar. Die zugehörige Umkehrfunktion heißt

$$\text{arctan} : x \mapsto \arctan x; \quad x \in \mathbb{R}$$

Ihre Wertemenge ist $] -\tfrac{\pi}{2}; \tfrac{\pi}{2} [$.

Erklärung:

arctan x bedeutet den *arcus* zwischen $-\tfrac{\pi}{2}$ und $\tfrac{\pi}{2}$, dessen *tan*gens gleich x ist.

Beispiele: a) $\arctan 1 = \tfrac{\pi}{2}$, weil $\tan \tfrac{\pi}{2} = 1$

b) $\arctan(-\tfrac{1}{3}\sqrt{3}) = -\tfrac{\pi}{6}$, weil $\tan(-\tfrac{\pi}{6}) = -\tan \tfrac{\pi}{6} = -\tfrac{1}{3}\sqrt{3}$

Aus den Eigenschaften von $\tan_0$ folgt:

$$\lim_{x \to \infty} \arctan x = \tfrac{\pi}{2} \quad \text{und} \quad \lim_{x \to -\infty} \arctan x = -\tfrac{\pi}{2} \qquad \text{(Fig. 14.12)}$$

Bemerkungen:

(1) Für die Funktionen arcsin, arccos, arctan bürgern sich immer mehr auch die Bezeichnungen $\sin^{-1}$, $\cos^{-1}$ und $\tan^{-1}$ ein. Warum sind sie mathematisch nicht ganz korrekt?

(2) Die Umkehrfunktionen der trigonometrischen Funktionen werden auch *zyklometrische Funktionen* genannt, weil sie − wie wir noch sehen werden − auch für die Kreismessung von Bedeutung sind.

(3) Auch für die Kotangensfunktion kann man eine Umkehrfunktion finden. Man definiert sie als Umkehrfunktion zur streng monotonen Einschränkung

$$\cot_0 : x \mapsto \cot x; \quad x \in \,] 0; \pi [.$$

Sie heißt arccot: $x \mapsto \text{arccot} x; \, x \in \mathbb{R}$ und hat die Wertemenge $] 0; \pi [$.

C. Bestimmung der Funktionswerte

Die Werte der Arcusfunktionen lassen sich mit einer Genauigkeit von vier Dezimalen ggf. bei linearer Interpolation, bzw. mit drei Dezimalen bei Rundung, aus der Tabelle S. 9–23 des Tafelwerks (TW) ermitteln.

Beispiele: a) $\arcsin 0{,}5225 = 0{,}5498$, (TW S. 19)
  b) $\arctan 0{,}3283 = 0{,}3172$, (TW S. 15, interpoliert)
  c) $\arctan \sqrt{2} = \arctan 1{,}4142 = 0{,}955$, (TW S. 20, Rundung auf 3 Dez.)

Wird eine höhere Genauigkeit gefordert, so bestimmt man die Funktionswerte mit elektronischen Taschenrechnern[1].

Aufgaben

1. a) $\arcsin 1$
   b) $\arcsin \frac{1}{2}\sqrt{2}$
   c) $\arcsin\left(-\frac{1}{2}\sqrt{3}\right)$
   d) $\arcsin 0{,}4810$

   e) $\arccos \frac{1}{2}$
   f) $\arccos \frac{1}{2}\sqrt{3}$
   g) $\arccos(-1)$
   h) $\arccos 0{,}8531$

   i) $\arctan 1$
   k) $\arctan(-\sqrt{3})$
   l) $\arctan(-0{,}7536)$
   m) $\operatorname{arccot}\frac{1}{3}\sqrt{3}$

   mit Interpolation:

   n) $\arcsin 0{,}2303$
   o) $\arctan 0{,}9596$
   p) $\operatorname{arccot} 1{,}4397$
   q) $\arcsin 0{,}5333$

   r) $\arctan 0{,}6992$
   s) $\arcsin(-0{,}7860)$
   t) $\arccos(-0{,}9049)$
   u) $\arctan(-\sqrt{2})$

2. Gesucht sind die Lösungsmengen folgender Gleichungen und Ungleichungen:

   a) $\arcsin x = \frac{\pi}{4}$
   b) $\arcsin x = \frac{\pi}{6}$
   c) $\arcsin x = 0{,}4520$

   d) $\arctan x = -\frac{\pi}{3}$
   e) $\arccos x = \frac{5}{6}\pi$
   f) $(\arccos x)^2 = 0{,}25$

   g) $(\arcsin x)^2 \leqq 2$
   h) $0 < \arcsin x < \frac{\pi}{8}$
   i) $|\arcsin x| < \frac{\pi}{3}$

3. Zeige, daß für $a \in \left]0;1\right[$ gilt:

   a) $\arcsin a = \arccos \sqrt{1-a^2}$
   b) $\arccos a = \arcsin \sqrt{1-a^2}$

   c) $\arcsin a = \arctan \dfrac{a}{\sqrt{1-a^2}}$
   d) $\arccos a = \arctan \dfrac{\sqrt{1-a^2}}{a}$

   Welche Änderungen ergeben sich für $a \in \left]-1;0\right[$?

4. Folgende Terme sind für $x \in \left]0;1\right[$ zu vereinfachen:

   a) $\cos(\arccos x)$
   b) $\sin(\arccos x)$
   c) $\cos(\arcsin x)$

   d) $\tan(\arccos x)$
   e) $\cos(\arctan x)$

   Welche Änderungen ergeben sich für $x \in \left]-1;0\right[$?

5. Beweise folgende Beziehungen:

   a) $\arcsin a + \arccos a = \frac{\pi}{2}$ für alle $a \in [-1;1]$

   b) $\arcsin(2x-1) + 2\arccos\sqrt{x} = \frac{\pi}{2}$ für alle $x \in [0;1]$

   c) $2\arcsin\sqrt{x} - \arcsin(2x-1) = \frac{\pi}{2}$ für alle $x \in [0;1]$

6. Gib zu folgenden Termen $f(x)$ die maximal mögliche Definitionsmenge an! Bestimme für die jeweils zugehörige Funktion f die Wertemenge und zeichne den Graphen durch Überlagerung!

   a) $f(x) = x + \arccos x$
   b) $f(x) = \sqrt{x} + \arcsin x$
   c) $f(x) = \frac{\pi}{2} + \arcsin(x-1)$

7. Gesucht sind alle Einschränkungen der Funktion tan, die auf einem möglichst großen Intervall definiert sind und zu denen es jeweils eine Umkehrfunktion gibt. Wie hängen diese Umkehrfunktionen mit der Funktion arctan zusammen?

---

[1] Schon bei Taschenrechnern der mittleren Preislage sind die Werte der Arcusfunktionen auf 10 geltende Ziffern bestimmbar. Die Tasten sind meist mit $\sin^{-1}$, $\cos^{-1}$, $\tan^{-1}$ beschriftet.

8. Gegeben ist die Funktion

$$f: x \mapsto \arctan \frac{x}{x-1}; \quad D_f = D_{f(x)}$$

Bestimme $\lim\limits_{x \to \pm\infty} f(x)$ sowie $\lim\limits_{x \to 1 \pm 0} f(x)$ und skizziere den Graphen G_f!

9. Untersuche das Verhalten der Funktion:

$$f: x \mapsto \frac{1}{\frac{\pi}{2} + \arctan\frac{1}{x}}; \quad x \in \mathbb{R} \setminus \{0\}$$

für $x \to \pm\infty$ und für $x \to 0 \pm 0$.

10. Bestimme $D_{f(x)}$ für folgende Terme:

a) $f(x) = \arccos\frac{1}{x}$ b) $f(x) = \arcsin \ln x$

c) $f(x) = \arcsin\sqrt{4 - x^2}$ d) $f(x) = \arccos\left(\dfrac{2}{e^x + e^{-x}}\right)$

e) $f(x) = \arcsin\dfrac{x}{\sqrt{x^2 + 1}}$ f) $f(x) = \arccos(\arctan x)$

11. Gegeben ist die Funktion $f: x \mapsto \arcsin(x^2 - 2x - 3); \quad D_f = D_{f(x)}$.

a) Zeige: $D_f = \{x \mid 1 - \sqrt{5} \leqq x \leqq 1 - \sqrt{3}\} \cup \{x \mid 1 + \sqrt{3} \leqq x \leqq 1 + \sqrt{5}\}$

b) Skizziere den Graphen von f!

14.2.2. Die Ableitungen der Arcusfunktionen

A. Die Ableitung der Arcusfunktionen gewinnen wir aus dem Ableitungssatz für die Umkehrfunktion in 10.2., wobei wir f: = $\sin_0$ und $f^{-1} := \arcsin$ gesetzt denken. Die Funktion

$$\sin_0: x \mapsto \sin x; \quad x \in \left[-\tfrac{\pi}{2}; \tfrac{\pi}{2}\right]$$

hat im Innern der Definitionsmenge die Ableitungsfunktion

$$\sin_0': x \mapsto \cos x; \quad x \in \left]-\tfrac{\pi}{2}; \tfrac{\pi}{2}\right[$$

In dieser Menge ist $\sin_0'(x) = \cos x > 0$ und daher gilt für alle x aus der zugehörigen Wertemenge $]-1; 1[$ für die Umkehrfunktion:

$$(\arcsin x)' = \frac{1}{\cos(\arcsin x)}$$

Dieser Ausdruck läßt sich noch vereinfachen:
Setzen wir nämlich $\arcsin x = y$, so ist $\sin y = x$ und wegen $y \in]-\tfrac{\pi}{2}; \tfrac{\pi}{2}[$ gilt

$$\cos y = \sqrt{1 - (\sin y)^2} = \sqrt{1 - x^2}$$

Wir erhalten also folgende Differentiationsformel:

$$f(x) = \arcsin x \Rightarrow f'(x) = \frac{1}{\sqrt{1 - x^2}}; \quad x \in]-1; 1[\,;^1$$

Ganz entsprechend ergibt sich:

$$f(x) = \arccos x \Rightarrow f'(x) = -\frac{1}{\sqrt{1 - x^2}}; \quad x \in]-1; 1[$$

---

[1] Statt $(\arcsin x)'$ ist auch die Schreibweise $\arcsin'(x)$ zulässig.

Zur Ableitung der Funktion arctan greifen wir ebenfalls auf die zugehörige Umkehrfunktion zurück:

$$\tan_0: x \mapsto \tan x; \quad x \in \left] -\tfrac{\pi}{2}; \tfrac{\pi}{2} \right[$$

Für ihre Ableitung gilt

$$\tan_0': x \mapsto \frac{1}{(\cos x)^2}; \quad x \in \left] -\tfrac{\pi}{2}; \tfrac{\pi}{2} \right[$$

Die Ableitung von $\tan_0$ ist also in der ganzen Definitionsmenge positiv und daher gilt
in der zugehörigen Wertemenge $\mathbb{R}$ für die Umkehrfunktion

$$(\arctan x)' = \left(\frac{1}{[\cos(\arctan x)]^2} \right)^{-1} = [\cos(\arctan x)]^2$$

Auch dieser Term kann weiter vereinfacht werden: Setzen wir $\arctan x = y$, so ist
$x = \tan y$ und daher

$$\frac{1}{(\cos y)^2} = \frac{(\sin y)^2 + (\cos y)^2}{(\cos y)^2} = (\tan y)^2 + 1 = x^2 + 1$$

Damit erhalten wir die Differentiationsformel:

$$\boxed{f(x) = \arctan x \;\Rightarrow\; f'(x) = \frac{1}{1 + x^2}; \quad x \in \mathbb{R}}$$

Mit dem Nachweis der Differenzierbarkeit ist auch gezeigt, daß die Funktionen arcsin
und arccos in $]-1; 1[$ und die Funktion arctan in ganz $\mathbb{R}$ stetig sind. An den Stellen
$+1$ und -1 sind arcsin und arccos noch links- bzw. rechtssetig stetig (warum?).

B. Neue Grundintegrale

Aus den eben hergeleiteten Differentiationsregeln sehen wir, daß die zyklometrischen
Funktionen Stammfunktionen anderer Funktionen sind, die wir bisher noch nicht
integrieren konnten. Nach dem HDI erhalten wir die folgenden neuen Grundintegrale:

$$\boxed{\int \frac{dx}{\sqrt{1 - x^2}} = \arcsin x + C = -\arccos x + C_1}$$

sowie:

$$\boxed{\int \frac{dx}{1 + x^2} = \arctan x + C}$$

Aufgaben

1. Ermittle die Ableitungsfunktion zur Funktion arccos mit dem Ableitungssatz für die Umkehrfunktion in 10.2.!

2. Bilde die Ableitung der zyklometrischen Funktionen durch implizite Differentiation (vgl. 13.2.)!

3. Für folgende Funktionsterme sind Definitionsmenge und Ableitung anzugeben:

   a) $f(x) = \arcsin(1 - x)$ b) $f(x) = \arccos(2x - 1)$ c) $f(x) = \arctan(e^x)$

   d) $f(x) = \arctan\sqrt{x}$ e) $f(x) = e^{\arctan x}$ f) $f(x) = \ln(\arcsin\sqrt{x})$

4. Gib die Wertemenge und die Ableitung folgender Funktionen mit $D_f = D_{f(x)}$ an:

   a) $f: x \mapsto \arctan x^2$ b) $f: x \mapsto x \arcsin x$

   c) $f: x \mapsto \dfrac{\arccos x}{x}$ d) $f: x \mapsto \arcsin\left(\dfrac{e^x - e^{-x}}{e^x + e^{-x}}\right)$

5. Berechne

   a) $\lim\limits_{x \to 0} \dfrac{\arcsin x}{x}$ b) $\lim\limits_{x \to 0} \dfrac{\arctan x}{x}$

   mit Hilfe des Mittelwertsatzes der Differentialrechnung!

6. Berechne die zweite Ableitung zu folgenden Funktionstermen:

   a) $f(x) = a \cdot \arcsin \dfrac{x}{a} - \sqrt{a^2 - x^2}$ b) $f(x) = \dfrac{a^2}{2} \cdot \arcsin \dfrac{x}{a} + \dfrac{x}{2}\sqrt{a^2 - x^2}$

   c) $f(x) = \arccos(1 - x) - \sqrt{2x - x^2}$ d) $f(x) = \arcsin \dfrac{x}{\sqrt{x^2 + a^2}}$

   e) $f(x) = \tfrac{1}{2}\arctan \dfrac{2x}{1 - x^2}$ f) $f(x) = \sqrt{x - x^2} - \arctan \sqrt{\dfrac{1 - x}{x}}$

7. Gegeben ist die Funktion

   $$f: x \mapsto \tfrac{1}{2}\arcsin \frac{2x}{x^2 + 1}; \quad x \in D_{f(x)}$$

   a) Bestimme $D_{f(x)}$ und die Extremwerte von f ohne Berechnung von f′!

   b) Berechne die Ableitung von f und stelle fest, wo sie nicht definiert ist!

      Ermittle: $\lim\limits_{x \to 1 + 0} f'(x)$ und $\lim\limits_{x \to 1 - 0} f'(x)$.

      Was sagen die Ergebnisse über den Graphen G_f aus (Skizze!)?

   c) Welche Beziehung besteht zwischen f und der Funktion arctan? Leite die Beziehung für $x \in\,]0; 1[$ auch ohne Benutzung der Ableitung her!

8. a) Diskutiere die Funktion $f: x \mapsto \arctan \dfrac{1}{|x|}; \; x \in \mathbb{R} \setminus \{0\}$!

   b) Zeige, daß es zu f eine auf ganz $\mathbb{R}$ stetige Fortsetzung $\bar{f}$ gibt!

   c) Untersuche, ob $\bar{f}$ an der Stelle $x_0 = 0$ differenzierbar ist!

   d) Wie hängt $\bar{f}$ mit der Funktion arctan zusammen?

9. Bearbeite die Teile a), b) und c) der Aufgabe 8 auch für die Funktion $f: x \mapsto \arctan \dfrac{1}{x^2}; \; x \in \mathbb{R} \setminus \{0\}$!

10. Auch ohne Kenntnis der Integrale der Arcusfunktionen lassen sich folgende Integrale berechnen (Skizzen):

    a) $\displaystyle\int_{-1}^{1} \arcsin x \, dx$ b) $\displaystyle\int_{0}^{1} \arcsin x \, dx$

    c) $\displaystyle\int_{0}^{1} \arccos x \, dx$ d) $\displaystyle\int_{0.5}^{1} \arccos x \, dx$

11. Berechne folgende Integrale:

    a) $\displaystyle\int_{0}^{1} \dfrac{dx}{x^2 + 1}$ b) $\displaystyle\int_{0}^{1} \dfrac{x \, dx}{x^2 + 1}$ c) $\displaystyle\int_{0}^{\frac{1}{2}\sqrt{2}} \dfrac{dx}{\sqrt{1 - x^2}}$

    d) $\displaystyle\int_{0}^{0.8} \dfrac{1 - x^2 - x^4}{1 + x^2}\, dx$ e) $\displaystyle\int_{2}^{3} \dfrac{1}{x^2 + x^4}\, dx$ f) $\displaystyle\int_{2}^{3} \dfrac{1}{x + x^3}\, dx$

    Hinweis zu e) und f): Schreibe im Zähler $1 + x^2 - x^2$!

12. Berechne die Integrale:

a) $\int\limits_0^1 \dfrac{x^3 - 2x^2 + x - 1}{x^2 + 1}\, dx$

b) $\int\limits_{-1}^1 \dfrac{3 + x - 2x^2 + x^3 - x^4}{1 + x^2}\, dx$

13. Wie ist die Grenze x zu wählen, damit die Integrale die angegebenen Werte erhalten:

a) $\int\limits_0^x \dfrac{dt}{\sqrt{1 - t^2}} = 0,3$

b) $\int\limits_1^x \dfrac{dt}{1 + t^2} = 0,5$

c) $\int\limits_x^2 \dfrac{dt}{1 + t^2} = 0,2$

14. Welche Beziehung besteht zwischen den Konstanten C und C_1 in der Integrationsformel:

$$\int \dfrac{dx}{\sqrt{1 - x^2}} = \arcsin x + C = -\arccos x + C_1$$

15. Bestimme den Inhalt der Fläche, die der Graph der Funktion

$$f: x \mapsto \dfrac{x^2}{2} + \dfrac{4}{1 + x^2}; \quad x \in \mathbb{R}$$

mit den positiven Koordinatenachsen und der zum Minimum im ersten Quadranten gehörigen Ordinate einschließt!

16. Gegeben ist die Funktion $f: x \mapsto \arctan(e^x)$; $D = \mathbb{R}$.

a) Bestimme das Verhalten von f für $x \to \pm\infty$!

b) An welcher Stelle ist der Graph G_f am steilsten und wie groß ist dort die Steigung?

c) Zeige, daß es für $0 < m < 0,5$ stets genau zwei Stellen x_1 und x_2 gibt, an denen G_f die Steigung m hat! Zeige, daß dabei $x_2 = -x_1$ ist! Berechne diese Stellen für $m = 0,4$!

d) Beweise allgemein, daß G_f zum Punkt $Z(0; \frac{\pi}{4})$ punktsymmetrisch ist!

e) Skizziere G_f! 1 LE = 2 cm

f) Berechne $\int\limits_{-2}^2 f(x)\, dx$!

Ergänzungen und Ausblicke

Reihen für den Arcustangens und den natürlichen Logarithmus

Dividiert man im nachstehenden Bruch den Zähler durch den Nenner[1], so ergibt sich

$$\frac{1}{1 + z^2} = 1 - z^2 + z^4 - \ldots + (-1)^{n-1} z^{2n-2} + (-1)^n \frac{z^{2n}}{1 + z^2}$$

und durch beidseitige Integration zwischen den Grenzen 0 und x

$$\arctan x = x - \frac{x^3}{3} + \frac{x^5}{5} - \ldots + (-1)^{n-1} \frac{x^{2n-1}}{2n - 1} + \int\limits_0^x (-1)^n \frac{z^{2n}}{1 + z^2}\, dz$$

Zur Abschätzung des Integrals beachten wir, daß für alle z gilt:

$$\frac{z^{2n}}{1 + z^2} \leq z^{2n}$$

Daher ist nach Satz 5, Formel (10) in Abschnitt 7.2.3.:

$$\left| \int\limits_0^x (-1)^n \frac{z^{2n}}{1 + z^2}\, dz \right| \leq \left| \int\limits_0^x z^{2n}\, dz \right| \leq \left| \frac{x^{2n+1}}{2n + 1} \right| .$$

---

[1] Division von Polynomen, Algebra 2, § 75 E.

Der letzte Bruch, und daher erst recht der Integralwert, geht für $|x| \leqq 1$ mit $n \to \infty$ gegen Null. Unter der Voraussetzung der Existenz des Grenzwertes ist also für $|x| \leqq 1$

$$\arctan x = \lim_{n \to \infty} \left(x - \frac{x^3}{3} + \frac{x^5}{5} - \frac{x^7}{7} + \ldots (-1)^n \frac{x^{2n+1}}{2n+1} \right)$$

Tatsächlich existiert der Grenzwert. Um dies einzusehen betrachten wir die beiden Teilsummenfolgen

$$x; \quad x - \frac{x^3}{3} + \frac{x^5}{5}; \quad x - \frac{x^3}{3} + \frac{x^5}{5} - \frac{x^7}{7} + \frac{x^9}{9}; \quad \ldots \tag{1}$$

$$x - \frac{x^3}{3}; \quad x - \frac{x^3}{3} + \frac{x^5}{5} - \frac{x^7}{7}; \quad x - \frac{x^3}{3} + \frac{x^5}{5} - \frac{x^7}{7} + \frac{x^9}{9} - \frac{x^{11}}{11}; \quad \ldots \tag{2}$$

Für $0 < x \leqq 1$ nimmt die erste monoton ab, die zweite monoton zu, für $-1 \leqq x < 0$ nimmt die erste monoton zu und die zweite monoton ab. In jedem Fall geht die Differenz zweier entsprechender Glieder gegen Null. Damit legen die beiden Teilsummenfolgen für $|x| \leqq 1$ nach 3.2. eine Intervallschachtelung fest. Durch sie ist eine ganz bestimmte Zahl definiert, die mit dem Funktionswert $\arctan x$ identisch ist. Es gilt also:

$$\boxed{\arctan x = x - \frac{x^3}{3} + \frac{x^5}{5} - \frac{x^7}{7} + \ldots \quad \text{für} \quad |x| \leqq 1}$$

Setzt man $x = 1$, so erhält man die *Leibnizsche Reihe*

$$\frac{\pi}{4} = 1 - \frac{1}{3} + \frac{1}{5} - \frac{1}{7} + \ldots$$

Sie ist zur Berechnung von π wegen ihrer langsamen Konvergenz jedoch schlecht geeignet. Für $x = \dfrac{1}{\sqrt{3}}$ ergibt sich die etwas schneller konvergierende Reihe

$$\pi = 2\sqrt{3} \left(1 - \frac{1}{3 \cdot 3} + \frac{1}{5 \cdot 3^2} - \frac{1}{7 \cdot 3^3} + \ldots \right)$$

Aufgaben

1. Berechne π auf 4 Dezimalen genau!

   Beachte zur Fehlerabschätzung: Bricht man bei einer alternierenden Reihe nach dem n-ten Glied ab, so ist der Fehler stets kleiner als der Betrag des $(n + 1)$-ten Gliedes.

2. Wie groß ist der Fehler, den man begeht, wenn man bei der Berechnung von $\arctan 0,3$ die Reihe nach dem 4. Glied abbricht? Auf wie viele Stellen genau ergibt sich damit $\arctan 0,3$? Wie groß ist der Funktionswert?

3. Veranschauliche die zur Leibnizschen Reihe gehörigen Teilsummenfolgen

$$1; \quad 1 - \tfrac{1}{3} + \tfrac{1}{5}; \quad 1 - \tfrac{1}{3} + \tfrac{1}{5} - \tfrac{1}{7} + \tfrac{1}{9}; \quad \ldots \tag{1}$$

$$1 - \tfrac{1}{3}; \quad 1 - \tfrac{1}{3} + \tfrac{1}{5} - \tfrac{1}{7}; \quad 1 - \tfrac{1}{3} + \tfrac{1}{5} - \tfrac{1}{7} + \tfrac{1}{9} - \tfrac{1}{11}; \quad \ldots \tag{2}$$

   und die durch sie festgelegte Intervallschachtelung auf dem Zahlenstrahl durch Zeichnung des Intervalls [0,5; 1] mit 1 LE = 20 cm!

4. Näherungspolynome für $\arctan x$ und Schmiegungsparabeln für den Graphen von arctan

   Wenn man die arc-tan-Reihe nach dem 1., 2., 3., ... Glied abbricht, erhält man die *Näherungspolynome* 1., 2., 3., ... Ordnung für den Term $\arctan x$. Die Graphen der dazu gehörigen ganzrationalen Funktionen heißen *Schmiegungsparabeln* 1., 2., 3., ... Ordnung.

Zeichne den Graphen der Funktion arctan sowie ihre Schmiegungsparabeln 1. bis 5. Ordnung im Bereich $[-1; 1]$ mit $1\,\text{LE} = 5\,\text{cm}$! Wertetabelle für $x = 0; \pm 0{,}2; \pm 0{,}4; \dots \pm 1$ unter Benutzung der Potenztafel, TW S. 8!

5. Die Reihe für den natürlichen Logarithmus

a) Zeige zunächst mittels Division des Zählers durch den Nenner die Gültigkeit folgender Gleichung für jede beliebige natürliche Zahl n:

$$\frac{1}{1+z} = 1 - z + z^2 - \dots + (-1)^{n-1} z^{n-1} + (-1)^n \frac{z^n}{1+z}$$

b) Erläutere, wie sich durch beidseitige Integration zwischen den Grenzen 0 und x folgende Beziehung ergibt:

$$\ln(1+x) = \left(x - \frac{x^2}{2} + \frac{x^3}{3} - \dots + (-1)^{n-1} \frac{x^n}{n} \right) + \int_0^x (-1)^n \frac{z^n}{1+z}\, dz$$

c) Begründe, ähnlich wie bei der arctan-Reihe, warum der Integralwert für $0 \le x < 1$ mit $n \to \infty$ gegen Null geht und somit folgende Grenzwertdarstellung möglich ist:

$$\ln(1+x) = \lim_{n \to \infty} \left(x - \frac{x^2}{2} + \frac{x^3}{3} - \frac{x^4}{4} + \dots (-1)^{n-1} \frac{x^n}{n} \right)$$

d) Beweise die Existenz des Grenzwertes für $0 \le x < 1$ durch Bildung zweier, eine Intervallschachtelung definierenden Teilsummenfolgen und damit die folgende Reihendarstellung des natürlichen Logarithmus:

$$\boxed{\ln(1+x) = x - \frac{x^2}{2} + \frac{x^3}{3} - \frac{x^4}{4} + \dots \quad \text{für } 0 \le x < 1}$$

Bemerkung: Die Reihe konvergiert ziemlich langsam, auch noch — wie sich zeigen läßt — für $x = 1$, wobei sich eine schon 1668 von W. Brouncker[1] gefundene Darstellung für $\ln 2$ ergibt. Der maximale Konvergenzbereich ist $]-1; 1]$.

e) Berechne $\ln 1{,}1$ und $\ln 1{,}2$ auf vier Dezimalen genau und überprüfe das Ergebnis mit den aus der Tabelle TW S. 54 ermittelten Werten!

f) Berechne $\ln \frac{3}{2}$ und $\ln \frac{4}{3}$ auf drei Dezimalen genau! Wie ergibt sich hieraus $\ln 2$, $\ln 3$ und schließlich $\ln 6$?

---

[1] William Brouncker, 1620–1684, englischer Mathematiker, Kanzler und Großsiegelbewahrer.

15. UNEIGENTLICHE INTEGRALE

15.1. Integrale mit nichtbeschränktem Integrationsbereich

15.1.1. Einführung und Definition

Im Ergänzungsabschnitt zu 7.2.3. lernten wir das Arbeitsintegral

$$W = \int_a^b F(x)\,dx$$

für die Arbeit W bei veränderlicher Kraft F(x) längs des Wegintervalls [a; b] kennen.
Wird ein Körper, z. B. eine Rakete, vertikal abgeschossen, so muß die Gravitationskraft

$$F(x) = -\frac{fmM}{x^2}$$

überwunden werden. Dabei ist f die Gravitationskonstante, m die Masse des Körpers,
M die Masse der Erde, x die Entfernung des Körpers vom Erdmittelpunkt. Fig. 15.1.
Da die Kraft entgegen der x-Richtung zur Erde hin gerichtet ist, hat sie negatives Vor-
zeichen.

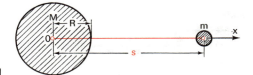

Fig. 15.1

Soll ein Punkt in der Entfernung x = s erreicht werden und ist der Erdradius R, so ist
mit einer der Gravitationskraft entgegengerichteten Kraft folgende Arbeit aufzuwenden:

$$W_s = \int_R^s \left(+\frac{fmM}{x^2} \right) dx \tag{1}$$

Soll der Körper nicht mehr zurückkehren, so liegt ein Grenzprozeß mit s → ∞ vor.
Die dazu erforderliche Arbeit wäre, sofern der Grenzwert existiert, gegeben durch

$$\lim_{s \to \infty} \int_R^s \left(+\frac{fmM}{x^2} \right) dx$$

Wir erkennen an diesem Beispiel aus der Astronautik, daß es erforderlich sein kann,
das Integrationsintervall ins „Unendliche" auszudehnen.

Definition:

Ist f: x ↦ f(x) für x ≧ a integrierbar, so bedeutet unter der Voraussetzung der
Existenz des Grenzwerts

$$\int_a^\infty f(x)\,dx := \lim_{b \to \infty} \int_a^b f(x)\,dx$$

ähnlich:
$$\int_{-\infty}^b f(x)\,dx = \lim_{a \to -\infty} \int_a^b f(x)\,dx$$

Integrale, bei denen sich das Integrationsintervall ins Unendliche erstreckt und die die Definitionsforderung erfüllen, heißen *uneigentliche Integrale 1. Art.*

Beispiele:

a) $\int\limits_{1}^{\infty} \dfrac{dx}{x^2} = \lim\limits_{b \to \infty} \int\limits_{1}^{b} x^{-2}\,dx = \lim\limits_{b \to \infty} \left[-\dfrac{1}{b} + 1 \right] = 1$

b) $\int\limits_{-\infty}^{1} e^x\,dx = \lim\limits_{a \to -\infty} \int\limits_{a}^{1} e^x\,dx = \lim\limits_{a \to -\infty} (e^1 - e^a) = e$

c) $\int\limits_{1}^{\infty} \dfrac{dx}{x}$ ist kein uneigentliches Integral im oben definierten Sinn, denn

$\lim\limits_{b \to \infty} \int\limits_{1}^{b} \dfrac{dx}{x}$ existiert nicht, weil $\ln b$ mit $b \to \infty$ über alle Grenzen wächst.

Bemerkungen:

(1) Mit Benutzung obiger Definition läßt sich der Begriff des Flächeninhalts erweitern, nämlich auf Flächenstücke, die sich ins Unendliche erstrecken. Der Grenzwert kann, falls er existiert, als die Maßzahl des Inhalts eines derartigen unbegrenzten Flächenstücks definiert werden.

(2) Ein uneigentliches Integral ist Grenzwert einer Integralfunktion, aber selbst kein Integral im Sinne der Definitionen von 7.2.

15.1.2. Uneigentliche Integrale 1. Art mit x^{-k} als Integrand

Im Zusammenhang mit den Beispielen a) und c) stellt sich die Frage, für welche Exponenten $k \in \mathbb{R}$ das uneigentliche Integral

$$\int\limits_{a}^{\infty} \dfrac{dx}{x^k}$$

für $a \in \mathbb{R}^+$ existiert. Wir führen dazu eine Fallunterscheidung durch.

1. Fall: $k = 1$

Das Integral existiert nicht, wie Beispiel c) zeigt.

2. Fall: $k > 1$

$$\int\limits_{a}^{\infty} \dfrac{dx}{x^k} = \lim\limits_{b \to \infty} \int\limits_{a}^{b} x^{-k}\,dx = \lim\limits_{b \to \infty} \left[\dfrac{b^{1-k}}{1-k} - \dfrac{a^{1-k}}{1-k} \right] = - \dfrac{a^{1-k}}{1-k} + \dfrac{1}{1-k} \lim\limits_{b \to \infty} b^{1-k}.$$

Nun ist $b^{1-k} = e^{(1-k)\ln b}$. Mit $b \to \infty$ geht auch $\ln b$ gegen ∞ und, weil $1 - k$ in diesem Fall negativ ist, $e^{(1-k)\ln b}$ und folglich auch b^{1-k} gegen Null. Das Integral existiert und hat den Wert $- \dfrac{a^{1-k}}{1-k} = \dfrac{a^{1-k}}{k-1}.$

3. Fall: $k < 1$

Eine ähnliche Umformung wie im 2. Fall zeigt, daß $\lim\limits_{b \to \infty} b^{1-k}$ nicht existiert. Da nämlich $1 - k$ jetzt positiv ist, geht mit $b \to \infty$ auch der Term $e^{(1-k)\ln b}$ gegen unendlich.

Satz:

Ist $a \in \mathbb{R}^+$ und $k > 1$, so gilt:

$$\int\limits_{a}^{\infty} \dfrac{dx}{x^k} = \dfrac{a^{1-k}}{k-1}$$

15.1.3. Die Fluchtgeschwindigkeit beim Schuß ins Weltall

Wir führen nun die im Zusammenhang mit dem Integral (1) in Abschnitt 15.1.1. angestellten Betrachtungen weiter. Nach obigem Satz existiert das Integral. Sein Wert W_∞ stellt die Energie dar, die aufzubringen ist, um den Körper dem Anziehungsbereich der Erde zu entziehen. Es ergibt sich mit $k = 2$ und $a = R$:

$$W_\infty = \int_R^\infty \frac{fmM}{x^2}\, dx = fmM \int_R^\infty \frac{dx}{x^2} = fmM \left[-\frac{R^{-1}}{-1}\right] = \frac{fmM}{R}$$

Beim Schuß ins Weltall muß dem Geschoß eine kinetische Energie vom Betrag

$$\frac{fmM}{R}$$

mitgegeben werden. Beträgt die Abschußgeschwindigkeit v_0, so gilt:

$$\tfrac{1}{2}m v_0^2 = \frac{fMm}{R} \;\Rightarrow\; v_0 = \sqrt{\frac{2fM}{R}}$$

Beachten wir, daß die auf den Körper an der Erdoberfläche ausgeübte Kraft gleich seinem Gewicht mg ist, so gilt außerdem:

$$mg = \frac{fMm}{R^2} \;\Rightarrow\; fM = R^2 g$$

und es wird

$$\boxed{v_0 = \sqrt{2gR}}$$

Dies ist die sog. *Fluchtgeschwindigkeit*. Setzt man $g = 9{,}81$ m s^{-2} und $R = 6370$ km, so erhält man

$$\boxed{v_0 = 11{,}18 \text{ km s}^{-1}}$$

Dieser Wert gilt auch für einen Abschuß, der nicht in Richtung des verlängerten Erdradius erfolgt. Wird der Körper (unter Vernachlässigung des Luftwiderstandes) tangential abgefeuert, so ist die Flugbahn

eine Parabel, wenn $v_0 = 11{,}18$ km s^{-1}
eine Hyperbel, wenn $v_0 > 11{,}18$ km s^{-1}
eine Ellipse, wenn $v_0 < 11{,}18$ km s^{-1}
ein Kreis, wenn $v_0 = 7{,}9$ km s^{-1}.

Raketen erreichen ihre Höchstgeschwindigkeit nach dem beschleunigenden Abbrand des Treibstoffes erst in einer gewissen Höhe über der Erdoberfläche. Ist beispielsweise $h = 800$ km, so ist wegen des geringeren Wertes der Erdbeschleunigung in dieser Höhe auch die Fluchtgeschwindigkeit geringer, in diesem Fall etwa $10{,}5$ km s^{-1}. Siehe auch Ergänzungsabschnitt C zu 13.3.

Aufgaben

1. Untersuche, ob folgende Integrale existieren und gib ggf. ihre Werte an!

a) $\displaystyle\int_2^\infty \frac{2}{x^2}\, dx$
b) $\displaystyle\int_{-1}^\infty \frac{1}{x^3}\, dx$
c) $\displaystyle\int_1^\infty \frac{5+x}{x^3}\, dx$
d) $\displaystyle\int_0^\infty \frac{dx}{1+x^2}$
e) $\displaystyle\int_{-\infty}^\infty \frac{dx}{1+x^2}$

f) $\int\limits_{-\infty}^{-1} \dfrac{dx}{x^3}$ g) $\int\limits_{1}^{\infty} \dfrac{x-1}{x^3}\,dx$ h) $\int\limits_{1}^{\infty} \dfrac{1-x-x^2}{x^3}\,dx$ i) $\int\limits_{2}^{\infty} \dfrac{dx}{2\sqrt{x^3}}$ k) $\int\limits_{1}^{\infty} \dfrac{dx}{x\sqrt[3]{x}}$

2. Gegeben sind die beiden Funktionen f: $x \mapsto x^{-2}$; $x \in \mathbb{R}^+$ und g: $x \mapsto x^3$; $x \in \mathbb{R}^+$. c sei eine Zahl des Bereichs $]1;\infty[$.

   a) Welche Flächenmaßzahl A_c hat das Flächenstück, das begrenzt wird von den beiden Graphen, der x-Achse und den Geraden mit den Gleichungen $x - 0,5 = 0$ und $x - c = 0$?

   b) Existiert $\lim\limits_{c \to \infty} A_c$?

3. Eine Berechnung der folgenden Integrale ist nicht möglich, da wir (jetzt und auch später) keine Stammfunktion zur Integrandenfunktion angeben können. Trotzdem läßt sich zeigen, daß die Integrale existieren. Wie?

   a) $\int\limits_{0}^{\infty} \dfrac{dx}{1 + x^3}$ b) $\int\limits_{1}^{\infty} \dfrac{dx}{x\sqrt{x} + \arctan x}$

Anleitung: Ersetze jeweils den Integranden durch einen im gesamten Integrationsbereich größeren Integranden, für den das Integral existiert und wende Satz 5 von 7.2.3. an!

4. Es sollen die beiden Funktionen

$$f: x \mapsto \frac{1}{1-x^2} = f(x);\ x \in]1;\infty[\quad \text{und} \quad g: x \mapsto \frac{x^2}{1-x^2} = g(x);\ x \in]1;\infty[$$

betrachtet werden.

   a) Bestimme $f'(x)$ durch Grenzübergang und $g'(x)$ mit Hilfe der Quotientenregel!

   b) Was läßt sich aus dem Vergleich der beiden Ableitungen über f und g sowie deren Graphen aussagen?

   c) Skizziere den Graphen der Funktion f'!   d) Berechne $\int\limits_{2}^{\infty} \dfrac{2x}{(1-x^2)^2}\,dx$!

5. a) Beweise die Konvergenz der Reihe $\sum\limits_{v=1}^{\infty} \dfrac{1}{v^k}$ für $k > 1$ durch Vergleich mit $\int\limits_{1}^{\infty} \dfrac{dx}{x^k}$ (Zeichnung!)

   Anleitung: Stelle die Reihe als Fläche unter dem Graphen einer geeigneten Treppenfunktion dar und verwende Satz 5 von 7.2.3.!

   b) Beweise analog zu a) die Divergenz der Reihe $\sum\limits_{v=1}^{\infty} \dfrac{1}{v^k}$ für $k = 1$.

15.2. Integrale mit nichtbeschränktem Integranden

15.2.1. Definition

Wir betrachten die Funktion

$$f: x \mapsto \frac{1}{\sqrt{x}};\ D_f = \mathbb{R}^+$$

im Intervall $[a; b]$ mit a, b $\in \mathbb{R}^+$. Dann existiert wegen der Stetigkeit von f in $[a; b]$ das Integral

$$\int\limits_{a}^{b} \frac{1}{\sqrt{x}}\,dx$$

Dagegen hat das Integral

$$\int\limits_{0}^{b} \frac{1}{\sqrt{x}}\,dx$$

mit $b > 0$ nach unserer bisherigen Auffassung keinen Sinn, weil die untere Grenze nicht zu D_f gehört. Trotzdem könnten wir diesem Integral einen wohldefinierten Wert zuordnen, wenn wir ähnlich vorgehen wie in Abschnitt 15.1. und untersuchen, ob der Grenzwert

$$\lim_{\varepsilon \to 0} \int_\varepsilon^b \frac{1}{\sqrt{x}}\, dx$$

mit $\varepsilon > 0$ *existiert*. Tatsächlich ist dies der Fall. Es gilt nämlich:

$$\lim_{\varepsilon \to 0} \int_\varepsilon^b \frac{1}{\sqrt{x}}\, dx = \lim_{\varepsilon \to 0} [2\sqrt{b} - 2\sqrt{\varepsilon}] = 2\sqrt{b}$$

Damit können wir definieren:

$$\int_0^b \frac{1}{\sqrt{x}}\, dx := 2\sqrt{b}$$

Wir verallgemeinern unsere Überlegungen und gelangen zu folgender

Definition:

Ist die Funktion f: $x \mapsto f(x)$ in $]a; b]$ integrierbar und am linken Rand a des Intervalls nicht beschränkt, so bedeutet unter der Voraussetzung der Existenz des Grenzwertes,

$$\int_a^b f(x)\, dx := \lim_{t \to a+0} \int_t^b f(x)\, dx$$

Ähnlich erklären wir, falls f in $[a; b[$ integrierbar und am rechten Rand b des Intervalls nicht beschränkt ist, wieder unter der Voraussetzung der Existenz des Grenzwertes,

$$\int_a^b f(x)\, dx := \lim_{t \to b-0} \int_a^t f(x)\, dx$$

Derartige Integrale heißen *uneigentliche Integrale 2. Art*. Auch hier kann der Integralwert als Maßzahl einer sich ins Unendliche erstreckenden Fläche definiert werden.

Beispiele: a) $\int_0^{16} \frac{1}{\sqrt[4]{x}}\, dx = \lim_{\varepsilon \to 0+0} \int_\varepsilon^{16} \frac{1}{\sqrt[4]{x}}\, dx = \frac{4}{3} \lim_{\varepsilon \to 0+0} [\sqrt[4]{16^3} - \sqrt[4]{\varepsilon^3}] = \frac{4}{3} \cdot 8 = 10\frac{2}{3}$

b) $\int_0^b \frac{dx}{x} = \lim_{\varepsilon \to 0+0} \int_\varepsilon^b \frac{dx}{x} = \lim_{\varepsilon \to 0+0} [\ln b - \ln \varepsilon]$

Da $\ln \varepsilon$ mit $\varepsilon \to 0$ unbegrenzt abnimmt, existiert der Grenzwert nicht. Dem Integral kann kein Wert zugewiesen werden.

15.2.2. Uneigentliche Integrale 2. Art mit x^{-k} als Integrand

Ähnlich wie in 15.1.2. untersuchen wir, für welche positiven Werte von k das Integral

$$\int_0^b \frac{dx}{x^k} \quad \text{existiert.}$$

1. Fall: $k = 1$

Das Integral existiert nicht, wie schon in Beispiel b) gezeigt wurde.

2. Fall: $0 < k < 1$

$$\int\limits_0^b \frac{dx}{x^k} = \lim_{\varepsilon \to 0} \int\limits_\varepsilon^b \frac{dx}{x^k} = \lim_{\varepsilon \to 0} \left[\frac{b^{1-k}}{1-k} - \frac{\varepsilon^{1-k}}{1-k} \right] = \frac{b^{1-k}}{1-k},$$

denn mit $\varepsilon \to 0$ geht auch ε^{1-k} unter der gemachten Voraussetzung gegen Null.

3. Fall: $k > 1$

Mit $\varepsilon \to 0$ nimmt ε^{1-k} jetzt unbegrenzt zu. Grenzwert und Integral existieren nicht.

Satz:

> Ist $b \in \mathbb{R}^+$ und $0 < k < 1$, so gilt
>
> $$\int\limits_0^b \frac{dx}{x^k} = \frac{b^{1-k}}{1-k}$$

Aufgaben

1. Berechne die folgenden uneigentlichen Integrale, soweit sie existieren:

   a) $\int\limits_0^8 x^{-\frac{2}{3}} dx$ b) $\int\limits_0^4 x^{-\frac{3}{2}} dx$ c) $\int\limits_0^1 \frac{1}{\sqrt{1-x^2}} dx$ d) $\int\limits_0^4 \frac{dx}{\sqrt{x}}$

2. Gegeben sind die beiden Funktionen

   $$f_1 : x \mapsto x^{-\frac{1}{2}};\ x \in \mathbb{R}^+ \quad \text{und} \quad f_2 : x \mapsto x^{-2};\ x \in \mathbb{R}^+.$$

   Es werden die Integrale

   $$J_1 = \int\limits_0^1 x^{-\frac{1}{2}} dx \quad \text{und} \quad J_2 = \int\limits_1^\infty x^{-2} dx$$

   betrachtet.

   a) Zeige, daß f_2 Umkehrfunktion von f_1 ist und skizziere die Graphen G_{f_1} und G_{f_2}!

   b) Berechne J_1!

   c) Was läßt sich über die Differenz $J_1 - J_2$ auf Grund der Erkenntnisse in a) aussagen? Welcher Wert ergibt sich demnach für J_2?

   d) Bestätige diesen Wert durch Berechnung des Integrals J_2!

3. Bilde zunächst die Ableitung von $f : x \mapsto \arcsin \frac{x}{a}$; $D_f = D_{f(x)}$; $a > 0$ und zeige sodann, daß dem Integral

   $$\int\limits_0^a \frac{dx}{\sqrt{a^2 - x^2}}$$

   ein ganz bestimmter Zahlenwert zugeordnet werden kann!

4. Bei den folgenden Integralen liegt im Innern des Integrationsintervalls eine Stelle, an der der Integrand nicht definiert ist. Zerlege zunächst das Integral in zwei uneigentliche Integrale, bei denen diese Stelle jeweils am Rande liegt und zeige sodann, daß den nach Abschnitt 7 an sich nicht definierten Integralen jetzt ein Wert zugeordnet werden kann!

   a) $\int\limits_{-1}^1 \frac{dx}{\sqrt[3]{x^2}}$ b) $\int\limits_{-1}^1 \frac{dx}{\sqrt{|x|}}$

16. INTEGRATIONSVERFAHREN

16.1. Umkehrung der Kettenregel

16.1.1. Substitutionsregel (1. Fassung)

Alle Integrale, die wir bisher berechneten, waren Grundintegrale oder sie ließen sich durch eine einfache Umformung auf Grundintegrale zurückführen. Wir wollen nun ein weiteres Verfahren kennenlernen, das uns gestattet, ein gegebenes Integral u. U. in ein Grundintegral zu transformieren und betrachten zunächst folgendes Beispiel:

Es soll $\quad \int_0^1 3x^2 \cdot \cos(1+x^3)\,dx \quad$ berechnet werden.

Dazu müssen wir eine Stammfunktion ϕ zur Integrandenfunktion φ mit

$$\varphi(x) = 3x^2 \cdot \cos(1+x^3)$$

suchen. Dies erscheint zunächst recht schwierig. Vertauschen wir aber die Faktoren des Integranden $\varphi(x)$ und schreiben

$$\varphi(x) = (\cos(1+x^3)) \cdot 3x^2,$$

so erkennen wir, daß der zweite Faktor offenbar durch „Nachdifferenzieren" des „inneren" Terms $(1+x^3)$ gemäß der Kettenregel entstanden ist, daß also eine zusammengesetzte Funktion zu suchen ist, deren „äußere" Funktion bei der Ableitung die Funktion cos ergibt. Dies aber kann nur die Funktion sin sein. Damit läßt sich die Stammfunktion ϕ erraten. Es gilt:

$$\phi(x) = \sin(1+x^3)$$

und somit ist

$$\int_0^1 3x^2 \cdot \cos(1+x^3)\,dx = [\sin(1+x^3)]_0^1 = \sin 2 - \sin 1 =$$
$$= 0{,}9093 - 0{,}8415 = 0{,}0678$$

Wollen wir das Integral durch Einführung einer neuen Variablen $t = 1+x^3$ so transformieren, daß als Integrand nur mehr die Funktion cos auftritt, so müssen offenbar die Integrationsgrenzen abgeändert werden. Wir haben dann zu schreiben:

$$\int_0^1 3x^2 \cos(1+x^3)\,dx = \int_1^2 \cos t\,dt = [\sin t]_1^2 = \sin 2 - \sin 1$$

Dabei ergeben sich die neuen Grenzen 1 und 2 durch Einsetzen der alten Grenzen 0 und 1 in den „inneren" Funktionsterm $(1+x^3)$.

Alle hier beteiligten Funktionen, die äußere, die innere und deren Ableitung sind stetig. Dies führt zu folgender Integrationsregel:

Ist f stetig und g in [a; b] stetig differenzierbar, so gilt folgende

Substitutionsregel (1. Fassung):

$$\int_a^b f(g(x)) \cdot g'(x)\,dx = \int_{g(a)}^{g(b)} f(t)\,dt \quad \text{mit} \quad t = g(x) \tag{1}$$

Beweis:

Wegen der Stetigkeit von f gibt es nach dem HDI eine Stammfunktion F zu f, so daß für die rechte Seite von (1) gilt:

$$rS = \int_{g(a)}^{g(b)} f(t)\,dt = F(g(b)) - F(g(a))$$

Andererseits ist $(f \circ g) \cdot g'$ stetig und damit integrierbar über $[a; b]$. Eine Stammfunktion hierzu ist $F \circ g$; denn nach der Kettenregel ist

$$(F \circ g)'(x) = F'(g(x)) \cdot g'(x) = f(g(x)) \cdot g'(x)$$

Also gilt für die linke Seite von (1):

$$lS = \int_{a}^{b} f(g(x)) \cdot g'(x)\,dx = [(F \circ g)(x)]_a^b = [F(g(x))]_a^b = F(g(b)) - F(g(a)) = rS$$

Wir wollen das neue Integrationsverfahren an zwei Beispielen näher erläutern:

1. Beispiel: $\displaystyle\int_0^{\pi/4} (\sin x)^2 \cdot \cos x\,dx$

Im ersten Faktor des Integranden liegt offenbar eine Verkettung der Quadrat- und Sinusfunktion vor. Der zweite Faktor ist die Ableitung des Sinus. Damit kann (1) unmittelbar angewandt werden. Wir setzen

$$f(t) = t^2 \quad \text{mit} \quad t = \sin x = g(x).$$

Dann ist $g(0) = 0$ und $g(\frac{\pi}{4}) = \frac{1}{2}\sqrt{2}$ und es folgt nach (1):

$$\int_0^{\pi/4} (\sin x)^2 \cdot \cos x\,dx = \int_0^{\frac{1}{2}\sqrt{2}} t^2\,dt = [\tfrac{1}{3}t^3]_0^{\frac{1}{2}\sqrt{2}} = \tfrac{1}{3}(\tfrac{1}{2})^3\, 2\sqrt{2} = \tfrac{1}{12}\sqrt{2}$$

2. Beispiel: $\displaystyle\int_0^{r} \sqrt{r^2 - x^2} \cdot x\,dx$

Im ersten Faktor des Integranden ist die Quadratwurzelfunktion mit einer ganz-rationalen Funktion zweiten Grades verkettet. Der zweite Faktor ist zwar nicht unmittelbar die Ableitung von $(r^2 - x^2)$. Denn es ist $(r^2 - x^2)' = -2x$. Durch eine leichte Modifizierung des Integrals erhalten wir aber

$$\int_0^{r} \sqrt{r^2 - x^2} \cdot x\,dx = -\tfrac{1}{2} \int_0^{r} \sqrt{r^2 - x^2} \cdot (-2x)\,dx = J,$$

und jetzt ist die Anwendung von (1) unmittelbar möglich. Mit

$$f(t) = \sqrt{t} \quad \text{und} \quad t = r^2 - x^2 = g(x), \quad g(0) = r^2 \quad \text{sowie} \quad g(r) = 0$$

erhalten wir

$$J = -\tfrac{1}{2} \int_{r^2}^{0} \sqrt{t}\,dt = -\tfrac{1}{2} [\tfrac{2}{3}t^{\frac{3}{2}}]_{r^2}^{0} = [-\tfrac{1}{3}\sqrt{t^3}]_{r^2}^{0} = \tfrac{1}{3}r^3$$

16.1.2. Substitutionsregel (2. Fassung)

Schreiben wir (1) von rechts nach links und vertauschen wir die Variablen x und t, so erhalten wir eine zweite Fassung der Substitutionsregel:

$$\int\limits_{g(a)}^{g(b)} f(x)\,dx = \int\limits_{a}^{b} f(g(t)) \cdot g'(t)\,dt \quad \text{mit} \quad x = g(t)$$ [1]

(2)

Auf den ersten Blick erscheint hier ein einfaches Integral durch ein komplizierteres ersetzt. Das folgende Beispiel zeigt jedoch, daß die Umformung durch die Substitution $x = g(t)$ trotzdem auf ein Grundintegral und damit zur Berechnung des gegebenen Integrals führen kann.

3. Beispiel: $\int\limits_{2}^{6} \dfrac{x}{\sqrt{2x-3}}\,dx$

Um eine geeignete Substitution $x = g(t)$ zu finden, streben wir eine Vereinfachung von $\sqrt{2x-3}$ zu $\sqrt{t}$ an. Wir setzen daher:

$2x - 3 = t \;\Rightarrow\; x = \tfrac{1}{2}(t+3)$.

Somit ist $g(t) = \tfrac{1}{2}(t+3)$ und $g'(t) = \tfrac{1}{2}$.
Die neuen Grenzen ergeben sich *eindeutig* aus den Gleichungen $2 = \tfrac{1}{2}(a+3)$ und $6 = \tfrac{1}{2}(b+3)$ zu $a = 1$ und $b = 9$. Damit können wir das gegebene Integral mit Hilfe von (2) folgendermaßen umformen:

$$\int\limits_{2}^{6} \frac{x}{\sqrt{2x-3}}\,dx = \tfrac{1}{2}\int\limits_{1}^{9} \frac{t+3}{\sqrt{t}}\cdot\tfrac{1}{2}\,dt = \tfrac{1}{4}\int\limits_{1}^{9} t^{\frac{1}{2}}\,dt + \tfrac{3}{4}\int\limits_{1}^{9} t^{-\frac{1}{2}}\,dt =$$

$$= \tfrac{1}{4}\cdot\tfrac{2}{3}\,[t^{\frac{3}{2}}]_{1}^{9} + \tfrac{3}{4}\cdot\tfrac{2}{1}\,[t^{\frac{1}{2}}]_{1}^{9} = \tfrac{1}{6}(27-1) + \tfrac{3}{2}(3-1) = 4\tfrac{1}{3} + 3 = 7\tfrac{1}{3}$$

16.1.3. Formalisierung des Substitutionsverfahrens

Die beiden Formeln (1) und (2) sind schwer zu merken. Sie lassen sich jedoch so formalisieren, daß sich das Transformationsergebnis gewissermaßen von selbst ergibt. Betrachten wir (2) nämlich näher, so erkennen wir, daß sich die Transformation in drei Schritten vollzieht:

1. Wahl einer geeigneten Substitution $x = g(t)$ und Bildung von $g'(t)$.
2. Einsetzen von $x = g(t)$ in den Integranden und Ersatz des Zeichens dx durch $g'(t)\,dt$.
3. Umrechnung der Integrationsgrenzen auf die neue Variable t.

Den Ausdruck $g'(t)\,dt$ erhält man formal, indem man die Ableitung in der Leibnizschen Form

$$\frac{dx}{dt} = g'(t)$$

bildet und das Zeichen dt „auf die rechte Seite hinübermultipliziert", ganz so, als ob es sich dabei um einen echten Quotienten handeln würde.

---

[1] Setzt man $g(a) = c$ und $g(b) = d$, so ist $a = g^{-1}(c)$ und $b = g^{-1}(d)$. Die 2. Fassung der Substitutionsregel kann dann auch wie folgt formuliert werden:

$$\int\limits_{c}^{d} f(x)\,dx = \int\limits_{g^{-1}(c)}^{g^{-1}(d)} f(g(t)) \cdot g'(t)\,dt \qquad \text{mit } x = g(t)$$

Dabei wird die Umkehrbarkeit von g über [c; d] vorausgesetzt.

Bemerkung:

Zeichen wie dx, dt, g′(t)dt nannte man früher Differentiale. In der angewandten Mathematik, insbesondere in der Physik, deutet man sie auch geometrisch, worauf wir nicht näher eingehen.

4. Beispiel: $\int\limits_{1}^{2} \frac{1}{3+5x}\, dx$

Substitution: $3+5x = t \;\Rightarrow\; x = \tfrac{1}{5}t - \tfrac{3}{5} \;\Rightarrow\; \dfrac{dx}{dt} = \tfrac{1}{5} \;\Rightarrow\; dx = \tfrac{1}{5}dt$

Neue Grenzen: $\begin{cases} x=1 \;\Rightarrow\; t = \;\;8 \;(=a) \\ x=2 \;\Rightarrow\; t = 13 \;(=b) \end{cases}$

$\int\limits_{1}^{2} \dfrac{1}{3+5x}\, dx = \int\limits_{8}^{13} t^{-1}\cdot\tfrac{1}{5}dt = \tfrac{1}{5}(\ln 13 - \ln 8) = \tfrac{1}{5}(2{,}5649 - 2{,}0794) = 0{,}0971$

Zum gleichen Ergebnis gelangt man mit der Integralformel in 11.1.4B.

Soll die Schar der Stammfunktionen F zu einer Funktion f: $x \mapsto f(x)$ bestimmt werden, so beachtet man, daß jede Integralfunktion von f eine Stammfunktion zu f ist. Nach geeigneter Wahl der unteren Grenze und Ausführung der Integration erhält man einen Stammfunktionsterm, der sich zur Schar aller Stammfunktionsterme erweitern läßt.

5. Beispiel: Man gebe eine Stammfunktion F_* zu f: $x \mapsto f(x) = (\cos x)^3 \sin x$; $x \in \mathbb{R}$ an und berechne sodann

$\int\limits_{0}^{\pi/2} f(x)\, dx.$

Lösung: a) Wir wählen als Integrationsvariable den Buchstaben z. Dann ist

$F_*: x \mapsto \int\limits_{0}^{x} (\cos z)^3 \sin z\, dz$

eine Stammfunktion zu f.
Zur Auswertung des Integrals substituieren wir $\cos z = t \;\Rightarrow\; -\sin z\, dz = dt$;[1]

Neue Grenzen: $\begin{cases} z=0 \;\Rightarrow\; t=1 \\ z=x \;\Rightarrow\; t=\cos x \end{cases}$

$\int\limits_{0}^{x} (\cos z)^3 \sin z\, dz = -\int\limits_{1}^{\cos x} t^3\, dt = [-\tfrac{1}{4}t^4]_{1}^{\cos x} = -\tfrac{1}{4}(\cos x)^4 + \tfrac{1}{4}$

$F_*: x \mapsto -\tfrac{1}{4}(\cos x)^4 + \tfrac{1}{4}$; $x \in \mathbb{R}$ ist eine Stammfunktion zu f,

aber auch

$F_0: x \mapsto -\tfrac{1}{4}(\cos x)^4$; $x \in \mathbb{R}$ ist eine solche

und schließlich ist

$F_C: x \mapsto -\tfrac{1}{4}(\cos x)^4 + C$; $x \in \mathbb{R}$

eine Darstellungsmöglichkeit für die Schar aller Stammfunktionen, wenn C die Menge der reellen Zahlen durchläuft. In der Schreibweise von 8.3.2. erhalten wir damit:

$\int (\cos x)^3 \sin x\, dx = -\tfrac{1}{4}(\cos x)^4 + C.$

---

[1] Bei einiger Übung kann man sich $\dfrac{dt}{dz}$ gebildet und dz in Gedanken auf die andere Seite hinübermultipliziert denken.

Probe: $F_C(x) = -\frac{1}{4}(\cos x)^4 + C \Rightarrow$

$F_C'(x) = -\frac{1}{4} \cdot 4 (\cos x)^3 (-\sin x) = (\cos x)^3 \sin x = f(x)$.

b) Zur Berechnung des Integralwertes nehmen wir den einfachsten Stammfunktionsterm, nämlich $F_0(x)$. Dann gilt:

$$\int_0^{\pi/2} (\cos x)^3 \sin x \, dx = \left[-\frac{1}{4}(\cos x)^4 \right]_0^{\pi/2} = \frac{1}{4} \cdot 1 = \frac{1}{4}$$

In der älteren Literatur werden die Substitutionsregeln vielfach ohne Integrationsgrenzen angegeben. Man kommt so auf kürzestem Weg zu einer integralfreien Darstellung der Schar der Stammfunktionen. Dies zeigt eine Gegenüberstellung des folgenden Beispiels mit dem 3. Beispiel.

6. Beispiel: Man suche zuerst eine integralfreie Darstellung für die Schar F_C aller Stammfunktionen zu

$$f: x \mapsto f(x) = \frac{x}{\sqrt{2x-3}}; \quad x \in \,]\,1,5; \infty\,[$$

und berechne sodann $\int_2^6 f(x)\,dx$.

Lösung: a) Wir wenden auf

$$\int \frac{x}{\sqrt{2x-3}} \, dx$$

die Substitutionsregel (2) formal ohne Beachtung der Grenzen an, indem wir

setzen: $\sqrt{2x-3} = t \Rightarrow x = \frac{1}{2}t^2 + \frac{3}{2} \Rightarrow dx = t\,dt$. Es ergibt sich

$$\int \frac{x}{\sqrt{2x-3}} \, dx = \frac{1}{2} \int \frac{t^2+3}{t} \, t\,dt = \frac{1}{2} \int (t^2+3)\,dt = \frac{1}{2}\left(\frac{1}{3}t^3 + 3t\right) + C$$

Führen wir statt t wieder die Variable x ein, so erhalten wir

$$\int \frac{x}{\sqrt{2x-3}} \, dx = \frac{1}{6}(2x-3)^{\frac{3}{2}} + \frac{3}{2}\sqrt{2x-3} + C = F_C(x) \quad \text{und schließlich}$$

$F_C: x \mapsto \frac{1}{6}(2x-3)^{\frac{3}{2}} + \frac{3}{2}\sqrt{2x-3} + C; \quad x \in \,]\,1,5; \infty\,[.$ Probe wie oben!

b) Zur Berechnung des Integrals wählen wir den zu $C=0$ gehörigen Term und erhalten:

$$\int_2^6 \frac{x}{\sqrt{2x-3}} \, dx = \left[\frac{1}{6}(2x-3)^{\frac{3}{2}} + \frac{3}{2}\sqrt{2x-3}\right]_2^6 = 7\frac{1}{3}$$

Damit ist das Ergebnis des 3. Beispiels auf einem anderen, die Transformation der Grenzen umgehenden Weg bestätigt.

Die Kunst des Integrierens besteht darin, eine geeignete Substitution zu finden. Hierzu lassen sich keine allgemeingültigen Regeln angeben. Das Verfahren erfordert daher einige Übung. Aus den bisherigen Beispielen können wir entnehmen, daß sich nicht selten aus dem „Differential" ein Hinweis für die Substitution ergibt. So kann $x^2\,dx$ auf eine kubische, $x\,dx$ auf eine quadratische, dx auf eine lineare Substitution deuten, während $\frac{dx}{x}$ möglicherweise eine Substitution mit ln anzeigt.

7. Beispiel: Man bestimme jene Stammfunktion F_* zu

$$f: x \mapsto \frac{1}{x\sqrt{\ln x}}\,; \quad x \in \mathbb{R}^+,$$

für die $(e; 1) \in F_*$ gilt.

Lösung:

$$\int \frac{dx}{x\sqrt{\ln x}} = \int \frac{1}{\sqrt{\ln x}} \cdot \frac{dx}{x}\,;$$

Das Differential $\frac{dx}{x}$ läßt vermuten, daß das Integral durch die Substitution $\ln x = t$ vereinfacht werden kann. Mit

$$\ln x = t \;\Rightarrow\; \frac{1}{x}\,dx = dt$$

ergibt sich:

$$\int \frac{dx}{x\sqrt{\ln x}} = \int \frac{dt}{\sqrt{t}} = \int t^{-\frac{1}{2}}\,dt = 2 \cdot t^{\frac{1}{2}} + C = 2\sqrt{\ln x} + C = F_C(x)$$

Aus dieser Termschar ist jener Term auszuwählen, für den $F_C(e) = 1$ gilt. Setzen wir $x = e$, so erhalten wir für C die Bestimmungsgleichung

$$2\sqrt{\ln e} + C = 1 \;\Rightarrow\; C = -1.$$

Der Stern in F_* steht demnach für die Zahl -1.

Ergebnis: $F_{-1}: x \mapsto 2\sqrt{\ln x} - 1; \; x \in \mathbb{R}^+$ ist die gesuchte Stammfunktion.

8. Beispiel: Man gebe zu

$$f: x \mapsto \frac{x^2}{\sqrt{1 - x^6}}\,; \quad D_f = \,]-1;\,1\,[$$

eine Stammfunktion F_* an, deren Graph durch den Punkt $P(\sqrt[3]{0{,}5}; 0)$ geht.

Lösung:

$$\int \frac{x^2}{\sqrt{1 - x^6}}\,dx = \int \frac{1}{\sqrt{1 - (x^3)^2}}\,x^2\,dx\,;$$

Das Differential $x^2\,dx$ deutet auf die Substitution:

$$x^3 = t \;\Rightarrow\; 3x^2\,dx = dt \;\Rightarrow\; x^2\,dx = \tfrac{1}{3}dt,$$

so daß wir erhalten:

$$\int \frac{x^2}{\sqrt{1 - x^6}}\,dx = \tfrac{1}{3} \int \frac{1}{\sqrt{1 - t^2}}\,dt = \tfrac{1}{3}\arcsin t + C = \tfrac{1}{3}\arcsin x^3 + C = F_C(x).$$

In der Schar der Gleichungen $y = \tfrac{1}{3}\arcsin x^3 + C$ ist der Scharparameter C so zu bestimmen, daß das Zahlenpaar $(\sqrt[3]{0{,}5}; 0)$ die Gleichung erfüllt. Dies liefert die Bedingung:

$$0 = \tfrac{1}{3}\arcsin 0{,}5 + C \;\Rightarrow\; C = -\tfrac{\pi}{18}.$$

Der Stern ist demnach durch $-\tfrac{\pi}{18}$ zu ersetzen.

Ergebnis: $F_{-\pi/18}: x \mapsto \tfrac{1}{3}\arcsin x^3 - \tfrac{\pi}{18}; \; x \in\,]-1;\,1\,[$ ist die gesuchte Stammfunktion.

Bemerkung: Man beachte, daß die Definitionsmenge von $F_{-\pi/18}$ nur eine Teilmenge der maximalen Definitionsmenge $[-1;\,1]$ ist.

Aufgaben

1. Berechne die folgenden Integrale mit Regel (1) und der angegebenen Substitution:

a) $\int\limits_0^1 2x(1+x^2)^3 \, dx$ mit $f(t) = t^3$ und $t = 1 + x^2 = g(x)$

b) $\int\limits_1^e (\ln x)^2 \cdot \frac{1}{x} \, dx$ mit $f(t) = t^2$ und $t = \ln x = g(x)$

2. Wende jeweils Regel (2) mit der angegebenen Substitution an:

a) $\int\limits_0^1 \frac{x}{\sqrt{1+3x}} \, dx$ mit $x = \frac{1}{3}(t-1) = g(t)$

b) $\int\limits_1^5 \frac{x}{\sqrt{1+3x}} \, dx$ mit $x = \frac{1}{3}(t^2-1) = g(t)$

3. Bestimme $D_{f(x)}$ und gib einen Stammfunktionsterm $F(x)$ zu $f(x)$ an!

a) $f(x) = (1+x)^3$ b) $f(x) = \dfrac{1}{(x-2)^2}$ c) $f(x) = \sqrt{1+x}$ d) $f(x) = \sqrt[3]{3+x}$

e) $f(x) = (2-x)^4$ f) $f(x) = \dfrac{1}{(3+2x)^2}$ g) $f(x) = \sqrt{2+3x}$ h) $f(x) = \sin 2x$

i) $f(x) = \cos 2x$ k) $f(x) = \sin \omega x$ l) $f(x) = \sin x \cos x$ m) $f(x) = (\sin x)^2$

n) $f(x) = \dfrac{x}{(2-x)^3}$ o) $f(x) = \dfrac{x^2}{(1+x)^4}$ p) $f(x) = \dfrac{x}{\sqrt{1-x}}$ q) $f(x) = x\sqrt{1+x}$

r) $f(x) = x(x^2-1)^3$ s) $f(x) = x\sqrt{9-x^2}$ t) $f(x) = \dfrac{x}{\sqrt{a^2-x^2}}$ u) $f(x) = \dfrac{x}{(1-x^2)^2}$

4. Bestimme jene Stammfunktion F_* zu $f: x \mapsto f(x)$; $D_f = D_{f(x)}$, für die gilt:

a) $f(x) = (\sin x)^2 \cos x \wedge (0; 2) \in F_*$ b) $f(x) = (\cos x)^3 \sin x \wedge (\frac{\pi}{2}; 1) \in F_*$

c) $f(x) = (\sin x)^3$ $\wedge (\frac{\pi}{3}; 0) \in F_*$ d) $f(x) = \dfrac{\sqrt{\tan x}}{(\cos x)^2}$ $\wedge (\frac{\pi}{4}; 2) \in F_*$

Anleitung zu c): $(\sin x)^3 = [1 - (\cos x)^2] \sin x$

5. Es soll zu $f: x \mapsto f(x)$; $D_f = D_{f(x)}$ die Stammfunktion F_* angegeben werden, deren Graph durch den Punkt P geht.

a) $f(x) = \dfrac{x}{1+x^4}$; $P(0; 1)$ b) $f(x) = \dfrac{x}{\sqrt{1-x^4}}$; $P(1; 0)$

c) $f(x) = \dfrac{x^2}{1+x^6}$; $P(0; 2)$ d) $f(x) = \dfrac{x^2}{\sqrt{1-x^6}}$; $P(1; \frac{7\pi}{6})$

6. a) $\int e^{-x} dx$ b) $\int e^{2x+3} dx$ c) $\int \dfrac{1}{e^{3x-2}} dx$ d) $\int xe^{x^2} dx$

e) $\int \dfrac{e^{\sqrt{x}}}{\sqrt{x}} dx$ f) $\int e^{\cos x} \sin x \, dx$ g) $\int \dfrac{e^x}{1-e^x} dx$ h) $\int \dfrac{e^x - e^{-x}}{e^x + e^{-x}} dx$

7. a) $\int \dfrac{\ln x}{x} dx$ b) $\int \dfrac{1}{x} \sqrt{\ln x} \, dx$ c) $\int \dfrac{1}{x} \sqrt{1 + \ln x} \, dx$ d) $\int \dfrac{(\ln x)^2}{x} dx$

8. a) $\int \dfrac{x}{(1-x)^2}\,dx$ **b)** $\int \dfrac{x^2}{(1-x)^3}\,dx$ **c)** $\int \dfrac{x^3}{(1-x)^4}\,dx$

9. a) $\int \dfrac{1}{\sin x}\,dx$ **b)** $\int \dfrac{1}{\cos x}\,dx$

Anleitungen:

a) Ersetze $\sin x$ durch $2\sin\frac{x}{2}\cos\frac{x}{2}$ und 1 durch $(\sin\frac{x}{2})^2 + (\cos\frac{x}{2})^2$!
Beachte Aufgabe 18 d) und 17 d) in 11.1.4.

b) Führe die Substitution $x = \frac{\pi}{2} - t$ durch!

10. a) $\int \dfrac{dx}{x\sqrt{x^2-1}}$ **b)** $\int \dfrac{dx}{x^2\sqrt{1-x^2}}$

Anleitung: Substituiere $x = \frac{1}{t}$!

11. a) $\int \dfrac{dx}{1+(\frac{x}{3})^2}$ **b)** $\int \dfrac{dx}{a^2+x^2}$ **c)** $\int \dfrac{dx}{16+25x^2}$

d) $\int \dfrac{dx}{1+(\frac{3-2x}{5})^2}$ **e)** $\int \dfrac{dx}{17-8x+x^2}$ **f)** $\int \dfrac{dx}{5-2x+x^2}$

g) $\int \dfrac{dx}{20-12x+9x^2}$ **h)** $\int \dfrac{dx}{p+qx+x^2}$, $(q^2 < 4p)$ **i)** $\int \dfrac{dx}{a+bx+cx^2}$, $(b^2 < 4ac)$

12. a) $\int \dfrac{dx}{\sqrt{1-(\frac{x}{2})^2}}$ **b)** $\int \dfrac{dx}{\sqrt{a^2-x^2}}$ $(a>0)$ **c)** $\int \dfrac{dx}{\sqrt{9-4x^2}}$

d) $\int \dfrac{dx}{\sqrt{1-(\frac{2x-5}{3})^2}}$ **e)** $\int \dfrac{dx}{\sqrt{6x-x^2-8}}$ **f)** $\int \dfrac{dx}{\sqrt{32-9x^2-12x}}$

g) $\int \dfrac{dx}{\sqrt{24+8x-16x^2}}$ **h)** $\int \dfrac{dx}{\sqrt{a+bx-cx^2}}$ **i)** $\int \dfrac{dx}{\sqrt{a-bx-cx^2}}$

13. a) $\int\limits_0^4 \sqrt{4+3x}\,dx$ **b)** $\int\limits_0^1 \dfrac{dx}{\sqrt{16-7x}}$ **c)** $\int\limits_0^2 x\sqrt{3x^2+4}\,dx$

d) $\int\limits_0^2 \dfrac{x^2\,dx}{\sqrt{16+x^3}}$ **e)** $\int\limits_0^a \dfrac{2x+a}{\sqrt{x^2+ax}}\,dx$ **f)** $\int\limits_{1/a}^{2/a} \cos ax\,dx$, $(a>0)$

g) $\int\limits_0^{\sqrt{2}} x\cos x^2\,dx$ **h)** $\int\limits_0^{\pi/6} \dfrac{\cos x}{\sqrt{1-\sin x}}\,dx$ **i)** $\int\limits_0^2 \dfrac{dx}{x^2+16}$

k) $\int\limits_0^{\sqrt{3}} \dfrac{dx}{\sqrt{4-x^2}}$ **l)** $\int\limits_0^{\frac{a}{2}\sqrt{2}} \dfrac{x}{\sqrt{a^4-x^4}}\,dx$ **m)** $\int\limits_0^{\frac{1}{2}\sqrt{2}} \dfrac{dx}{1-2x+2x^2}$

n) $\int\limits_{0,5}^{1,5} \dfrac{dx}{\sqrt{2x-x^2}}$ **o)** $\int\limits_2^3 \dfrac{dx}{x^2-x+1}$ **p)** $\int\limits_0^{0,5} \dfrac{dx}{\sqrt{1+3x-4x^2}}$

14. a) $\int_{0}^{0,5} 5e^{2x}dx$ b) $\int_{0}^{1} e^{x}\sqrt{e^{x}-1}\,dx$ (2 Dez.)   c) $\int_{0}^{1} \frac{e^{x}}{2e^{x}-1}\,dx$ (2 Dez.)

   d) Es ist $f(t) = \int_{0}^{1/t} e^{tx}dx.$ Wie groß ist $f(e)$?

   e) Es ist $\varphi(t) = \int_{0}^{t} e^{\sin x}dx.$ Wie groß ist $\dot{\varphi}\left(\frac{\pi}{2}\right)$?

15. Uneigentliche Integrale

   a) $\int_{0}^{4} \frac{x\,dx}{\sqrt{4-x}}$ b) $\int_{0}^{a} \frac{dx}{\sqrt{a^2-x^2}}$ c) $\int_{0}^{+\infty} \frac{dx}{a^2+x^2}$

   d) $\int_{0}^{+\infty} \frac{dx}{\sqrt{a+x^3}}$ e) $\int_{2}^{+\infty} \frac{x\,dx}{(x^2-1)^3}$ f) $\int_{-\infty}^{+\infty} \frac{dx}{1+x+x^2}$

16. Das Kreisintegral

   Das bei der Berechnung des Flächeninhaltes des Kreises mit der Gleichung $x^2+y^2=a^2$ auf-
   tretende Integral heißt Kreisintegral. Es gilt:

$$\int \sqrt{a^2-x^2}\,dx = \frac{a^2}{2}\arcsin\frac{x}{a} + \frac{x}{2}\sqrt{a^2-x^2} + C, \quad (a>0)$$

   a) Beweise diese Formel mit Hilfe der Substitution $x = a\sin t$!
   b) Bestätige mit Hilfe des Kreisintegrals die bereits in Abschnitt 13.3.2 für die Ellipse gefundene
      Flächeninhaltsformel: $A = ab\pi$.
   c) Welchen prozentualen Anteil an der Ellipsenfläche hat der Inhalt des kleineren Segmentes,
      das die Gerade mit der Gleichung $x - a = 0$ aus der Ellipse mit der Gleichung $x^2 + 4y^2 - 4a^2 = 0$
      ausschneidet? Schätzung!

17. Gegeben ist die Funktion $f: x \mapsto f(x) = \dfrac{x}{\sqrt{1-x^2}}$; $D_f = D_{f(x)}$

   a) Gib D_f an und zeige, daß der Graph G_f punktsymmetrisch zum Ursprung ist und monoton steigt!
   b) Wie lautet die Umkehrfunktion f^{-1} zu f?
   c) Berechne den Inhalt des Flächenstücks, das der Graph mit der x-Achse zwischen Ursprung
      und der Ordinate zu $x = \frac{1}{2}\sqrt{2}$ einschließt!

18. Für die Funktion $f: x \mapsto \dfrac{4-x}{\sqrt{8-2x^2}}$; $D_f = D_{f(x)}$

   ist die Definitionsmenge anzugeben und der Inhalt des Flächenstücks zu berechnen, das vom
   Graphen G_f, den beiden Achsen und der Minimalordinate begrenzt wird. Zeichnung mit 1 LE = 2 cm.

19. Die Kurve mit der Gleichung $x^3 - 3x^2 - 9y^2 = 0$ schließt mit der Geraden $g: x - 7 = 0$ ein Flächen-
    stück ein. Zeichne die Kurve und berechne den Inhalt des Flächenstücks!

20. Gegeben ist die Relation $R = \{(x; y) \in \mathbb{R} \times \mathbb{R} \mid y^2 - (1+x)^2(1-x^2) = 0\}$.

   a) Gib D_R an und untersuche den Graphen G_R auf eine etwaige Symmetrie in Bezug auf die Koor-
      dinatenachsen und den Ursprung!
   b) Untersuche das Verhalten von G_R am Rande von D_R!
   c) Unter welchem Winkel schneidet G_R die y-Achse?

d) Gib W_R an!

e) Berechne eventuelle Wendestellen von G_R!

f) Zeichne G_R mit 1 LE = 4 cm!

g) Welchen Inhalt hat die von G_R eingeschlossene Fläche?

21. Der Graph der Relation $R = \{(x; y) \in \mathbb{R} \times \mathbb{R} \mid 16y^2 - (5-x)(x^2-4)^2 = 0\}$ umschließt zwei Flächenstücke. Zeichne G_R und berechne den Inhalt jedes Flächenstücks!

22. Gegeben ist die Funktion f: $x \mapsto \frac{1}{3}(3-x)\sqrt{9-x^2}$; $D_f = D_{f(x)}$.

a) Bestimme D_f und W_f!

b) Untersuche die Ableitungsfunktion f' an der Stelle 3 durch Grenzwertbetrachtung!

c) Zeichne den Graphen G_f und ergänze ihn zum Graphen der Relation
$$R = \{(x; y) \in \mathbb{R} \times \mathbb{R} \mid 9y^2 - (3-x)^2(9-x^2) = 0\}!$$

23. Zu untersuchen ist die Funktion f: $x \mapsto ae^{\frac{x}{a}}$; $x \in \mathbb{R}$ mit $a > 0$.

a) Zeichne G_f für $a = 4$ im Bereich $[-6; 6]$!

b) Stelle die Gleichung der Tangente und Normale im Punkt $P(a; f(a))$ des Graphen auf!

c) Wie groß ist der Inhalt des von G_f, der x-Achse und den Ordinaten zu $x = -a$ und $x = a$ begrenzten Flächenstücks?

d) Zeige, daß die Subtangente konstant ist! Konstruiere die Tangente!

e) Berechne die Länge der Tangente, der Normale und der Subnormale in Abhängigkeit von der Ordinate y_0 des Kurvenpunktes!

24. Gegeben ist die Funktion f: $x \mapsto f(x) = \frac{1}{2}\ln(x + \sqrt{x^2+1})$; $D_f = D_{f(x)}$.

a) Gib D_f an!

b) Zeige, daß f streng monoton zunimmt und somit umkehrbar ist!

c) Wie lautet f^{-1}?

d) Beweise: $f(-x) = -f(x)$.

e) Welchen Inhalt hat das Flächenstück zwischen dem Graphen G_f, der x-Achse und der zu $x = \frac{1}{2}(e - e^{-1})$ gehörigen Ordinate?

25. Die Kettenlinie
Eine frei hängende Kette hat unter idealen Bedingungen die Form des Graphen der Funktion
$$f: x \mapsto \frac{a}{2}(e^{\frac{x}{a}} + e^{-\frac{x}{a}}), \quad (a > 0)$$

a) Zeichne G_f für $a = 4$ im Bereich $[-6; 6]$ mit Hilfe der Graphen der Funktionen
$$f_1: x \mapsto ae^{\frac{x}{a}} \quad \text{und} \quad f_2: x \mapsto ae^{-\frac{x}{a}}$$

und Bildung des Mittelwertes $f(x) = \frac{1}{2}[f_1(x) + f_2(x)]$!

b) Zeige: Für die Längenmaßzahl t_s der Subtangente im Punkt $P(x_0; y_0) \in G_f$ gilt die Proportion:
$$t_s : y_0 = a : \sqrt{y_0^2 - a^2}$$

Entwickle aus dieser Beziehung eine einfache Tangentenkonstruktion und führe sie durch für $P(3; y_0)$!

c) Zeige: Für die Längenmaßzahl n der Normale in $P(x_0; y_0) \in G_f$ gilt:
$$n = \frac{y_0^2}{a}$$

d) Berechne den Inhalt des zwischen den Koordinatenachsen, der Kettenlinie und der Ordinate zu $x = a$ liegenden Flächenstücks!

26. Gegeben ist die Funktion h: $b \mapsto h(b) = 2b - 1 + e^{-2b}$; $b \in \mathbb{R}_0^+$

1. a) Man zeige, daß die Funktion h im angegebenen Definitionsbereich monoton zunimmt.

   b) Warum gilt $h(b) \geqq 0$ für $b \geqq 0$?

2. Wir betrachten nun die folgenden Funktionen:

$$g_b: x \mapsto g_b(x) = \sqrt{\ln x + 2b} \quad \text{und} \quad f_b: x \mapsto f_b(x) = \sqrt{\ln(x + 2b)}$$

   im jeweils maximal möglichen Definitionsbereich D_{g_b} bzw. D_{f_b} für $b \geqq 0$.

   a) Man gebe beidemal die maximalen Definitionsbereiche an.

   b) Unter Verwertung des Ergebnisses in 1b) soll der Durchschnitt

$$D = D_{g_b} \cap D_{f_b}$$

   bestimmt werden.

3. Man zeige, daß die Graphen von g_b und f_b für $b > 0$ genau einen Schnittpunkt haben.

   Hinweis: Es genügt, die Abszisse x_S dieses Schnittpunktes zu ermitteln und mit Hilfe der Beziehung in 1b) zu zeigen, daß $x_S \in D$ gilt.

4. Man beweise für $b \geqq 0$ die Gültigkeit folgender Gleichung:

$$\int_1^{e^{6b}} \frac{dx}{2x\sqrt{\ln x + 2b}} = \frac{1}{2} g_b(e^{6b})$$

5. Skizziere den Graphen von f_1, d.h. also für $b = 1$, unter Verwendung einiger Tabellenwerte in $[-1; 1]$ mit 1 LE = 5 cm!

16.2. Umkehrung der Produktregel – Partielle Integration

Wir gehen aus von der Formel für die Ableitung des Produktes zweier Funktionen. Es seien u und v in einem gemeinsamen Bereich [a; b] differenzierbare Funktionen. Dann können wir nach 5.1.2. schreiben:

$$(u \cdot v)'(x) = u(x) \cdot v'(x) + v(x) \cdot u'(x)$$

Sind die Ableitungen u' und v' stetig in [a; b], so können wir diese Gleichung integrieren:

$$\int_a^b (u \cdot v)'(x)\,dx = \int_a^b u(x) \cdot v'(x)\,dx + \int_a^b v(x) \cdot u'(x)\,dx$$

$$\Rightarrow [u(x) \cdot v(x)]_a^b = \int_a^b u(x) \cdot v'(x)\,dx + \int_a^b v(x) \cdot u'(x)\,dx$$

Wir lösen diese Gleichung nach dem ersten Summanden der rechten Seite auf und erhalten

$$\int_a^b u(x)\, v'(x)\,dx = [u(x)\, v(x)]_a^b - \int_a^b v(x)\, u'(x)\,dx$$

Unter der Voraussetzung, daß u und v in [a; b] stetig differenzierbare Funktionen sind, kann mit Hilfe dieser Formel das auf der linken Seite stehende Integral auf ein anderes, unter Umständen einfacheres Integral zurückgeführt werden. Die Integration ist, wie die rechte Seite zeigt, jedenfalls nur teilweise ausgeführt. Das Verfahren wird daher als partielle Integration bezeichnet.

1. Beispiel: $\int\limits_0^{\pi/2} x \sin x \, dx.$ Wir setzen

$$\begin{cases} u(x) = x & \Rightarrow u'(x) = 1 \\ v'(x) = \sin x & \Rightarrow v(x) = -\cos x, \end{cases}$$

und es ergibt sich

$$\int\limits_0^{\pi/2} x \sin x \, dx = [x(-\cos x)]_0^{\pi/2} - \int\limits_0^{\pi/2} (-\cos x) \, dx = 0 + [\sin x]_0^{\pi/2} = 1$$

2. Beispiel: $\int\limits_0^{\pi} (\sin x)^2 \, dx = \int\limits_0^{\pi} \sin x \cdot \sin x \, dx.$ Wir setzen:

$$\begin{cases} u(x) = \sin x & \Rightarrow u'(x) = \cos x \\ v'(x) = \sin x & \Rightarrow v(x) = -\cos x, \end{cases}$$

und es folgt zunächst:

$$\int\limits_0^{\pi} (\sin x)^2 \, dx = [-\sin x \cos x]_0^{\pi} + \int\limits_0^{\pi} (\cos x)^2 \, dx$$

Zur weiteren Behandlung des Integrals beachten wir, daß $(\cos x)^2 = 1 - (\sin x)^2$ ist. Damit ergibt sich die Gleichung

$$\int\limits_0^{\pi} (\sin x)^2 \, dx = 0 + \int\limits_0^{\pi} dx - \int\limits_0^{\pi} (\sin x)^2 \, dx, \quad \text{und hieraus}$$

$$2 \cdot \int\limits_0^{\pi} (\sin x)^2 \, dx = [x]_0^{\pi}, \quad \text{schließlich}$$

$$\int\limits_0^{\pi} (\sin x)^2 \, dx = \frac{\pi}{2}.$$

Ähnlich wie die Substitutionsregel läßt sich auch die Formel für die partielle Integration auf unbestimmte Integrale übertragen. Wir erkennen dies, wenn wir das folgende Beispiel dem 1. Beispiel gegenüberstellen.

3. Beispiel: Es soll zu $f: x \mapsto x \sin x; \; x \in \mathbb{R}$ eine Stammfunktion angegeben und sodann $\int\limits_0^{\pi/2} x \sin x \, dx$ berechnet werden.

Lösung: a) $\int x \sin x \, dx.$ Wir setzen:

$$\begin{cases} u(x) = x & \Rightarrow u'(x) = 1 \\ v'(x) = \sin x & \Rightarrow v(x) = -\cos x, \end{cases}$$

und erhalten:

$$\int x \sin x \, dx = -x \cos x + \int \cos x \, dx = -x \cos x + \sin x + C.$$

Also ist

$$F_0: x \mapsto -x \cos x + \sin x; \quad x \in \mathbb{R}$$

eine Stammfunktion zu f.

Probe: $F_0'(x) = -x(-\sin x) + \cos x \cdot (-1) + \cos x = x \sin x = f(x).$

b) $\int\limits_0^{\pi/2} x \sin x \, dx = [-x \cos x + \sin x]_0^{\pi/2} = 1$

4. Beispiel: Man berechne die Integrale $\int\limits_{0}^{1} x^2 e^{-x}\,dx$ und $\int\limits_{-1}^{1} x^2 e^{-x}\,dx$.

Lösung: Wir suchen zunächst eine Stammfunktion zu $f: x \mapsto x^2 e^{-x}$; $x \in \mathbb{R}$ indem wir

$$\int x^2 e^{-x}\,dx$$

partiell behandeln. Dazu setzen wir:

$$\begin{cases} u\,(x) = x^2 & \Rightarrow\ u'\,(x) = 2x \\ v'\,(x) = e^{-x} & \Rightarrow\ v\,(x) = -e^{-x}\quad\text{(Probe!)}, \end{cases}$$

so daß wir zunächst erhalten:

$$\int x^2 e^{-x}\,dx = -x^2 e^{-x} + 2\int x e^{-x}\,dx \tag{1}$$

Auf das Integral der rechten Seite von (1) wenden wir erneut die Regel für die partielle Integration an, indem wir setzen:

$$\begin{cases} u\,(x) = x & \Rightarrow\ u'\,(x) = 1 \\ v'\,(x) = e^{-x} & \Rightarrow\ v\,(x) = -e^{-x}, \end{cases}$$

so daß sich ergibt:

$$\int x e^{-x}\,dx = -x e^{-x} + \int e^{-x}\,dx = -x e^{-x} - e^{-x} + C$$

Tragen wir dies in (1) ein, so folgt:

$$\int x^2 e^{-x}\,dx = -x^2 e^{-x} + 2\,(-x e^{-x} - e^{-x} + C) = -e^{-x}\,(x^2 + 2x + 2) + C'$$

Eine Stammfunktion zu f ist also

$$F_0: x \mapsto -e^{-x}\,(x^2 + 2x + 2)$$

und es ergeben sich folgende Integralwerte:

$$\int\limits_{0}^{1} x^2 e^{-x}\,dx = [-e^{-x}\,(x^2 + 2x + 2)]_{0}^{1} = 2 - 5e^{-1}$$

$$\int\limits_{-1}^{1} x^2 e^{-x}\,dx = [-e^{-x}\,(x^2 + 2x + 2)]_{-1}^{1} = e - 5e^{-1}$$

Aufgaben

1. a) $\int\limits_{0}^{\pi/2} x \cos x\,dx$
   b) $\int\limits_{0}^{\pi/4} x \sin 2x\,dx$
   c) $\int x \cos ax\,dx$, $(a > 0)$

2. a) $\int (\sin x)^4\,dx$
   b) $\int (\cos x)^4\,dx$

3. a) $\int\limits_{-\pi/2}^{\pi/2} x^2 \sin x\,dx$
   b) $\int\limits_{-\pi/2}^{0} x^2 \cos x\,dx$
   c) $\int x^2 \sin ax\,dx$, $(a > 0)$

4. a) $\int \arcsin x\,dx$
   b) $\int \arccos x\,dx$
   c) $\int\limits_{0}^{0,5} \arccos 2x\,dx$

5. a) $\int \dfrac{x^3}{\sqrt{a^2 - x^2}}\,dx$, $(a > 0)$
   b) $\int \dfrac{\sqrt{a^2 - x^2}}{x^2}\,dx$, $(a > 0)$
   c) $\int \dfrac{dx}{x^2 \sqrt{a^2 - x^2}}$, $(a > 0)$

   Hinweise: a) $u\,(x) = x^2$; Aufgabe 3t, Abschnitt 16.1.3.

   b) $u\,(x) = \sqrt{a^2 - x^2}$

   c) $\dfrac{a^2}{x^2 \sqrt{a^2 - x^2}} = \dfrac{1}{\sqrt{a^2 - x^2}} + \dfrac{\sqrt{a^2 - x^2}}{x^2}$

6. Das Kreisintegral (2. Art der Berechnung)

  a) Beweise die Integralformel von Aufgabe 16 in 16.1.3. mittels der Umformung

$$\sqrt{a^2 - x^2} = \frac{a^2 - x^2}{\sqrt{a^2 - x^2}} = \frac{a^2}{\sqrt{a^2 - x^2}} - \frac{x^2}{\sqrt{a^2 - x^2}}$$

  und partieller Integration des Subtrahenden mit $u(x) = x$!

  b) $\displaystyle\int_{0}^{\frac{1}{2}a\sqrt{2}} \frac{x^2}{\sqrt{a^2 - x^2}}\, dx$, $(a > 0)$ c) $\displaystyle\int_{0}^{a} x^2\sqrt{a^2 - x^2}\, dx$, $(a > 0)$.   Hinweis: $u(x) = x$

7. a) $\int x \arcsin x\, dx$ b) $\int x \arctan x\, dx$ c) $\displaystyle\int_{0}^{1} x^2 \arcsin x\, dx$

8. a) $\int x e^x\, dx$ b) $\displaystyle\int_{-1}^{0} x e^{-x}\, dx$ c) $\int x^2 e^x\, dx$

  d) $\int e^x \cos x\, dx$ e) $\displaystyle\int_{0}^{\pi/2} e^x \sin x\, dx$ (4 Dezimalen, TW S. 24)

9. Integration des Logarithmus

  a) Beweise mittels partieller Integration die Formel

$$\int \ln x\, dx = x(\ln x - 1) + C$$

  b) Berechne den Inhalt des Flächenstücks, das vom Graphen $G_{\lg}$ der Funktion $\lg: x \mapsto \lg x$; $x \in \mathbb{R}_0^+$, der x-Achse und der Ordinate zu $x = 4$ begrenzt wird!

  c) Durch die Gleichung $y = \log_b x$, $x \in \mathbb{R}_0^+$ mit $b > 0$ als Parameter ist eine Schar logarithmischer Kurven gegeben. Bestimme b so, daß das zwischen der Kurve, der x-Achse und der Ordinate zu $x = e$ liegende Flächenstück den Inhalt $1\ cm^2$ hat!

10. a) $\int x \ln x\, dx$ b) $\displaystyle\int \frac{\ln x}{x^2}\, dx$ c) $\int x^n \ln x\, dx$, $(n \neq -1)$

  d) $\displaystyle\int_{1}^{e} \frac{\ln x}{(1 + x)^2}\, dx$ e) $\int x \ln(1 + x^2)\, dx$ f) $\displaystyle\int_{e}^{1} (\ln x)^2\, dx$

  g) $\int \arctan x\, dx$ h) $\displaystyle\int_{0}^{0,5} \operatorname{arccot} 2x\, dx$ i) $\displaystyle\int_{1}^{e} \frac{\ln x}{\sqrt{x}}\, dx$,   (2 Dez.)

11. Uneigentliche Integrale.

  a) $\displaystyle\int_{0}^{+\infty} x e^{-x}\, dx$ b) $\displaystyle\int_{0}^{+\infty} x^2 e^{-x}\, dx$ c) $\displaystyle\int_{1}^{+\infty} x e^{-x}\, dx$

  d) $\displaystyle\int_{0,5}^{1} \frac{dx}{x^2\sqrt{1 - x^2}}$ e) $\displaystyle\int_{0}^{1} \frac{x^2}{\sqrt{1 - x^2}}\, dx$ f) $\displaystyle\int_{1}^{2} \frac{x^2}{\sqrt{x^2 - 1}}\, dx$

12. a) $\displaystyle\int \frac{dx}{\sqrt{x^2 + a^2}}$ b) $\displaystyle\int \frac{dx}{\sqrt{x^2 - a^2}}$ c) $\int \sqrt{x^2 + a^2}\, dx$ d) $\int \sqrt{x^2 - a^2}\, dx$

  Hinweise: Zu a) und b): Substitution $t = x + \sqrt{x^2 \pm a^2}$. Zu c) und d): Ähnliche Behandlung des Integrals wie in Aufgabe 6a).

  e) Wie groß ist der Inhalt des von der Hyperbel mit der Gleichung $x^2 - 4y^2 - 4 = 0$ und der Geraden mit der Gleichung $x - 4 = 0$ begrenzten Flächenstücks?

Ergänzungen und Ausblicke

A. Größenabschätzung von m!

Die Integration des Logarithmus (vgl. Aufgabe 9) gestattet eine einfache Größenabschätzung des Produkts der ersten m natürlichen Zahlen, das mit m! bezeichnet wird. Wir betrachten dazu Fig. 16.1. Hier sind in den Graphen der Funktion ln zu den Abszissen 2, 3, ..., m die zugehörigen Ordinaten ln 2, ln 3, ..., ln m eingezeichnet. Bezeichnen wir die Maßzahl der Inhaltssumme der $(m-2)$ schraffierten Rechtecke mit $\underline{A}$, die der $m-1$ rot umrandeten Rechtecke „dahinter" mit $\bar{A}$, so gilt:

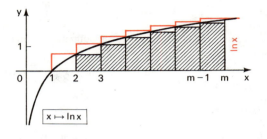

Fig. 16.1

$$\underline{A} = \ln 2 + \ln 3 + \ldots + \ln(m-1) = \ln(2 \cdot 3 \cdot \ldots \cdot (m-1)) = \ln(m-1)! \qquad \text{und}$$
$$\bar{A} = \ln 2 + \ln 3 + \ldots + \ln m = \ln(2 \cdot 3 \cdot \ldots \cdot m) = \ln m!$$

Zwischen diesen beiden Werten liegt die Inhaltsmaßzahl des Flächenstücks, das der Graph $G_{\ln}$ mit der x-Achse im Intervall $[1; m]$ einschließt. Wir erhalten demnach folgende Ungleichung:

$$\underline{A} < \int\limits_1^m \ln x \, dx < \bar{A}$$

Das Integral hat nach Aufgabe 9a) den Wert $m(\ln m) - m + 1$. Also folgt:

$$\ln(m-1)! < m(\ln m) - m + 1 < \ln m!$$

Nun ist nach den logarithmischen Rechengesetzen

$$m(\ln m) - m + 1 = \ln(m^m) - \ln e^m + \ln e = \ln e \left(\tfrac{m}{e}\right)^m$$

Somit ergibt sich folgende Doppelungleichung:

$$\ln(m-1)! < \ln e \left(\tfrac{m}{e}\right)^m < \ln m!$$

Hieraus folgt wegen der strengen Monotonie der Funktion ln:

$$(m-1)! < e \left(\tfrac{m}{e}\right)^m < m!$$

Nach der rechten Teilungleichung ist $m! > e\left(\tfrac{m}{e}\right)^m$. Aus der linken Teilungleichung folgt nach Multiplikation mit m die Beziehung $m! < me\left(\tfrac{m}{e}\right)^m$. Zusammenfassend ergibt sich damit

$$\boxed{e\left(\tfrac{m}{e}\right)^m < m! < me\left(\tfrac{m}{e}\right)^m}$$

(1)

B. Ein bemerkenswerter Grenzwert

Aus der Doppelungleichung (1) können wir eine wichtige Folgerung ziehen. Durch Kehrwertbildung finden wir, wenn wir gleichzeitig m durch den geläufigeren Buchstaben n ersetzen:

$$\frac{1}{e}\left(\frac{e}{n}\right)^n > \frac{1}{n!} > \frac{1}{ne}\left(\frac{e}{n}\right)^n$$

und nach Multiplikation mit der positiven Zahl $|x^n|$:

$$\left|\frac{1}{e}\left(\frac{ex}{n}\right)^n\right| > \left|\frac{x^n}{n!}\right| > \left|\frac{1}{ne}\left(\frac{ex}{n}\right)^n\right|$$

Da für jede reelle Zahl x der Quotient $\frac{ex}{n}$ dem Betrag nach kleiner wird als 1, sobald $n > |ex|$ ist, geht $\left(\frac{ex}{n}\right)^n$ mit $n \to \infty$ gegen Null. Somit gilt:

$$\lim_{n \to \infty} \frac{x^n}{n!} = 0 \quad \text{für } x \in \mathbb{R} \tag{2}$$

Dieser Grenzwert spielt eine bedeutende Rolle bei der Approximation von Funktionstermen durch Reihen.

C. Die Reihenentwicklung der Exponentialfunktion

Der Grenzwert (2) ermöglicht eine Abschätzung von e^x, die eine Berechnung der Funktionswerte mit jeder gewünschten Genauigkeit gestattet. Wir betrachten zu diesem Zweck den Term

$$f(t) = e^t \quad \text{in} \quad 0 \leq t \leq x$$

Er hat in diesem Bereich ein Minimum $m = e^0 = 1$ und ein Maximum $M = e^x$. Daher ist nach Abschnitt 7.2.3. (10)

$$1 \cdot x < \int_0^x e^t dt < e^x \cdot x$$

Hieraus folgt:

$$x < e^x - 1 < x \cdot e^x \tag{3}$$

Die linke Teilungleichung liefert, wenn wir x wieder durch t ersetzen

$$e^t > 1 + t \quad \text{für} \quad t \neq 0 \tag{4}$$

Die Integration beider Seiten von (4) zwischen den Grenzen 0 und $x > 0$ ergibt nach Satz 5, Abschnitt 7.2.3.

$$e^x > 1 + x + \frac{x^2}{2!}$$

Setzen wir den Integrationsprozeß nach erneuter Einführung der Integrationsvariablen t fort, so folgt nach n Schritten als untere Schranke für e^x:

$$e^x > 1 + x + \frac{x^2}{2!} + \frac{x^3}{3!} + \ldots + \frac{x^n}{n!} \tag{5}$$

Um eine obere Schranke für e^x zu finden, gehen wir von der rechten Teilungleichung (3) aus. Sie liefert nach Ersatz von x durch t

$$e^t < 1 + te^t \quad \text{für} \quad t \neq 0 \tag{6}$$

Durch Integration beider Seiten zwischen 0 und $x > 0$ finden wir nach Satz 5, Abschnitt 7.2.3.

$$e^x < 1 + x + \frac{x^2}{2!} e^{x};^1$$

Durch Fortsetzung des Integrationsprozesses erhalten wir nach n Schritten:

$$e^x < 1 + x + \frac{x^2}{2!} + \frac{x^3}{3!} + \ldots + \frac{x^n}{n!} e^x \tag{7}$$

Aus (5) und (7) folgt:

$$\sum_{v=0}^{n} \frac{x^v}{v!} < e^x < \sum_{v=0}^{n-1} \frac{x^v}{v!} + \frac{x^n}{n!} e^x$$

Die Differenz zwischen den Näherungspolynomen der rechten und linken Seite ist $\frac{x^n}{n!} (e^x - 1)$. Sie geht nach (2) mit $n \to \infty$ gegen Null. Damit ergibt sich die Reihe:

---

[1] Es ist $\int_0^x t \, e^t \, dt < e^x \int_0^x t \, dt$ und allgemein $\int_0^x t^n \, e^t < e^x \int_0^x t^n \, dt$, wenn man den veränderlichen Faktor e^t durch seinen Maximalwert e^x im Intervall $0 \leq t \leq x$ ersetzt und Satz 5 in 7.2.3. beachtet.

$$e^x = 1 + x + \frac{x^2}{2!} + \frac{x^3}{3!} + \dots \quad \text{für} \quad x \geqq 0; \;^1$$

insbesondere folgt für $x = 1$:

$$e = 1 + 1 + \frac{1}{2!} + \frac{1}{3!} + \dots$$

womit die in 11.1.1.G angegebene Formel zur praktischen Berechnung der Eulerschen Zahl bewiesen ist.

Aufgaben

1. Berechne e auf drei und $\sqrt{e}$ auf vier Dezimalen genau!

2. Zeichne für den Graphen der e-Funktion die Schmiegungsparabeln 1. bis 4. Ordnung!

D. Die Sinus- und Kosinusreihe

Wir gehen aus von der für alle $t \neq 2n\pi$, $n \in \mathbb{Z}$, gültigen Ungleichung

$$\cos t < 1$$

Mit Benutzung von Satz 5 in 7.2.3. und Integration zwischen den Grenzen 0 und $x > 0$ folgt:

$$\sin x < x$$

Denken wir uns x durch t ersetzt und integrieren nochmals zwischen 0 und $x > 0$, ergibt sich:

$$1 - \cos x < \tfrac{1}{2} x^2$$

Hieraus folgt mit Auflösung nach $\cos x$ und Ersatz von x durch t:

$$\cos t > 1 - \frac{t^2}{2!}$$

Erneute Integration zwischen den Grenzen 0 und $x > 0$ ergibt:

$$\sin x > x - \frac{x^3}{3!}$$

Hieraus folgt:

$$1 - \cos x > \frac{x^2}{2!} - \frac{x^4}{4!} \quad \text{usw.}$$

Durch Fortsetzung des Verfahrens gewinnen wir folgende Erkenntnisse:

I. Für $\sin x$ gilt für $x > 0$:

$$x - \frac{x^3}{3!} < \sin x < x$$

$$x - \frac{x^3}{3!} + \frac{x^5}{5!} - \frac{x^7}{7!} < \sin x < x - \frac{x^3}{3!} + \frac{x^5}{5!}$$

$$\dots\dots\dots\dots\dots\dots\dots\dots\dots\dots\dots\dots\dots\dots\dots$$

Die Differenz zwischen den Näherungspolynomen rechts und links ist $\dfrac{x^{2n+1}}{(2n+1)!}$. Sie geht nach (2) für jedes x mit $n \to \infty$ gegen 0. Hieraus folgt:

---

[1] Die Reihe konvergiert, was hier nicht weiter interessiert, auch für $x < 0$.

$$\sin x = \lim_{n \to \infty} \sum_{v=0}^{n} (-1) \cdot \frac{x^{2v+1}}{(2v+1)!}$$

oder

$$\sin x = x - \frac{x^3}{3!} + \frac{x^5}{5!} - \frac{x^7}{7!} + \dots \quad \text{für} \quad 0 \leqq x < \infty;^1$$

II. Eine analoge Betrachtung für cos x ergibt die Kosinusreihe:

$$\cos x = 1 - \frac{x^2}{2!} + \frac{x^4}{4!} - \frac{x^6}{6!} + \dots \quad \text{für} \quad 0 \leqq x < \infty;^2$$

Fig. 16.2 zeigt für den Graphen der Funktion cos die Schmiegungsparabeln 1. bis 5. Ordnung. Mit der Sinus- und Kosinusreihe sind die in den Tafelwerken stehenden Werte der beiden Funktionen berechnet.

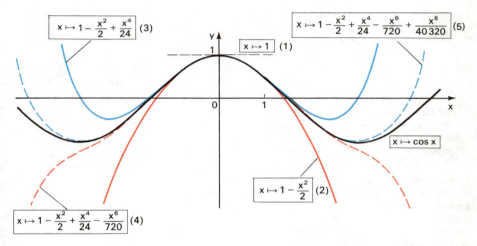

Fig. 16.2

1. Setze mit Benutzung von $\pi = 3{,}1416$ die beiden Reihen für sin 9° und cos 9° an und brich nach dem 2. Glied ab! Zeige durch Berechnung des Fehlers, daß sich auf diese Weise die Funktionswerte bereits auf vier Dezimalen ergeben!

   Hinweis: Beachte für die Fehlerberechnung den Hinweis zu Aufgabe 1 im Ergänzungskapitel zu Abschnitt 14.2.2.!

2. Berechne sin 1 auf vier Dezimalen genau!

3. Zeichne für die Sinuslinie die Schmiegungsparabeln 1. bis 4. Ordnung!

---

¹ Nachträglich ist zu erkennen, daß die Reihe auch für negative x-Werte konvergiert, denn sin ist eine ungerade Funktion.

² Nachträglich ist zu erkennen, daß die Reihe auch für negative x-Werte konvergiert.

17. PARAMETERDARSTELLUNGEN

17.1. Relationen in Parameterdarstellung

17.1.1. Einführungsbeispiel

In 2.1.1. haben wir gesehen, daß Relationen über $\mathbb{R}$ in beschreibender Form folgendermaßen festgelegt werden:

$$R = \{(x; y) \in \mathbb{R} \times \mathbb{R} \mid T(x, y) = 0\}$$

Dabei ist $T(x, y) = 0$ irgendeine Aussageform mit den Variablen $x \in \mathbb{R}$ und $y \in \mathbb{R}$.
In den Anwendungen der Mathematik ist eine Modifizierung dieser Schreibweise
häufig von Vorteil. Wir betrachten zur Einführung folgendes

> Beispiel: Gegeben sind zwei konzentrische Kreise um den Ursprung mit den
> Radien 3 cm und 2 cm. Fig. 17.1. Eine von O ausgehende Halbgerade
> bilde mit der positiven x-Achse den im Bogenmaß gemessenen Winkel t.
> Die Schnittpunkte der beiden Kreise mit der Halbgeraden seien A und B.
> Durch A wird eine Parallele zur y-Achse, durch B eine Parallele zur
> x-Achse gezogen. Der Schnittpunkt der beiden Parallelen sei P (x; y).

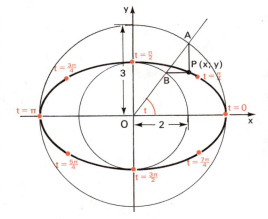

Fig. 17.1

1. Wir berechnen zuerst die Koordinaten
von P (x; y) in Abhängigkeit von t. Man
sieht sofort, daß $x = 3\cos t$ und $y = 2\sin t$
gilt, wobei t ein fester Wert ist, der der Ungleichung $0 \leqq t < 2\pi$ genügt.

2. Nun betrachten wir t als Variable. Sie
soll das Intervall $[0; 2\pi[$, mit $t = 0$ be-
ginnend, durchlaufen. Geometrisch entspricht dies einer Volldrehung der Halb-
geraden [OA um den Ursprung, entgegen
dem Uhrzeigersinn. Dann ergeben sich die
Gleichungen:

$$\left.\begin{array}{l} x = 3\cos t \\ y = 2\sin t \end{array}\right\rangle \; t \in [0; 2\pi[\qquad (1)$$

Gemäß (1) wird jedem t des Intervalls $[0; 2\pi[$ sowohl ein x als auch ein y zugeordnet. Dazu
folgende Wertetabelle:

t	0	$\frac{\pi}{4}$	$\frac{\pi}{2}$	$\frac{3\pi}{4}$	π	$\frac{5\pi}{4}$	$\frac{3\pi}{2}$	$\frac{7\pi}{4}$
x	3	$\frac{3}{2}\sqrt{2}$	0	$-\frac{3}{2}\sqrt{2}$	-3	$-\frac{3}{2}\sqrt{2}$	0	$\frac{3}{2}\sqrt{2}$
y	0	$\sqrt{2}$	2	$\sqrt{2}$	0	$-\sqrt{2}$	-2	$-\sqrt{2}$

Wir erkennen, daß durch Vermittlung der Variablen t eine Menge von reellen Zahlenpaaren der
Form $(3\cos t; 2\sin t)$ erzeugt wird, die als Relation folgendermaßen geschrieben werden kann:

$$R = \{(x; y) \mid x = 3\cos t \wedge y = 2\sin t \wedge t \in [0; 2\pi[\} \qquad (2)$$

Man zeichne hierzu mit Benutzung der Wertetabelle ein Pfeildiagramm von R, ähnlich wie in Fig. 2.1.

(2) ist eine neue Schreibweise für eine in beschreibender Form definierte Relation, eine *Relation in Parameterdarstellung*. t heißt Relationsparameter, kurz auch nur Parameter. Das Intervall $J = [0; 2\pi[$ heißt Parameterintervall, kurz auch t-Intervall.

3. Wir fragen uns nun, ob R nicht auch parameterfrei angegeben werden kann. Dazu wäre eine Elimination von t aus den beiden Gleichungen (1) erforderlich. Im vorliegenden Fall ist dies möglich, indem wir schreiben:

$$\frac{x}{3} = \cos t$$

$$\frac{y}{2} = \sin t$$

Durch Quadrieren und Addieren ergibt sich

$$\frac{x^2}{9} + \frac{y^2}{4} = 1 \quad \text{bzw.}$$

$$4x^2 + 9y^2 - 36 = 0,$$

womit wir R in gewohnter Schreibweise erhalten:

$$R = \{(x; y) \mid 4x^2 + 9y^2 - 36 = 0\} \tag{3}$$

Für die Definitionsmenge und die Wertemenge von R finden wir

$$D_R = [-3; 3] \quad \text{und} \quad W_R = [-2; 2],$$

wie unmittelbar aus (2) oder auch aus (3) zu entnehmen ist. Der Graph G_R von (3) ist, wie wir aus Abschnitt 13.3. wissen, eine Ellipse mit den Halbachsen 3 und 2. Man nennt daher (1) eine Parameterdarstellung der Ellipse mit der „kartesischen Gleichung" $4x^2 + 9y^2 - 36 = 0$.

4. Wir können unsere Betrachtungen auf die Ellipse E mit den Halbachsen a und b ausdehnen. Ihre kartesische Gleichung ist

$$E: \frac{x^2}{a^2} + \frac{y^2}{b^2} = 1,$$

ihre Parameterdarstellung lautet folgendermaßen:

$$E: \left\{ \begin{array}{l} x = a\cos t \\ y = b\sin t \end{array} \right\rangle \quad t \in [0; 2\pi[\tag{4}$$

Wenn man den Parameter t als Zeit interpretiert, wie es oft geschieht, dann durchläuft der Punkt P in der Zeit von $t = 0$ bis $t = 2\pi$ einmal die Ellipse im positiven Drehsinn. Eine andere Parameterdarstellung dieser Ellipse wäre

$$E: \left\{ \begin{array}{l} x = a\cos(\tfrac{\pi}{2}t^2) \\ y = b\sin(\tfrac{\pi}{2}t^2) \end{array} \right\rangle \quad t \in [0; 2[\tag{5}$$

Bei (5) durchläuft P die Kurve jedoch anders als bei (4). Der Drehsinn ist jetzt umgekehrt. Zu $t = 0$ gehört der Scheitel $(-a; 0)$. Bei (4) wird jeder Quadrant in der gleichen Zeit durchlaufen; bei (5) dagegen wird in der Zeit von $t = 0$ bis $t = 1$ der dritte Quadrant, in der Zeit von $t = 1$ bis $t = 2$ der vierte, erste und zweite Quadrant in einem Zug durchwandert.

17.1.2. Allgemeine Betrachtungen

Wir verallgemeinern nun unsere Überlegungen. Dann haben wir in (1) statt der speziellen Terme $3\cos t$ und $2\sin t$ die Terme $\varphi(t)$ und $\psi(t)$ mit den Definitionsmengen $D_{\varphi(t)}$ und $D_{\psi(t)}$ zu setzen. Das t-Intervall $J \subseteq \mathbb{R}$ ist so zu wählen, daß für alle $t \in J$

sowohl $\varphi(t)$ als auch $\psi(t)$ definiert ist. Demnach muß J eine Teilmenge des nicht-leeren Durchschnitts der Mengen $D_{\varphi(t)}$ und $D_{\psi(t)}$ sein.

Definition:

$$R = \{(x; y) \mid x = \varphi(t) \wedge y = \psi(t) \wedge t \in J\} \quad \text{mit} \quad J \subseteq D_{\varphi(t)} \cap D_{\psi(t)} \neq \emptyset$$

heißt Parameterdarstellung der Relation R.

Für den Graphen der Relation ergibt sich die Parameterdarstellung

$$G_R = \{P(x; y) \mid x = \varphi(t) \wedge y = \psi(t) \wedge t \in J\}$$

Dafür schreiben wir kurz:

$$G_R: \begin{cases} x = \varphi(t) \\ y = \psi(t) \end{cases} \Bigg\rangle \; t \in J \tag{6}$$

Aufgaben

1. Mit den Termen $\varphi(t) = \sqrt{t-2}$ und $\psi(t) = \sqrt{1-t}$ läßt sich keine Parameterdarstellung einer Relation bilden. Welche notwendige Bedingung ist nicht erfüllt?

2. a) Die Relation (2) im Einführungsbeispiel ist keine Funktion. Woran erkennt man dies? Ließe sich durch Einschränkung des t-Intervalls eine Funktion $f \subset R$ definieren?

   b) Die Punktmenge $G_R = \{P(x; y) \mid x = t^2 \wedge y = t \wedge t \in \mathbb{R}\}$ kann als Graph einer Relation, nicht aber als Graph einer Funktion gedeutet werden. Warum? Gib eine Zerlegung des t-Intervalls an, die so beschaffen ist, daß $G_R = G_{f_1} \cup G_{f_2}$ ist, wobei G_{f_1} und G_{f_2} die Graphen zweier Funktionen f_1 und f_2 sind.

3. Es sollen folgende vier Punktmengen betrachtet werden:

$$M_1 = \{P(x; y) \mid x = t \wedge y = t \wedge t \in \mathbb{R}\}$$
$$M_2 = \{P(x; y) \mid x = t^2 \wedge y = t^2 \wedge t \in \mathbb{R}\}$$
$$M_3 = \{P(x; y) \mid x = -t \wedge y = -t \wedge t \in \mathbb{R}\}$$
$$M_4 = \{P(x; y) \mid x = \frac{1}{t} \wedge y = \frac{1}{t} \wedge t \in \mathbb{R}\setminus\{0\}\}$$

   a) Welche Mengen sind gleich? Welche Menge ist eine echte Teilmenge einer der beiden anderen Mengen?

   b) Wie wird jede Punktmenge bei wachsendem t durchlaufen?

   c) In der Menge M_1 soll t durch einen Term $\chi(t)$ ersetzt werden, so daß für die sich ergebende Punktmenge M_5 gilt: $M_1 = M_5$. Welche notwendige Bedingung muß $\chi(t)$ erfüllen?

4. Gegeben ist die Relation $R = \{(x; y) \mid x = \sqrt{t+8} \wedge y = \sqrt{8-t} \wedge t \in J_{max}\}$.

   a) Gib den maximalen Definitionsbereich von R an!

   b) Zeige: R läßt sich in der Form $\{(x; y) \mid x^2 + y^2 - 16 = 0 \wedge x \in \mathbb{R}_0^+ \wedge y \in \mathbb{R}_0^+\}$ darstellen.

5. Gib eine parameterfreie Darstellung der folgenden Relationen an! Bestimme D_R und W_R!

   a) $R = \{(x; y) \mid x = t^3 \wedge y = t^4 \wedge t \in \mathbb{R}\}$

   b) $R = \{(x; y) \mid x = \dfrac{a}{\cos t} \wedge y = \dfrac{b}{\sin t} \wedge t \in]0; 2\pi[\setminus \{\frac{\pi}{2}; \pi; \frac{3\pi}{2}\}\}$

   Bemerkung: Der Graph dieser Relation heißt *Kreuzkurve*. Es ist $a > 0$ und $b > 0$ anzunehmen.

   c) $R = \{(x; y) \mid x = \dfrac{1}{t^2} \wedge y = 1 - t \wedge t \in \mathbb{R}\setminus\{0\}\}$

d) $R = \{(x; y) \mid x = a\cos^3 t \wedge y = a\sin^3 t \wedge t \in [0; 2\pi[\}$

Bemerkung: Der Relationsgraph heißt *Sternkurve* oder *Astroide*. $a > 0$.

6. Für die Relation $R = \{(x; y) \mid y^2 - x^3 = 0 \wedge x \in \mathbb{R} \wedge y \in \mathbb{R}\}$ ist eine Parameterdarstellung mit $x = \varphi(t) \wedge y = \psi(t)$ anzugeben, wobei φ und ψ ganzrationale Funktionen sind.

Bemerkung: Der Graph von R heißt *Neilsche Parabel*.

7. Zur Relation $R = \{(x; y) \mid x = t^3 - 6t^2 + 9t \wedge y = 4t - t^2 \wedge t \in [0; 4]\}$ sind drei Funktionen f_1, f_2 und f_3 zu ermitteln, so daß $R = f_1 \cup f_2 \cup f_3$ gilt. Gib die zugehörigen t-Intervalle sowie die Definitions- und Wertemenge jeder Funktion an!

17.2. Funktionen in Parameterdarstellung

17.2.1. Von der Relation zur Funktion

Die Aufgaben 2a und 2b haben bereits gezeigt, daß eine Relation

$$R = \{(x; y) \mid x = \varphi(t) \wedge y = \psi(t) \wedge t \in J\}$$

möglicherweise eine Funktion ist. In diesem Fall muß ausgeschlossen sein, daß – vgl. die Wertetabelle zum Einführungsbeispiel – zu zwei verschiedenen t-Werten ein und derselbe x-Wert gehört. Dies ist gesichert bei strenger Monotonie der Funktion φ im gesamten t-Intervall.

Satz:

Die Paarmenge $\{(x; y) \mid x = \varphi(t) \wedge y = \psi(t) \wedge t \in J\}$ stellt eine Funktion $f: x \mapsto y = f(x)$ dar, wenn J der Definitionsforderung 17.1.2. genügt und $\varphi: t \mapsto x = \varphi(t)$ für alle $t \in J$ streng monoton ist.

Für die so definierte Funktion f schreiben wir:

$$f: t \mapsto \left. \begin{cases} x = \varphi(t) \\ y = \psi(t) \end{cases} \right\rangle \quad t \in J$$

Die Definitionsmenge von f ist die Wertemenge von φ.

Beispiel: $\quad f: t \mapsto \left. \begin{cases} x = a\cos t \\ y = b\sin t \end{cases} \right\rangle \quad t \in [\pi; 2\pi]$

Es liegt die Parameterdarstellung einer Funktion $f: x \mapsto y$ vor, weil $\varphi: t \mapsto a\cos t$ in $[\pi; 2\pi]$ streng monoton ist (vgl. das Einführungsbeispiel). Es gilt $D_f = W_\varphi = [-a; a]$ und $W_f = [0; -b]$. G_f ist die untere Halbellipse mit den Hauptachsen a und b.

17.2.2. Differentiation

A. Ableitung einer Funktion in Parameterdarstellung

Wir nehmen nun an, daß die Funktionen $\varphi: t \mapsto x = \varphi(t)$ und $\psi: t \mapsto y = \psi(t)$ in J stetig sind. Dann ist auch f in D_f stetig. Auskunft über die Differenzierbarkeit von f gibt der

Satz:

Ist $\varphi:\ t \mapsto x = \varphi(t)$ und $\psi:\ t \mapsto y = \psi(t)$ an jeder Stelle $t \in J$ stetig differenzierbar und ist im Innern von J überall $\frac{dx}{dt} \neq 0$, so ist die Funktion

$$f:\ t \mapsto \left\{ \begin{array}{l} x = \varphi(t) \\ y = \psi(t) \end{array} \right\rangle \quad t \in J$$

im Innern von D_f differenzierbar. Für die Ableitung gilt:

$$f'(x) = \frac{\dot{y}}{\dot{x}} = \frac{\psi(t)}{\dot\varphi(t)}\ ^1$$

Beweis:

Da $\dot\varphi$ stetig und von Null verschieden ist, folgt die strenge Monotonie von φ. Es wird also eine Funktion $f:\ x \mapsto y = f(x)$ definiert. Dann ergibt sich mit Anwendung der Kettenregel in der Leibnizschen Schreibweise

$$f'(x) = \frac{dy}{dx} = \frac{dy}{dt} \cdot \frac{dt}{dx} = \frac{\dot{y}}{\dot{x}} = \frac{\dot\psi(t)}{\dot\varphi(t)}, \quad \text{w.z.b.w.}$$

Sind φ und ψ zweimal differenzierbar, dann können wir auch die zweite Ableitung $f''(x)$ mit Hilfe von Kettenregel, Quotientenregel und Umkehrfunktion bilden:

$$f''(x) = \frac{d}{dx}\left(\frac{\dot{y}}{\dot{x}}\right) = \frac{d}{dt}\left(\frac{\dot{y}}{\dot{x}}\right) \cdot \frac{dt}{dx} = \frac{\dot{x}\ddot{y} - \dot{y}\ddot{x}}{\dot{x}^2} \cdot \frac{1}{\dot{x}} = \frac{\dot{x}\ddot{y} - \dot{y}\ddot{x}}{\dot{x}^3}, \quad \text{d.h.:}$$

$$f''(x) = \frac{\dot\varphi(t)\,\ddot\psi(t) - \dot\psi(t)\,\ddot\varphi(t)}{[\dot\varphi(t)]^3}$$

Der Term für $f'(x)$ liefert sofort hinreichende Bedingungen für achsenparallele Tangenten:

$$\dot\psi(t) = 0 \wedge \dot\varphi(t) \neq 0 \ \Rightarrow\ \text{Tangente parallel zur x-Achse}$$
$$\dot\varphi(t) = 0 \wedge \dot\psi(t) \neq 0 \ \Rightarrow\ \text{Tangente parallel zur y-Achse}$$

Beispiel: **Die Zykloide**

1. Entstehung und Gleichung
   Lassen wir einen Kreis K gemäß Fig. 17.2 vom Ursprung $O = A$ aus auf der
   x-Achse abrollen, so beschreibt der Kreispunkt A eine sog. Rollkurve.

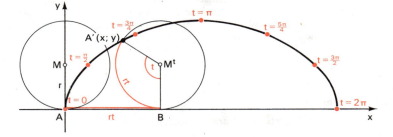

Fig. 17.2

---

¹ Es ist üblich, die Ableitung nach dem Parameter t nicht durch einen Strich, sondern durch einen Punkt zu kennzeichnen, auch wenn er nicht als Zeit interpretiert wird. Demgegenüber zeigen f', y', y'' usw. stets Differentiationen nach der Variablen x an.

Der Kreis habe den Radius r LE, das Bogenmaß des Rollwinkels sei t. Dann ist die Länge der Strecke [AB] gleich der Länge des rot gezeichneten Bogens BA' des Kreises, also gleich rt LE und es ergibt sich M' (rt; r). Für die Koordinaten x und y des Kreispunktes A' folgt:

$$x = r\,(t - \sin t) \wedge y = r\,(1 - \cos t) \quad \text{mit} \quad t \in [0;\, 2\pi\,[$$

Da $\dot{x} = r\,(1 - \cos t)$ im Innern von $[0;\, 2\pi\,[$ positiv ist, nimmt $\varphi: t \mapsto x$ streng monoton zu. Es liegt also eine Funktion f: $x \mapsto y$ vor:

$$f: t \mapsto \left\{ \begin{array}{l} x = r\,(t - \sin t) \\ y = r\,(1 - \cos t) \end{array} \right\rangle \quad t \in [0;\, 2\pi\,[$$

Der Graph von f heißt Zykloide.

2. Für $t \neq 0$ ist

$$f'(x) = \frac{\dot{y}}{\dot{x}} = \frac{r \sin t}{r\,(1 - \cos t)} = \frac{2 \sin\frac{t}{2} \cdot \cos\frac{t}{2}}{2\,(\sin\frac{t}{2})^2} = \cot\frac{t}{2}$$

Eine Tangente parallel zur x-Achse ergibt sich aus $\cot\frac{t}{2} = 0 \Rightarrow t = \pi$. Für $t \to 0$ gilt $f'(x) \to \infty$. Dies bedeutet, daß die Zykloide im Randpunkt A auf der x-Achse senkrecht aufsitzt.

3. Für die zweite Ableitung erhält man

$$f''(x) = -\frac{1}{r\,(1 - \cos t)^2}.$$

Die Zykloide ist somit für alle $t \in\,]\,0;\, 2\pi\,[$ rechtsgekrümmt.

B. Bewegungsvorgänge in der Ebene

Bei dem bereits im 3. Beispiel von 4.1.1. behandelten freien Fall und beim lotrechten Wurf nach oben (Aufgabe 17 von 4.1.) handelte es sich um geradlinige Bewegungen. Nunmehr sind wir in der Lage, Bewegungsvorgänge in einer Ebene rechnerisch zu erfassen. Der Graph der Funktion

$$f: t \mapsto \left\{ \begin{array}{l} x = \varphi\,(t) \\ y = \psi\,(t) \end{array} \right\rangle \quad t \in [t_1;\, t_2]$$

kann, wenn t als Maßzahl der etwa in Sekunden gemessenen Zeit interpretiert wird, als Bahnkurve eines bewegten Körpers zwischen den beiden Zeitpunkten t_1 s und t_2 s gedeutet werden. $\dot{x}$ und $\dot{y}$ sind die Beträge der Komponenten $\vec{v}_x$ und $\vec{v}_y$ des Geschwindigkeitsvektors $\vec{v}$ in Richtung der x- und y-Achse. Es gilt:

$$|\vec{v}| = \sqrt{\dot{x}^2 + \dot{y}^2}$$

$\vec{v}$ hat die Richtung der Tangente, denn aus Fig. 17.3 ersieht man, daß

$$\frac{\dot{y}}{\dot{x}} = \tan\alpha = f'(x)$$

ist. Für den Betrag der Beschleunigung $\vec{a}$ des bewegten Körpers folgt:

$$|\vec{a}| = \sqrt{\ddot{x}^2 + \ddot{y}^2}$$

wobei $\ddot{x}$ und $\ddot{y}$ die Beträge der Komponenten $\vec{a}_x$ und $\vec{a}_y$ des Beschleunigungsvektors $\vec{a}$ in Richtung der x- und y-Achse darstellen. Fig. 17.4.

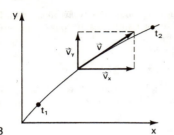

Fig. 17.3

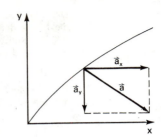

Fig. 17.4

Man kann $\vec{a}$ auch in eine tangentiale Komponente $\vec{a}_T$ und in eine Komponente $\vec{a}_N$ in Richtung der Normalen zerlegen. Ist die Bewe-
gung krummlinig, so gilt $|\vec{a}_N| \neq 0$ und der
Vektor $\vec{a}_N$ ist zum sog. Krümmungsmittelpunkt der Kurve im betrachteten Bahnpunkt
gerichtet.[1] Bei einer rechtsgekrümmten Bahnkurve ist daher der Vektor $\vec{a}$ stets nach rechts
gerichtet. Fig. 17.5. $|\vec{a}_N|$ und damit auch der
Betrag der dazugehörigen Kraft (sie zwingt
den Körper auf die gekrümmte Bahn, ohne
Arbeit zu verrichten) ist umso größer, je stärker die Krümmung der Bahn im betrachteten
Kurvenpunkt ist.

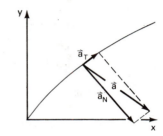

Fig. 17.5

Aufgaben

1. Die *Kreisevolvente*
Denkt man sich um einen Kreis vom Radius r cm
einen Faden gelegt und zieht diesen wie in Fig.
17.6 ab, so beschreibt der Endpunkt P eine Kurve,
die als Kreisevolvente bezeichnet wird.[2]

a) Zeige: Die Kreisevolvente ist der Graph der
   Relation

   $R = \{(x; y) \mid x = r(\cos t + t \sin t) \land$

   $y = r(\sin t - t \cos t) \land t \in [0; 2\pi[\}.$

b) Aus der Erzeugung der Kurve ergibt sich, daß
   sie in drei Punkten achsenparallele Tangenten
   hat. Für welche t-Werte ist dies der Fall?
   Warum ist für die Diskussion des Graphen eine
   Zerlegung des Parameterintervalls in $[0; \frac{\pi}{2}] \cup$
   $\cup [\frac{\pi}{2}; \frac{3\pi}{2}] \cup [\frac{3\pi}{2}; 2\pi[$ angezeigt? Zeige, daß am
   Anfangspunkt t = 0 die Kreisevolvente die x-
   Achse berührt!

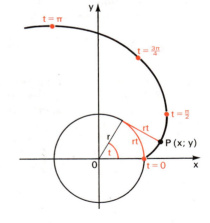

Fig. 17.6

---

[1] Ist die Bahnkurve ein Kreis, so ist der Krümmungsmittelpunkt in jedem Kurvenpunkt mit dem Kreismittelpunkt identisch.

[2] *evolvo* (lat.), ich entfalte, rolle auseinander.

c) Für die Teilintervalle $[0; \frac{\pi}{2}]$ und $[\frac{\pi}{2}; \frac{3\pi}{2}]$ ergeben sich jeweils Kurvenpunkte, für die die Tangente parallel ist zur Winkelhalbierenden des I. Quadranten. Welche Punkte sind dies?

d) Berechne den Schnittwinkel α der Evolvente mit der y-Achse auf 0,1° genau!

　　Hinweis: Der zugehörige t-Wert ergibt sich auf S. 15 des Tafelwerks durch Vergleich der Werte von $\cot \varphi$ und des Bogenmaßes von φ.

2. Gegeben ist die Ellipse

$$E: \left\{ \begin{array}{l} x = a\cos t \\ y = b\sin t \end{array} \right\rangle \quad t \in [0; 2\pi[$$

Eine beliebige Ellipsentangente schneide die x-Achse in A und die y-Achse in B. Durch A wird die Parallele zur y-Achse, durch B die Parallele zur x-Achse gezeichnet. Der Schnittpunkt beider Parallelen sei P. Gleitet die Tangente an der Ellipse entlang, so beschreibt P eine Kurve. Stelle ihre Gleichung in Parameterform auf und diskutiere die Kurve! Vgl. auch Aufgabe 5b in 16.2.

3. Der schräge Wurf

Ein Versuchskörper werde vom Punkt O einer horizontalen Ebene unter dem spitzen Winkel α mit der Anfangsgeschwindigkeit v_0 ms^{-1} abgeschossen. t Sekunden nach dem Abschuß habe er die Höhe $h = y$ Meter über der Ebene erreicht. Sein Abstand von der durch O gehenden Vertikalen sei x Meter.

a) Zeige: Bei Vernachlässigung des Luftwiderstandes gilt

$$x = v_0 t \cos\alpha$$
$$y = v_0 t \sin\alpha - \tfrac{1}{2}gt^2$$

　　wobei g die Maßzahl der auf die Einheit 1 ms^{-2} bezogenen Erdbeschleunigung ist.

b) Weise nach, daß die Bahnkurve der Graph einer ganzrationalen Funktion 2. Grades (Parabel) ist!

c) Wann (Schußzeit), wo (Schußweite) und unter welchem Winkel schlägt das Geschoß auf der Horizontalebene auf?

d) Welche größte Höhe wird erreicht?

e) Bei welchem Abschußwinkel α erreicht man bei fester Anfangsgeschwindigkeit v_0 die größte Schußweite? (Auf 0,1° genau).

f) Es wird $v_0 = 20$, $\alpha = 30°$, $g = 10$ angenommen.

　(1) Wie groß ist 0,5 s nach dem Abschuß der Betrag der Geschwindigkeit $\vec{v}$?

　(2) Wie groß ist in diesem Augenblick der Betrag der Beschleunigung $\vec{a}$ sowie deren Komponente $\vec{a}_N$ in Richtung der Bahnnormalen? (1 Dez.).

　(3) Der Abschuß wird auf die 240 m über der Horizontalebene liegende Plattform eines Fernsehturms verlegt. Wann, wo und unter welchem Winkel schlägt das Geschoß auf der Horizontalebene auf? (1 Dez.; auf 0,1° genau).

4. Wie lang ist die Subnormale und die Subtangente des Graphen der Funktion

$$f: t \mapsto \left\{ \begin{array}{l} x = t^3 \\ y = 2t \end{array} \right\rangle \quad t \in \mathbb{R}$$

in dem zu $t = 2$ gehörigen Kurvenpunkt?

5. Der Graph der Funktion

$$f: t \mapsto \left\{ \begin{array}{l} x = a\cos t + a\ln\tan\frac{t}{2} \\ y = a\sin t \end{array} \right\rangle \quad t \in \,]0; 2\pi[\text{ und } a > 0$$

heißt Schleppkurve oder *Traktrix*. Zeige, daß sie eine Tangente von konstanter Länge hat!

Bemerkung: Die Traktrix entsteht, wenn man am einen Ende einer Schnur einen Stein befestigt und das andere Ende an einer Geraden entlangführt.

17.2.3. Integration

Ersetzen wir in der Substitutionsregel 16.1.2. den Term g (t) durch φ (t), so erhalten wir unmittelbar die Integrationsregel für eine Funktion in Parameterdarstellung:

$$\int_{x_1}^{x_2} f(x)\,dx = \int_{t_1}^{t_2} f(\varphi(t)) \cdot \dot{\varphi}(t)\,dt = \int_{t_1}^{t_2} \psi(t) \cdot \dot{\varphi}(t)\,dt$$

mit den wegen der Monotonie von φ sich eindeutig aus $x_1 = \varphi(t_1)$ und $x_2 = \varphi(t_2)$ ergebenden neuen Grenzen t_1 und t_2. Kurzform:

$$\int_{x_1}^{x_2} y\,dx = \int_{t_1}^{t_2} y \cdot \dot{x}\,dt \quad \text{mit} \quad y = \psi(t), \quad x = \varphi(t)$$

Mit dieser Formel läßt sich das Inhaltsmaß eines Flächenstücks berechnen, das vom Funktionsgraphen, der x-Achse und den zu t_1 und t_2 gehörigen Ordinaten begrenzt wird.

Beispiel: Die *Parabola nodata*[1] (Knotenparabel) ist der Graph der Relation

$$R = \{(x; y) \mid x = t^2 \wedge y = \tfrac{1}{4}t\,(4 - t^2) \wedge t \in]-\infty; \infty[\}$$

Man diskutiere die Kurve und berechne den Flächeninhalt der von ihr gebildeten Schleife. Fig. 17.7.

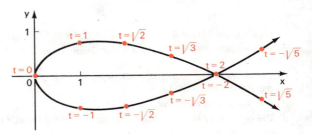

Fig. 17.7

Lösung: 1. Wertetabelle

t	0	±1	$\pm\sqrt{2}$	$\pm\sqrt{3}$	±2	$\pm\sqrt{5}$	$\pm\sqrt{6}$	$\pm\sqrt{7}$	$\pm\sqrt{8}$
x	0	1	2	3	4	5	6	7	8
y	0	±0,75	±0,71	±0,43	0	∓0,56	∓1,22	∓1,99	∓2,83

2. Für jedes $t \in]-\infty; \infty[$ ist $x \geqq 0$. G_R verläuft demnach nicht in der linken Halbebene.

3. Für $t_1 = -t_2$ ergibt sich $x_1 = x_2$, $y_1 = -y_2$. G_R ist symmetrisch zur x-Achse.

4. Schnittpunkte mit der x-Achse:

   $y = 0 \Rightarrow t_1 = 0 \vee t_2 = 2 \vee t_3 = -2 \Rightarrow x_1 = 0 \vee x_2 = 4$.

5. Verhalten für große t

   $t \to \infty \Rightarrow x \to \infty \wedge y \to -\infty; \quad t \to -\infty \Rightarrow x \to \infty \wedge y \to \infty$

---

[1] *nodus* (lat.), der Knoten.

6. Verhalten für kleine t
   Für sehr kleine Werte des Parameters fällt t^3 gegenüber t und t^2 immer weniger ins Gewicht. G_R wird demnach im Ursprung angenähert durch die Normalparabel

$$\left.\begin{cases} x = t^2 \\ y = t \end{cases}\right\rangle \quad t \in \,]-\infty\,;\,\infty\,[$$

7. Für die weitere Diskussion des Graphen beachten wir, daß es wegen der Symmetrie zur x-Achse genügt, den zu $[0;\infty\,[$ gehörigen Zweig von G_R zu betrachten. Er ist der Graph G_{f_1} der Funktion

$$f_1 : t \mapsto \left.\begin{cases} x = t^2 \\ y = \frac{1}{4}t\,(4 - t^2) \end{cases}\right\rangle \quad t \in [0;\infty\,[$$

Erste und zweite Ableitung:

$$\left.\begin{array}{ll} \dot{x} = 2\,t; & \ddot{x} = 2 \\ \dot{y} = 1 - \frac{3}{4}t^2; & \ddot{y} = -\frac{3}{2}t \end{array}\right\} \Rightarrow f_1'(x) = \frac{4 - 3t^2}{8t}; \quad f_1''(x) = -\frac{2 + 1{,}5t^2}{8t^3}$$

Daher ist beispielsweise für den Kurvenpunkt P (4; 0) mit t = 2 die Steigung m $= -\frac{1}{2}$, der Neigungswinkel der Tangente $\alpha = 153{,}4°$.
Für $t = \frac{2}{3}\sqrt{3}$ ergibt sich das absolute Maximum $\frac{4}{9}\sqrt{3}$. Da $f_1''(x)$ für alle $t \in [0;\infty\,[$ negativ ist, ist G_{f_1} rechtsgekrümmt. Es gibt keinen Wendepunkt. Für t = 0 ist $\dot{x} = 0 \wedge \dot{y} \neq 0$. G_{f_1} sitzt demnach im Ursprung senkrecht auf der x-Achse auf.

8. Inhalt der Schleife
   Wir integrieren f_1 über das Parameterintervall [0; 2] und erhalten:

$$\int_0^2 y \cdot \dot{x}\,dt = \frac{1}{2}\int_0^2 (4t^2 - t^4)\,dt = 2\tfrac{2}{15}$$

Damit ergibt sich mit Beachtung der Symmetrie von G_R als Inhalt der Schleife $4\tfrac{4}{15}$ FE.
Interessehalber integrieren wir noch die Funktion

$$f_2 : t \mapsto \left.\begin{cases} x = t^2 \\ y = \frac{1}{4}t\,(4 - t^2) \end{cases}\right\rangle \quad t \in \,]-\infty\,;\,0]$$

über das Parameterintervall [−2; 0]. Ihr Graph G_{f_2} ist der untere Zweig von G_R im x-Bereich [0; 4]. Es ergibt sich

$$\int_{-2}^0 y \cdot \dot{x}\,dt = \frac{1}{2}\int_{-2}^0 (4t - t^4)\,dt = 2\tfrac{2}{15}$$

Auch dieses Integral ist positiv. Denn die y-Werte sind im t-Bereich [−2; 0] zwar negativ, die x-Werte werden aber von rechts nach links durchlaufen. Wir hätten daher beide Integrale zusammenfassen und von t = −2 bis t = 2 „durchintegrieren" können, womit sich unmittelbar als Flächenmaßzahl der Schleife ergeben hätte:

$$\int_{-2}^2 y \cdot \dot{x}\,dt = \frac{1}{2}\int_{-2}^2 (4t^2 - t^4)\,dt = 4\tfrac{4}{15}.$$

Aufgaben

1. Berechne den Inhalt der Fläche der Ellipse aus ihrer Parameterdarstellung!

2. Zeige: Die Zykloide begrenzt mit der x-Achse eine Fläche, deren Inhalt dreimal so groß ist wie der des Rollkreises.

3. *Die Kardioide* (Herzkurve)[1]

Auf einem festen Kreis vom Radius r LE rollt gemäß Fig. 17.8 ein zweiter Kreis ab, ebenfalls vom Radius r LE. Es entsteht eine Kurve, die Kardioide heißt. Bestätige, daß ihre Parameterdarstellung

$$\begin{cases} x = r\,(2\cos t - \cos 2t) \\ y = r\,(2\sin t - \sin 2t) \end{cases} \quad t \in [0;\, 2\pi[$$

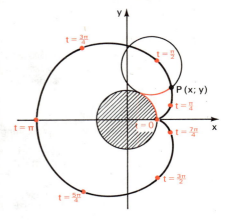

lautet und zeige, daß die von ihr umschlossene Fläche sechsmal so groß ist wie die Fläche des festen Kreises!

Bemerkung: Die Kardioide gehört zu den soge-nannten *Epizykloiden*. Sie werden durch einen Punkt eines Kreises beschrieben, der außen auf dem Umfang eines festen Kreises abrollt. Wird der bewegliche Kreis im Innern des festen Kreises ab-gerollt, so entsteht eine Hypozykloide. Derartige Kurven spielen im Getriebebau (Planetengetriebe) eine Rolle.

Fig. 17.8

4. Gegeben ist die Relation

$$R = \{(x;\, y) \mid x = a\cos t \wedge y = a\,(\sin t - \sin 2t) \wedge t \in [0;\, 2\pi[\}, \quad a > 0$$

a) Gib eine parameterfreie Darstellung der Relation an!

b) Bestimme zwei Funktionen f_1 und f_2 so, daß $f_1 \cup f_2 = R$ ist!

c) Zeichne den Relationsgraphen G_R für $a = 2{,}5$!

d) Berechne den Flächeninhalt der beiden von G_R gebildeten Schleifen!

5. Gegeben ist der Kreis mit der Gleichung $x^2 + y^2 - 2ay = 0$ und seine Tangente mit der Gleichung $y - 2a = 0$. Es werde $a > 0$ vorausgesetzt. O sei der Ursprung und A ein Punkt des Kreises. Die Halbgerade [OA schneide die Tangente in C. Von C wird das Lot auf die x-Achse gefällt und durch A die Parallele zur x-Achse gezogen. Lot und Parallele schneiden sich in P.

a) A durchlaufe den Kreis. Dann beschreibt P eine Kurve, die *Versiera* heißt und als Graph G_f einer Funktion $f: x \mapsto y$; $x \in D_{max}$ aufgefaßt werden kann. Gib für f eine Parameterdarstellung an und bestimme D_{max}!

Hinweis: Es empfiehlt sich, den Richtungsfaktor von [OA als Parameter zu wählen.

b) Untersuche, ob man der zwischen der Kurve und der x-Achse in $]-\infty;\, \infty[$ liegenden „Fläche" einen Inhalt zuordnen kann! Wie groß wäre er gegebenenfalls?

c) Gib eine parameterfreie Darstellung von f an, überprüfe damit das Ergebnis von b) und unter-suche, ob die Kurve Wendepunkte hat!

Ergänzungen und Ausblicke

Das zweite Keplersche Gesetz

Beim Lauf der Planeten, Planetoiden, Kometen, Meteore und künstlichen Raumsonden um die Sonne wirkt die Anziehungskraft in Richtung zum Sonnenmittelpunkt, im Falle der Bewegung des Mondes und der künstlichen Erdsatelliten um die Erde in Richtung zum Erdmittelpunkt. In

---

[1] *kardia* (gr.), das Herz.

beiden Fällen ist der Beschleunigungsvektor auf das Zentrum der Anziehung gerichtet. Eine solche Bewegung heißt eine Zentralbewegung.

Wir wählen das Anziehungszentrum als Mittelpunkt O eines rechtwinkligen Koordinatensystems. Der Körper P habe zur Zeit t die Koordinaten (x; y). Dann ist $x = x(t)$, $y = y(t)$ die Bahngleichung in Parameterdarstellung. Die Halbgerade [OP, der sogenannte Leitstrahl, hat den Richtungsfaktor $\frac{y}{x}$, während Geschwindigkeits- und Beschleunigungsvektor die Richtungsfaktoren $\frac{\dot{y}}{\dot{x}}$ bzw. $\frac{\ddot{y}}{\ddot{x}}$ haben (Skizze!). Für die Zentralbewegung gilt dann:

$$\frac{y}{x} = \frac{\ddot{y}}{\ddot{x}} \quad \Rightarrow \quad x\ddot{y} - y\ddot{x} = 0$$

Betrachten wir den von t abhängigen Ausdruck $x\ddot{y} - y\ddot{x}$ als Ableitung $\dot{\varphi}(t)$ eines Funktionsterms $\varphi(t)$, so gilt:

$$\dot{\varphi}(t) = 0 \quad \Rightarrow \quad \varphi(t) = c \quad \text{(konstant)}$$

Andererseits ist aber

$$\varphi(t) = x\dot{y} - y\dot{x}$$

wie man durch Differentiation von $\varphi(t)$ mit Hilfe der Produktregel sofort bestätigt. Also ist

$$x\dot{y} - y\dot{x} = c$$

Zur geometrischen Deutung dieses Ergebnisses nehmen wir an, daß sich der Körper zur Zeit $t + \Delta t$ im Punkt P' befinde und die Koordinaten $(x + \Delta x; y + \Delta y)$ habe. Dann gilt für die Flächenmaßzahl ΔA von Dreieck OPP':

$$\Delta A = \tfrac{1}{2}\left[x(y + \Delta y) - (x + \Delta x)y \right] = \tfrac{1}{2}(x\Delta y - y\Delta x)$$

und es ist:

$$\frac{\Delta A}{\Delta t} = \frac{1}{2}\left(x\frac{\Delta y}{\Delta t} - y\frac{\Delta x}{\Delta t} \right)$$

Sind x(t) und y(t) differenzierbare Terme, so folgt:

$$\frac{dA}{dt} = \lim_{\Delta t \to 0}\frac{\Delta A}{\Delta t} = \lim_{\Delta t \to 0}\frac{1}{2}\left(x\frac{\Delta y}{\Delta t} - y\frac{\Delta x}{\Delta t} \right) = \tfrac{1}{2}(x\dot{y} - y\dot{x})$$

Für die vom Leitstrahl [OP zwischen den Zeitpunkten $t = t_1$ und $t = t_2$ überstrichene Fläche ergibt sich demnach die Flächenmaßzahl

$$A = \int_{t_1}^{t_2} \tfrac{1}{2}(x\dot{y} - y\dot{x})\,dt = \tfrac{1}{2}\int_{t_1}^{t_2} c\,dt = \tfrac{1}{2}c(t_2 - t_1)$$

Bei der Zentralbewegung ist also der Inhalt der vom Leitstrahl überstrichenen Fläche der hierzu benötigten Zeit proportional. Anders ausgedrückt:

In gleichen Zeiten überstreicht der Leitstrahl Flächen gleichen Inhalts.

Dies ist das zweite Gesetz von Kepler (1571–1630), das dieser in seiner Astronomia nova 1609 als erster aufgestellt hat.[1] Er fand es anhand von Beobachtungen, die der dänische Astronom Tycho Brahe am Planeten Mars angestellt hatte. In der 2. Hälfte des 17. Jahrhunderts konnte dann Newton zeigen, daß die Keplerschen Gesetze aus dem Gravitationsgesetz folgen. Wie jedoch unsere Rechnung zeigt, gilt das zweite Keplersche Gesetz unabhängig vom Gravitationsgesetz für jede beliebige Zentralbewegung, z. B. auch für zwei sich abstoßende, elektrisch gleichnamig geladene Körper.

---

[1] Das erste Keplersche Gesetz besagt, daß die Planeten sich auf Ellipsen bewegen, in deren einem Brennpunkt die Sonne steht.

18. AUFGABEN AUS GRÖSSEREM STOFFZUSAMMENHANG

1. Aufgabe[1]

Der Graph einer ganzrationalen Funktion f zweiten Grades schneidet die x-Achse in den Punkten $N_1 (-2; 0)$ und $N_2 (4; 0)$. $S (1; 3)$ ist ein weiterer Punkt des Graphen.

1. a) Man ermittle die Gleichung $y = f(x)$ der Funktion f.
   [Ergebnis: $y = -\frac{1}{3}(x^2 - 2x - 8)$]

   b) Zeichne den Graphen von f im Bereich $[-2; 4]$!
   (1 LE = 1 cm; Hochformat DIN A4; Koordinatenursprung 3 cm vom linken und 10 cm vom oberen Blattrand entfernt)

2. Welchen Flächeninhalt hat das vom Graphen und der x-Achse begrenzte Flächenstück?

3. a) Zeige: Die Nullstellen der in 1.a) gefundenen Funktion erfüllen die Beziehung:

   $$f'(-2) + f'(4) = 0$$

   b) Man weise nach, daß allgemein bei jeder ganzrationalen Funktion zweiten Grades $g: x \mapsto g(x) = ax^2 + bx + c$ mit den Nullstellen x_1 und x_2 gilt:

   $$g'(x_1) + g'(x_2) = 0$$

   c) Wie läßt sich die Beziehung aus 3b) geometrisch deuten?

4. Gegeben ist nun die Funktion $h: x \mapsto h(x) = \begin{cases} -\frac{1}{3}(x^2 - 2x - 8) & \text{für } x \leqq 0 \\ mx + t & \text{für } x > 0; \ m, t \in \mathbb{R} \end{cases}$

   a) m und t sollen so bestimmt werden, daß h an der Stelle $x = 0$ stetig und differenzierbar ist.

   b) Trage im Intervall $[-2; 8]$ den Graphen von h in die zu 1.b) gefertige Zeichnung farbig ein!

   c) Beweise: Die Funktion h nimmt für alle $x \in \mathbb{R}$ streng monoton zu.

   d) Wie lautet die Umkehrfunktion h^{-1} von h?

2. Aufgabe[2]

Gegeben ist die Schar von Funktionen

$$f_k: x \mapsto f_k(x) = \frac{k}{3}x^3 - (k+1)x; \ x \in \mathbb{R} \wedge k \in \mathbb{R}.$$

Der Graph von f_k ist G_k. Für die Teilaufgaben 1 und 2 ist der Scharparameter $k > 0$.

1. a) Man ermittle für den Graphen G_k das Symmetrieverhalten, die Schnittpunkte mit der x-Achse sowie die Koordinaten von Hoch-, Tief- und Wendepunkt.

   b) Der zu $k = 3$ gehörige Graph G_3 ist im Bereich $[-2,5; 2,5]$ zu zeichnen. 1 LE = 1 cm.

   c) Gegen welchen Wert strebt die Abszisse des Schnittpunktes von G_k mit der positiven x-Achse für $k \to \infty$?
   Warum ist für jeden positiven Wert k die Abszisse dieses Schnittpunktes größer als der ermittelte Grenzwert?

2. a) Welche (nichtnegative!) Maßzahl hat der Inhalt des vom Graphen G_k und der positiven x-Achse eingeschlossene Flächenstück?

   $$\left[\text{Ergebnis: } A_k = \frac{3}{4} \cdot \frac{(k+1)^2}{k} \right]$$

   b) Für welchen Wert k wird A_k ein relatives Extremum? Von welcher Art ist es?

---

[1] Abiturprüfung Kollegstufe 1975 in Bayern, Grundkurs, (Aufgabe leicht verändert).
[2] Nach Abiturprüfung 1971, nicht-mathematisch-naturwissenschaftliche Gymnasien in Bayern.

3. Nun sei k eine beliebige reelle Zahl.

   a) Die zu zwei verschiedenen Werten k_1 und k_2 gehörigen Graphen sind G_{k_1} und G_{k_2}. Man berechne die Koordinaten ihrer Schnittpunkte und deute das Ergebnis.

   b) Für welchen Wert $k = k_0$ schneidet der zu f_{k_0} gehörige Graph G_{k_0} den Graphen G_3 (siehe 1.b) im Koordinatenursprung senkrecht?

   c) Für welche negativen Werte k hat die Funktion f_k Extremwerte? Was ist für $k = -1$ der Fall?

4. Gegeben ist nun die Funktion

$$g_k: x \longmapsto \begin{cases} \dfrac{k}{3}x^3 - (k+1)x & \text{für } x \geqq 0 \\ -\dfrac{k}{3}x^3 + (k+1)x & \text{für } x < 0 \end{cases}$$

Man zeige, daß g_k für jeden Wert k an der Stelle $x_0 = 0$ stetig ist und berechne dann k so, daß g_k an der Stelle $x_0 = 0$ differenzierbar ist.

3. Aufgabe[1]

Gegeben ist die Schar von Funktionen

$$f_a: x \longmapsto f_a(x) = (x-a)\, e^{2-\frac{x}{a}}; \; D_f = D_{f(x)}$$

mit dem reellen Scharparameter $a > 0$.

1. a) Man gebe D_{f_a} an und bestimme das Verhalten der Funktionswerte bei Annäherung an die Grenzen des Definitionsbereichs.

   Hinweis: Zur Begründung kann $\lim\limits_{z \to \infty} z\, e^{-z} = 0$ verwendet werden.

   b) Man ermittle für die einzelnen Funktionen die Nullstellen sowie die Bereiche positiver und negativer Funktionswerte.

2. a) Man bestimme für die Graphen von f_a die Lage der Stellen mit waagrechten Tangenten sowie die Bereiche monotonen Steigens bzw. Fallens.

   b) Gibt es Extrempunkte der Graphen? Von welcher Art sind sie und welche Koordinaten haben sie? (Begründung)

   c) Zeige: Die Extrempunkte der Graphen liegen auf einer Geraden g durch den Ursprung des Koordinatensystems.
   Welche Steigung hat diese Gerade? Welche Punkte von g sind nicht Extrempunkte von Graphen der Schar?

   d) Welche Koordinaten hat der Wendepunkt W_a? Zeige, daß alle Wendetangenten zueinander parallel sind!

3. Man berechne $f_2(1)$ auf zwei Dezimalstellen genau und skizziere den Graphen von f_2 im Intervall [1; 8] unter Verwendung der bisherigen Ergebnisse (1 LE = 1 cm). In die Skizze ist auch die Gerade g aus 2.c) einzutragen.

4. a) Zeige, daß

$$F_a: x \longmapsto F_a(x) = -ax \cdot e^{2-\frac{x}{a}}$$

   eine Stammfunktion von f_a ist!

   b) Welchen Wert hat

$$\lim_{M \to \infty} \int_a^M f_a(x)\, dx\,?$$

   Wie läßt sich dieser Grenzwert geometrisch interpretieren?

---

[1] Nach Abiturprüfung Kollegstufe 1975 in Bayern, Grundkurs.

4. Aufgabe[1]

1. Gegeben ist die Schar der Funktionen

$$g_u: \ x \mapsto g_u(x) = x^3 + 3ux^2; \ x \in \mathbb{R} \wedge u \in \mathbb{R} \setminus \{0\}.$$

Der Graph von g_u heißt G_u.

a) Bestimme die Nullstellen der Funktion g_u, die Koordinaten der Extrempunkte von G_u und deren Art in Abhängigkeit vom Scharparameter u!

b) Zeichne den zu $u = \frac{1}{3}$ gehörigen Graphen $G_{\frac{1}{3}}$ im Intervall $[-2; 1,5]$! Hochformat, 1 LE = 2 cm.

c) Die von Null verschiedene Nullstelle von g_u heiße x_1. Welchen Wert hat das Integral:

$$J(u) = \int_0^{x_1} g_u(x)\, dx$$

Wie läßt sich das Vorzeichen von $J(u)$ geometrisch unter Beachtung der Ergebnisse von Aufgabe 1.a) deuten?

2. Gegeben ist ferner die Funktion

$$f: \ x \mapsto f(x) = \frac{x+1}{x}; \ x \in \mathbb{R} \setminus \{0\}.$$

Ihr Graph heißt F.

a) Man berechne u so, daß der Graph G_u der Aufgabe 1 und der Graph F einen Punkt gemeinsam haben, in dem sie sich senkrecht schneiden.

b) Zeichne in das Koordinatensystem der Aufgabe 1.b) den Graphen F für $|x| \leq 3$!

3. $P(a; y_P)$ mit $a > 0$ sei ein Punkt auf dem Graphen F. Die Gerade durch diesen Punkt P und den Punkt $M(0; 1)$ schneidet F in einem weiteren Punkt Q. Die Parallelen zu den Koordinatenachsen durch P und Q schneiden sich in A und B.

a) Nach Wahl von P sollen die Punkte Q, A und B in das Koordinatensystem eingezeichnet und die Koordinaten von Q bestimmt werden.

Hinweis: Die Punktsymmetrie von F darf verwendet werden.

b) Man berechne a so, daß der Umfang des Rechtecks PAQB ein Extremum ist und bestimme die Art des Extremums.

4. Die Funktion h: $x \mapsto h(x) = |f(x)|$ hat den Graphen H.

a) Zeichne den Graphen H mit einer anderen Farbe für $|x| \leq 3$ in das Koordinatensystem der Aufgabe 1.b) ein!

b) Untersuche, ob die Funktion h an der Stelle $x_0 = -1$ differenzierbar ist!

5. Aufgabe[1]

Gegeben ist die Schar der Funktionen

$$f_p: \ x \mapsto f_p(x) = \frac{8}{x^2 + 3p^2}; \ x \in \mathbb{R} \wedge p \in \mathbb{R}^+.$$

Der Graph von f_p heißt F_p.

1. a) Berechne die Koordinaten des Extrempunktes und der Wendepunkte W_p und W_p'! Dabei ist W_p der Wendepunkt mit positiver Abszisse.
Der Nachweis für die Wendepunkte ist ohne Berechnung der 3. Ableitung zu führen.

$$\left[\text{Zwischenergebnis: } f_p''(x) = 48 \cdot \frac{x^2 - p^2}{(x^2 + 3p^2)^3} \right]$$

---

[1] Nach Abiturprüfung 1975, nicht-mathematisch-naturwissenschaftliche Gymnasien in Bayern.

b) Zeichne den zu p = 1 gehörenden Graphen F_1 der Funktion f_1 im Bereich $|x| \leqq 3$! 1 LE = 2 cm.

c) Wie lautet die Gleichung der Punktmenge (Ortskurve) K für die Wendepunkte W_p, wenn p alle zugelassenen Werte durchläuft? Welche Definitionsmenge hat die Funktion, deren Graph K ist?

$$\left[\text{Teilergebnis: } K: y = \frac{2}{x^2}\right]$$

2. a) Die Tangente und die Normale an den Graphen F_p im Wendepunkt W_p der Aufgabe 1.a) schneiden die y-Achse in den Punkten A und B. Wie groß ist die Länge $\overline{AB}$?

b) Man bestimme nunmehr p so, daß das Verhältnis der Diagonalen im Drachenviereck $AW_p' BW_p'$, also $\overline{AB} : \overline{W_p W_p'}$, extremal wird. Von welcher Art ist das Extremum? (Begründung)

3. W_1 und W_1' sind die Wendepunkte des Graphen F_1 (siehe Aufgabe 1.b).
Für die Funktion g: $x \mapsto g(x) = \frac{1}{3}(a|x|^3 - 9x^2 + bx + c)$ sind die Koeffizienten a, b, c so zu berechnen, daß der zugehörige Graph G durch den Punkt W_1' geht und die Kurve K der Aufgabe 1.c) im Punkt W_1 berührt.

4. Gegeben ist nun die Funktion h: $x \mapsto h(x)$ mit

$$h(x) = \begin{cases} \frac{1}{3}(2|x|^3 - 9x^2 + 13) & \text{für } |x| \leqq 1 \\ \dfrac{2}{x^2} & \text{für } |x| > 1 \end{cases}$$

a) Untersuche den Graphen H von h auf Symmetrie!

b) Beweise: Die Funktion h ist an den Stellen $x_1 = 0$ und $x_2 = 1$ stetig.

c) Zeichne in das Koordinatensystem der Aufgabe 1.b) den Graphen H im Bereich $|x| \leqq 3$ nach Aufstellen einer Wertetabelle für die ganzzahligen x-Werte und für x = 0,5!

d) Welchen Inhalt J, gemessen in cm², hat das Flächenstück, das vom Graphen H, der x-Achse und den Geraden mit den Gleichungen x = 0 und x − 2 = 0 eingeschlossen wird?

6. Aufgabe[1]

1. Gegeben ist die Schar von Funktionen

$$f_\lambda: x \mapsto f_\lambda(x) = \frac{4}{\sqrt{x(2\lambda - x)}}; \ x \in D_{max} \land \lambda \in \mathbb{R}^+.$$

a) Man bestimme den maximalen Definitionsbereich D_{max} von f_λ.

b) Wie verhält sich f_λ, wenn x gegen die Grenzen des Definitionsbereichs strebt?

c) Zeige, daß für $0 \leqq d < \lambda$ gilt: $f_\lambda(\lambda - d) = f_\lambda(\lambda + d)$. Welche Bedeutung hat diese Gleichung für den Graphen G_λ von f_λ?

d) Ohne Benützung der zweiten Ableitung ist nachzuweisen, daß jede Funktion der Schar f_λ genau ein Minimum hat. Welche Koordinaten haben die Tiefpunkte der Graphen und auf welcher Ortskurve liegen sie?

e) Man stelle fest, ob zwei zu verschiedenen Parameterwerten λ_1 und λ_2 gehörende Graphen gemeinsame Punkte haben können.

f) Auf Grund der bisherigen Ergebnisse sind die Funktionsgraphen für $\lambda = 1$, $\lambda = 2$ und $\lambda = 4$ zu zeichnen. Die Ortskurve der Tiefpunkte ist ebenfalls einzutragen. (1 LE = 1 cm)

2. Es wird nun die Funktionenschar

$$F_\lambda: x \mapsto F_\lambda(x) = 4 \arcsin\left(\frac{x}{\lambda} - 1\right); \ x \in D_{max} \land \lambda \in \mathbb{R}^+ \text{ betrachtet.}$$

a) Man ermittle den maximalen Definitionsbereich D_{max} von F_λ.

---

[1] Nach Abiturprüfung 1970, mathematisch-naturwissenschaftliche Gymnasien in Bayern.

b) Man zeige, daß für $0 < x < 2\lambda$ gilt: $F'_\lambda(x) = f_\lambda(x)$.

c) Jede Funktion der Schar f_λ hat einen Graphen, der mit seinen Asymptoten und der x-Achse eine Fläche einschließt. Wie groß ist die Maßzahl A_λ dieser Fläche? Was ist an dem Ergebnis bemerkenswert?

7. Aufgabe[1]

Gegeben ist die Funktion

$$f: x \mapsto f(x) = \frac{\sqrt{e^x - 1}}{e^x}; \quad D_f = D_{f(x)}.$$

1. a) Man bestimme D_f. Besitzt die Funktion Nullstellen? Welches Verhalten zeigt f für $x \to +\infty$?

   b) Beweise allein aus den Eigenschaften der 1. Ableitung: Die Funktion f hat genau ein relatives Maximum, das zugleich das absolute Maximum der Funktion ist. Welche Wertemenge hat f?

   c) Wie verhält sich die Ableitung f' bei rechtsseitiger Annäherung an die Stelle $x = 0$? Welchen Grenzwert besitzt f'(x) für $x \to +\infty$? Wie kann aus der 1. Ableitung verständlich gemacht werden, daß der Graph von f mindestens einen Wendepunkt besitzt?

   d) Man skizziere unter Benützung der bisherigen Ergebnisse und unter der Annahme, daß genau ein Wendepunkt existiert, den Graphen von f. 1 LE = 4 cm; $\ln 2 \approx 0{,}7$; es empfiehlt sich, für die Zeichnung f(ln4) zu berechnen.

2. a) Aus dem Verlauf des Graphen von f soll ohne Rechnung eine Skizze des Graphen folgender Funktion entwickelt werden:

$$F: x \mapsto F(x) = \int_0^x f(t)\, dt \qquad (1 \text{ LE} = 4 \text{ cm})$$

   Es ist dabei insbesondere anzugeben, wo der Graph von F die x-Achse durchschneidet, an welchen Stellen er eine Horizontaltangente, wo einen Wendepunkt besitzt. Welche Steigung hat die Wendetangente?

   Hinweise für die Skizze: $F(\ln 2) \approx 0{,}3$; Teilaufgabe 2.c) liefert noch eine weitere Information über den Kurvenverlauf.

   b) Man beweise, daß für $x > 0$ die Darstellung

$$f(x) = \frac{1}{2\sqrt{e^x - 1}} - f'(x)$$

   gilt und berechne damit das „unbestimmte" Integral von f(x).
   Hinweis: Substitution mit $z = \sqrt{e^x - 1}$.

   c) Man gebe nun eine integralfreie Darstellung für die in 2.a) erklärte Funktion F an und beweise, daß

$$\lim_{x \to +\infty} F(x) = \frac{\pi}{2}$$

   Welche geometrische Bedeutung hat dieser Grenzwert für die Graphen von f und F?

---

[1] Nach Abiturprüfung 1970, mathematisch-naturwissenschaftliche Gymnasien in Bayern.

8. Aufgabe[1]

1. Gegeben sind die Funktionen

$$u: x \mapsto u(x) = |x|; \quad D_u = \mathbb{R} \quad \text{und}$$
$$v: x \mapsto v(x) = 2 \arctan x; \quad D_v = \mathbb{R} \quad \text{und}$$
$$f: x \mapsto u(x) + v(x); \quad D_f = \mathbb{R}.$$

Sie sind in $\mathbb{R}$ stetig.

a) Es ist festzustellen, ob die Graphen der drei Funktionen zum Ursprung bzw. zur y-Achse symmetrisch sind.

b) Welches ist der Differenzierbarkeitsbereich der Funktion f?
Gegen welche Grenzwerte strebt die Ableitung bei Annäherung an die Definitionslücke von f'?

c) Man untersuche f auf Extremwerte und berechne diese gegebenenfalls.

d) Man bestimme den Bereich, in dem f streng monoton abnimmt.

e) Beweise: Die Geraden

$$g: y = x + \pi \quad \text{und} \quad h: y = -x - \pi$$

sind Asymptoten des Graphen von f.

2. a) Man berechne die Funktionswerte f(x) an den Stellen x = 0; ±1; ±$\sqrt{3}$ und ±3, gegebenenfalls auf drei Dezimalen genau.

b) Unter Verwendung der bisherigen Ergebnisse ist nun der Graph von f zu zeichnen.
Hochformat DIN A4, Ursprung etwa in der Mitte des Blattes, 1 LE = 2 cm.

3. a) Man folgere aus dem Nullstellensatz für stetige Funktionen (Abschnitt 3.5), daß f im Intervall $J = [-2,5; -2]$ mindestens eine Nullstelle hat.
Aus welcher Eigenschaft der Funktion f folgt weiter, daß in J genau eine Nullstelle von f liegt?

b) Es ist nun das bei 3.a) angegebene Intervall zu halbieren und zu entscheiden, welche Hälfte die betrachtete Nullstelle von f enthält.

4. a) Aus den Symmetrieeigenschaften der in Teilaufgabe 1 angegebenen Funktionen ist folgende, für alle a $\in \mathbb{R}$ gültige Beziehung abzuleiten:

$$\int_{-a}^{a} f(x)\,dx = \int_{-a}^{a} u(x)\,dx$$

b) Welchen Wert hat das Integral

$$\int_{-a}^{a} f(x)\,dx?$$

9. Aufgabe[2]

1. Gegeben ist die Funktion

$$f: x \mapsto f(x) = 1 - \frac{8}{e^{2x} + 4}; \quad D_f = \mathbb{R}.$$

a) Man untersuche die Funktion bezüglich Nullstellen, Verhalten im Unendlichen und Monotonie. Welche Gleichungen haben die Asymptoten? Welches ist die Wertemenge W_f der Funktion f?

b) Welche Koordinaten hat der Wendepunkt des Graphen G_f der Funktion f? Wie groß ist die Steigung von G_f im Wendepunkt?

---

[1] Nach Abiturprüfung 1971, mathematisch-naturwissenschaftliche Gymnasien in Bayern.
[2] Nach Abiturprüfung 1975, mathematisch-naturwissenschaftliche Gymnasien in Bayern.

2. a) Zeige: Für alle $d \in \mathbb{R}$ gilt

$$f(\ln 2 - d) = -f(\ln 2 + d).$$

Welche Bedeutung hat diese Aussage für den Graphen der Funktion?

b) Man skizziere den Graphen G_f unter Verwendung der bisherigen Ergebnisse. 1 LE = 2 cm; $\ln 2 \approx 0{,}7$; Ursprung in Mitte Blatt DIN A 4.

3. a) Beweise: Für alle $x \in \mathbb{R}$ gilt die Ungleichung

$$1 - f(x) \leqq 2e^{-x}.$$

Hinweis: Es empfiehlt sich die Substitution $z = e^x$.

b) Mit Hilfe dieser Ungleichung ist nachzuweisen, daß der zwischen dem Graphen G_f und der Geraden h: $y - 1 = 0$ für $x \geqq 0$ sich ins Unendliche erstreckenden Fläche ein endlicher Inhalt zugeordnet werden kann.

4. a) Es soll gezeigt werden, daß $y = f(x)$ der Gleichung $y' = 1 - y^2$ genügt.

b) Man begründe, daß f eine Umkehrfunktion f^{-1} besitzt. In das bei 2.b) angelegte Koordinatensystem ist der Graph von f^{-1}: $x \mapsto f^{-1}(x)$ zu skizzieren. Welche Koordinaten hat der Schnittpunkt dieses Graphen mit der y-Achse?

c) Man ermittle ohne explizite Darstellung der Umkehrfunktion f^{-1} deren Ableitung $(f^{-1})'$.

10. Aufgabe[1]

1. Gegeben ist die Funktion

$$f: x \mapsto f(x) = \arccos \frac{2x}{x^2 + 1}; \quad D_f = D_{f(x)}.$$

a) Man zeige, daß $D_f = \mathbb{R}$ gilt. Welches Verhalten zeigt die Funktion f für $|x| \to \infty$?

b) Welche Koordinaten haben die Punkte, die der Graph G_f der Funktion f mit den Koordinatenachsen gemeinsam hat?

c) Zeige: Für $|x| \neq 1$ gilt:

$$f'(x) = \frac{2(x^2 - 1)}{|x^2 - 1| \cdot (x^2 + 1)}.$$

Welches Verhalten zeigt $f'(x)$ bei Annäherung an die Stellen $x = 1$ und $x = -1$? Welche Besonderheit muß demnach G_f in den Punkten mit diesen Abszissen aufweisen? Man bestimme die Intervalle, in denen f streng monoton zunimmt bzw. abnimmt.

d) Man schließe aufgrund der Ergebnisse von a) und c) auf die Extrempunkte von G_f und gebe den Wertebereich von f an.

e) Unter Verwendung der gefundenen Eigenschaften ist nun der Graph G_f zu skizzieren. Querformat DIN A 4; Ursprung in Blattmitte; 1 LE = 2 cm; $\pi \approx 3$.

2. Es wird nun die Integralfunktion

$$J: x \mapsto J(x) = \int_1^x f(t)\,dt; \quad D_J = \{x \mid x \geqq 1\}$$

betrachtet, wobei f die in Teilaufgabe 1 diskutierte Funktion ist.

a) Man weise ohne Berechnung des Integrals nach, daß die Funktion J in D_J genau eine Nullstelle hat und gebe diese an.

b) Der Graph G_f, die x-Achse und die Gerade g: $x - \sqrt{3} = 0$ schließen ein Flächenstück ein. Wie groß ist dessen Inhalt?

Hinweis: Man beginne mit partieller Integration.

---

[1] Nach Abiturprüfung 1975, mathematisch-naturwissenschaftliche Gymnasien in Bayern.

Ergänzungen und Ausblicke

Raummessung durch Integration

Schon im Geometrieunterricht der Mittelstufe haben wir verschiedentlich das Volumen eines Körpers als Supremum einer Menge von Rauminhalten einbeschriebener Teilkörper definiert, so z. B. den Rauminhalt einer Kugel als Supremum für die Inhalte von Körpern, die durch Rotation einer zum kugelerzeugenden Halbkreis gehörenden Folge einbeschriebener Sehnenvielecke entstehen.

Die Betrachtungen in Abschnitt 7 und 8 lassen vermuten, daß sich das Volumen eines Rotationskörpers durch ein Integral definieren läßt. Wir wollen dies am *Beispiel einer Halbkugel* genauer untersuchen:

Das im I. Quadranten liegende Bogenstück des Kreises um den Ursprung mit dem Radius r LE rotiere um die x-Achse und erzeuge so eine Halbkugel vom Radius r LE. Wir fassen das Kreisbogenstück als Graph der Funktion

$$f: x \mapsto f(x) = \sqrt{r^2 - x^2}; \; x \in [0; r]$$

auf und übertragen Fig. 7.4 sinngemäß auf den Viertelkreis. Dann erzeugen bei der Rotation um die x-Achse die blau gerasterten Rechtecke einen aus zylindrischen Scheibchen aufgebauten „inneren" Treppenkörper, die dahinter stehenden roten Rechtecke einen ebensolchen „äußeren" Treppenkörper (Fig. 18.1.).

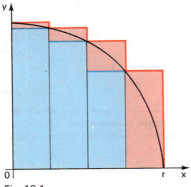

Fig. 18.1   Fig. 18.2

Wird das abgeschlossene Intervall [0; r] in n Teilabschnitte zerlegt, so besteht der innere Treppenkörper aus $n-1$ zylindrischen Scheibchen. Seine Volumenmaßzahl sei v_n. Der äußere Treppenkörper ist aus n zylindrischen Scheibchen aufgebaut. Seine Volumenmaßzahl sei V_n. Dann ist

$$v_n = \sum_{\mu=1}^{n-1} \pi\,[f(x_\mu)]^2 \cdot (x_{\mu+1} - x_\mu) \quad \text{und} \quad V_n = \sum_{\mu=1}^{n} \pi\,[f(x_\mu)]^2 \cdot (x_{\mu+1} - x_\mu).$$

Anschauungsgemäß gilt für die Maßzahl V des Volumens der Halbkugel

$$v_n < V < V_n$$

Wählen wir eine äquidistante n-Teilung des Intervalls [0; r], so folgt, wenn wir uns auf die Überlegungen in 7.2.2.B beziehen und in (7) ebendort a durch 0 und b durch r ersetzen:

$$\pi \cdot \frac{r}{n} \sum_{\mu=1}^{n-1} \left[f\left(\mu\,\frac{r}{n}\right) \right]^2 < V < \pi \cdot \frac{r}{n} \sum_{\mu=1}^{n} \left[f\left(\mu\,\frac{r}{n}\right) \right]^2$$

Mit $n \to \infty$ wäre dann zu definieren

$$V = \pi \int_0^r [f(x)]^2\,dx$$

Dieses Integral existiert. Denn unsere Funktion f ist in [0; r] definiert und stetig. Dann ist auch die Funktion f^2 in [0; r] definiert und nach dem Verknüpfungssatz in 3.5 ebenfalls stetig, womit die Voraussetzungen für Satz 3 in 8.1.2. erfüllt sind. Wir erhalten:

$$V = \pi \int_0^r (\sqrt{r^2 - x^2})^2 \, dx = \pi \int_0^r (r^2 - x^2) \, dx = \pi \left[r^2 x - \tfrac{1}{3} x^3 \right]_0^r = \tfrac{2}{3} r^3 \pi,$$

in Übereinstimmung mit dem auf elementargeometrischem Weg gefundenen Wert.

Wir verallgemeinern unsere Überlegungen und gelangen zu folgender Definition des Raum-inhalts eines Rotationskörpers (Fig. 18.2).

Definition:

> Es sei f: $x \mapsto f(x)$ eine im abgeschlossenen Intervall [a; b] definierte und stetige Funktion. Das von der x-Achse und dem Graphen von f in [a; b] begrenzte Flächenstück rotiere um die x-Achse. Dann entsteht ein Rotationskörper, dem die Raummaßzahl
>
> $$V = \pi \int_a^b [f(x)]^2 \, dx$$
>
> zugeordnet wird.

Beispiel: f: $x \mapsto \tfrac{1}{10}(x^2 + 1)$; $x \in [2; 5]$; 1 LE = 2 cm

$V = \pi \int_2^5 [\tfrac{1}{10}(x^2 + 1)]^2 \, dx = \tfrac{\pi}{100} [\tfrac{1}{5} x^5 + \tfrac{2}{3} x^3 + x]_2^5 = 6{,}996\,\pi \approx 21{,}98$

Der Rauminhalt des Rotationskörpers ist $21{,}98 \text{ RE} = 21{,}98 \cdot (1 \text{ LE})^3 = 175{,}8 \text{ cm}^3$

Aufgaben

1. Bekannte Rotationskörper

   Das zwischen dem Graphen der Funktion f: $x \mapsto f(x)$ und der x-Achse über [a; b] liegende Flächenstück rotiere um die x-Achse. Berechne die Raummaßzahl des entstehenden Rotations-körpers und vergleiche das Ergebnis mit eventuell bekannten Volumenformeln der Raumgeo-metrie!

   a) $f(x) = r$; a = 0; b = h   b) $f(x) = x$; a = 0; b = 3

   c) $f(x) = x$; a = 1; b = 6   d) $f(x) = \dfrac{R - r}{h} x + r$; a = 0; b = h

2. Weitere Rotationskörper

   a) Durch Drehung einer Parabel um ihre Achse entsteht ein *Rotationsparaboloid*. Zeige: Das Volumen eines über einem Kreis vom Radius r stehenden Rotationsparaboloides ist halb so groß wie das Volumen des ihm umbeschriebenen Zylinders.

   b) Durch Rotation der Ellipse mit der Gleichung $b^2 x^2 + a^2 y^2 - a^2 b^2 = 0$ um die x-Achse ent-steht ein *Rotationsellipsoid*. Berechne sein Volumen! Spezieller Fall: a = b = r.

   c) Der rechte Ast der gleichseitigen Hyperbel mit der Gleichung $x^2 - y^2 = 1$ rotiert um die x-Achse. Welchen Rauminhalt hat der Körper, der durch die Fläche zwischen x-Achse und Hyperbel über [2; 5] erzeugt wird?

   d) Der Graph der Relation $R = \{(x; y) \in \mathbb{R} \times \mathbb{R} \mid x^3 - 4x^2 - 25y^2 = 0\}$ rotiert zwischen x = 4 und x = 8 um die x-Achse. Es entsteht ein *glockenförmiger Hohlkörper*. Wie viele Liter Fassungs-vermögen hat er? 1 LE = 1 dm.

   e) Der Achsenschnitt eines *stromlinienförmigen Versuchskörpers* ist begrenzt durch eine Halb-ellipse und zwei Parabelbögen, deren Scheitel mit den Nebenscheiteln und deren Achsen mit der Nebenachse der Ellipse zusammenfallen. a sei die große Halbachse, b die kleine Halbachse der Ellipse, a + c die Gesamtlänge des Körpers.

(1) Zeichne den Achsenschnitt für a = 3, b = 2, c = 7! 1 LE = 1 cm.

(2) Berechne das Volumen allgemein und speziell für die angegebenen Werte!

3. Parameterdarstellungen

a) Der Graph der Funktion

$$f: t \mapsto \left\{ \begin{matrix} x = t^2 \\ y = 4t - t^3 \end{matrix} \right\rangle \quad t \in [-2; 2]$$

rotiert um die x-Achse. Berechne das Volumen des Rotationskörpers!

b) Zeige: Bei der Rotation des Zykloidenbogens zwischen t = 0 und t = 2π entsteht ein Hohl-körper, dessen Volumen gleich ist dem eines Zylinders mit dem Rollkreis als Grundfläche und seinem zweieinhalbfachen Umfang als Höhe.

4. Extremalprobleme

a) Gegeben sind die Gerade mit der Gleichung x − 2a = 0 und der Punkt P (a; b). Durch P soll eine nach rechts sich öffnende Parabel, deren Achse die x-Achse ist, so gelegt werden, daß das von der Geraden und der Parabel begrenzte Segment bei der Drehung um die x-Achse einen Körper von kleinstem Rauminhalt ergibt. Wie lautet die Gleichung der Parabel und wie groß ist V_{min} ?

b) Die vom Graphen der Funktion f: x ↦ f (x); x ∈ ℝ mit

$$f(x) = \frac{a}{(a+2)^2} x (2 - x), \quad (a \in \mathbb{R}^+ \text{ als Parameter})$$

und der x-Achse begrenzte Fläche rotiert um die x-Achse. Für welchen Wert von a nimmt das Volumen dieses Körpers einen größten Wert an? Wie lautet in diesem Fall die Funktion? Skizziere ihren Graphen mit 1 LE = 2 cm und gib den Wert von V_{max} an!

5. Der Torus

Durch Drehung eines Kreises um eine in der Kreisebene liegende, den Kreis aber nicht treffende Gerade entsteht ein Kreisringkörper (Torus). Fig. 18.3.

a) Zeige: Für das Volumen V des Torus, der durch Rotation eines Kreises vom Radius r um eine Gerade entsteht, deren Abstand vom Kreismittelpunkt gleich a [> r] ist, gilt:

$$V = 2\pi^2 r^2 a$$

b) Bestätige: Das Volumen des Torus ist gleich dem Produkt aus dem Inhalt der Kreisfläche und dem Weg ihres Schwerpunktes.

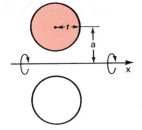

Fig. 18.3

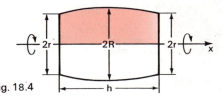

Fig. 18.4

6. Die Faßregel

Fig. 18.4 zeigt den Längsschnitt durch ein *Faß*, dessen Boden- und Deckfläche Kreise mit dem Durchmesser 2r sind. Der Spunddurchmesser ist 2R, die Faßhöhe h. Die Dauben sind Parabel-bögen. Zeige, daß das Volumen des Fasses gilt:

$$V = \frac{h\pi}{15} (8R^2 + 4Rr + 3r^2)$$

Spezieller Fall: R = r!

ANHANG

I. Didaktische Alternative zu Abschnitt 11.1.1. F [1]

F*: Identifizierung von L

a) Die Gesetze (5) bis (8) erinnern uns sehr an die logarithmischen Rechengesetze. Wir vermuten daher einen Zusammenhang zwischen der Funktion L mit der Gleichung $y = L(x)$ und der Logarithmusfunktion mit der Gleichung $y = \log_b x$. Auch der Verlauf des Graphen G_L deutet auf einen solchen hin. Um ihn aufzudecken, liegt es nahe, das Argument x als Potenz mit der Basis $b \in \mathbb{R} \setminus \{1\}$ darzustellen. Dann ist nach der Definition des Logarithmus

$$x = b^{\log_b x} \; ; \; [2]$$

und weiter nach (8)

$$L(x) = \log_b x \cdot L(b)$$

Zwischen den Funktionswerten $L(x)$ und den zu einer beliebigen Basis $b \in \mathbb{R} \setminus \{1\}$ genommenen Logarithmen von x besteht demnach Proportionalität. Durch geeignete Wahl der Basis können wir den Proportionalitätsfaktor $L(b)$ gleich 1 machen. Dazu brauchen wir die Basis $b = e$ nur so zu wählen, daß

$$L(e) = 1$$

wird (Fig. 11.3.) Dies ist sicher möglich, da $1 \in W_L$, die Funktion L stetig ist und streng monoton zunimmt (Fig. 11.3.). Damit gilt:

$$L(x) = \log_e x$$

Erkenntnis II*

> Die Funktion L ist identisch mit der Logarithmusfunktion zur Basis e, wobei e durch die Nebenbedingung $L(e) = 1$ festgelegt ist.

Aus Fig. 11.3. ist zu ersehen, daß $e \approx 2,7$ ist. Logarithmen zur Basis e heißen *natürliche Logarithmen*. Man schreibt

$$L(x) =: \ln x$$

und liest: Logarithmus naturalis x.

b) $\equiv 11.1.1.Fb)$

---

[1] Ist der Begriff des Logarithmus aus der Mittelstufe bekannt, so kann der Abschnitt 11.1.1.F durch F* ersetzt werden.

[2] Diese Schreibweise ist nach Algebra II, § 83 C in eindeutiger Weise für jedes $x \in \mathbb{R}^+$ möglich, sofern $b \neq 1$ ist.

II. Die Zehnerlogarithmen als Hilfsmittel für das numerische Rechnen

A. Die Tafel der Funktionswerte

Bei den Gleichungen (10) in 11.1.1.F kann L (u) als Exponent einer Potenz mit beliebiger, positiv-reeller, jedoch von 1 verschiedener Basis aufgefaßt werden. Auf den Zehnerlogarithmus übertragen, ergeben sich damit folgende Gesetze:

$$\lg (u \cdot v) = \lg u + \lg v \qquad \lg \left(\frac{u}{v}\right) = \lg u - \lg v \qquad \lg (u^r) = r \cdot \lg u, \; r \in \mathbb{R}$$

Definitionsgemäß ist $\lg 1 = 0$, $\lg 10 = 1$, $\lg 100 = 2$, $\lg 1000 = 3$, ..., $\lg 10^n = n$, $n \in \mathbb{Z}$. Wenden wir das erste und dritte Gesetz auf den Term $(u \cdot 10^n)$ an, so folgt:

$$\lg (u \cdot 10^n) = \lg u + \lg (10^n) = \lg u + n$$

Das heißt aber: Die Zehnerlogarithmen zweier Zahlen, die in dezimaler Schreibweise durch eine Kommaverschiebung ineinander übergehen, unterscheiden sich stets um eine ganze Zahl n

Beispiel: Weiß man, daß $\lg 9,95 = 0,9978$ ist, so folgt sofort:

$$\lg 99,5 \quad = \lg (9,95 \cdot 10^1) = 0,9978 + 1 \quad (= \;\; 1,9978)$$
$$\lg 995 \quad = \lg (9,95 \cdot 10^2) = 0,9978 + 2 \quad (= \;\; 2,9978)$$
$$\lg 995000 \quad = \lg (9,95 \cdot 10^5) = 0,9978 + 5 \quad (= \;\; 5,9978)$$
$$\lg 0,995 \quad = \lg (9,95 \cdot 10^{-1}) = 0,9978 - 1 \quad (= -0,0022)$$
$$\lg 0,000995 = \lg (9,95 \cdot 10^{-4}) = 0,9978 - 4 \quad (= -3,0022)$$

Die Zehnerlogarithmen setzen sich, wie man sieht, aus einem zwischen 0 und 1 liegenden Dezimalbruch, der sog. *Mantisse* und einem ganzzahligen Anteil, der sog. *Kennzahl* zusammen. Allgemein gilt:

für	$1 \leqq u < 10$	hat $\lg u$ die Kennzahl 0
für	$10 \leqq u < 100$	hat $\lg u$ die Kennzahl 1
für	$100 \leqq u < 1000$	hat $\lg u$ die Kennzahl 2

. . . .

für	$0,1 \leqq u < 1$	hat $\lg u$ die Kennzahl -1
für	$0,01 \leqq u < 0,1$	hat $\lg u$ die Kennzahl -2

. . . .

Den Dezimalteil der Mantissen finden wir im TW auf S. 25–33 mit einer Genauigkeit von vier Stellen. Bevor man zu einer Zahl (dem sog. *Numerus*) in der Tabelle den Logarithmus sucht, bestimmt man die Kennzahl. Nach obigem gilt folgende

Regel:

(I) Ist der Numerus größer als 1, so ist die Kennzahl um 1 kleiner als die Anzahl der Stellen vor dem Komma.

(II) Ist der Numerus kleiner als 1, so ist die Kennzahl negativ. Ihr Betrag ist gleich der Zahl der Nullen vor der ersten geltenden Ziffer (die Null vor dem Komma mitgerechnet).

Beispiele:	a) $\lg 134{,}2 = 2{,}1278$	(TW S. 25)
	b) $\lg 35{,}09 = 1{,}5452$	(TW S. 27)
	c) $\lg 6000 = 3{,}7782$	(TW S. 30)
	d) $\lg 0{,}7605 = 0{,}8811 - 1$	(TW S. 31)
	e) $\lg 0{,}0013 = 0{,}1139 - 3$	(TW S. 25)
	f) $\lg 549689 \approx \lg 549700 = 5{,}7401$	(TW S. 29)

Hat man zu einem vorgegebenen Logarithmus den Numerus zu ermitteln (,,Deloga-rithmieren''), so bestimmt man mit Hilfe der Mantisse zuerst die Ziffernfolge für den Numerus und setzt mit Hilfe der oben angegebenen Regel nachträglich das Komma oder hängt nötigenfalls Nullen an.

Beispiele:	a) $\lg x = 1{,}2433 \Rightarrow x = 17{,}51$	(TW S. 25)
	b) $10^{4{,}5999} = 39800$	(TW S. 27)
	c) $\lg x = 0{,}7667 - 1 \Rightarrow x = 0{,}5844$	(TW S. 29)
	d) $10^{0{,}5552 - 3} = 0{,}003591$	(TW S. 27)

Negative Logarithmen müssen stets auf die Form $0, \dots -1$, bzw. $0, \dots -2, \dots$ ge-bracht werden.

Beispiele:	a) $\lg x = -1{,}4267 = 0{,}5733 - 2 \Rightarrow x = 0{,}3744$
	b) $10^{-4{,}2405} = 10^{0{,}7595 - 5} = 0{,}00005748$

Tritt eine Mantisse in der Tafel mehrfach auf, so ist beim Delogarithmieren derjenige Wert zu bevorzugen, der durch einen rechts hochgestellten Punkt gekennzeichnet ist.

Beispiele:	a) $\lg x = 0{,}7672 \Rightarrow x = 5{,}851$
	b) $10^{2{,}99} = 10^{2{,}9900} = 977{,}2$

Tritt die Mantisse in der Tafel nicht auf, so rundet man sie auf die nächstliegende, in der Tafel enthaltene Nachbarmantisse.

Beispiele:	a) $\lg x = 3{,}2449 \Rightarrow x = 1758$
	b) $10^{0{,}3} = 10^{0{,}3000} = 1{,}995$

Ist die Mantisse das arithmetische Mittel zweier Tafelwerte, so rundet man sie auf denjenigen Tafelwert, der zu einer *geraden* Endziffer des Numerus gehört. Auf diese Weise gleichen sich die bei einer längeren Rechnung entstehenden Rundungsfehler aus.

Beispiele:	a) $\lg x = 0{,}2213 \Rightarrow x = 0{,}01664$
	b) $10^{3{,}2449} = 1758$

In der Wahrscheinlichkeitsrechnung werden häufig die Logarithmen von $n!$ benötigt. Sie sind auf S. 56 des TW tabelliert.

Beispiel:	$\lg 41! = 49{,}5244$

B. Beispiele zum numerischen Rechnen

1. Beispiel:	$10^{\pi} = x$
	$\lg x = \pi \cdot \lg 10 = 3{,}1416$
	$x = 1386$

2. Beispiel: $\sqrt[12]{2} = x$

$\lg x = \frac{1}{12} \lg 2 = \frac{1}{12} \cdot 0,3010 = 0,0251$

$x = 1,060$

3. Beispiel: $45! = 10^{\lg 45!} = 10^{56,0778} = 10^{0,0778} \cdot 10^{56} = 1,196 \cdot 10^{56};$ [1]

4. Beispiel: $\binom{60}{18} = \dfrac{60!}{18! \, 42!} = x$

$\lg x = \lg 60! - (\lg 18! + \lg 42!)$

$\quad\quad = 81,9202 - (15,8063 + 51,1477) = 14,9662$

$\quad x = 9,175 \cdot 10^{14}$

5. Beispiel: Die Wahrscheinlichkeit, daß ein Spieler beim Zahlentoto „6 aus 49" fünf „Richtige" hat, ist: [2]

$$\frac{\binom{6}{5} \cdot \binom{43}{1}}{\binom{49}{6}} = \frac{6 \cdot 43 \cdot 6! \cdot 43!}{49!}$$

Numerische Rechnung:

Num.	lg
6	0,7782
43	1,6335
6!	2,8573
43!	+ 52,7811
	58,0501
49!	− 62,7841

$1,845 \cdot 10^{-5} \Leftarrow \quad 0,2660 - 5$

Ergebnis: Die Wahrscheinlichkeit beträgt 0,001845%.

Aufgaben

1. a) $\lg 100,5$ b) $\lg 98,37$ c) $\lg 1,32$ d) $\lg 0,53$ e) $\lg 0,08$

2. a) $10^{1,2014}$ b) $10^{0,0742}$ c) $10^{0,5799-2}$ d) $10^{0,54}$ e) $(0,1)^{0,5}$

3. a) $2^{2,5}$ b) $0,95^{19}$ c) $\sqrt[3]{\pi}$ d) $e^{5,5}$ e) $e^{-\pi}$

Hinweis: Es ist die Umwandlung in eine Potenz zur Basis 10 angezeigt.

4. a) $2,62^2 \cdot \pi$ b) $\dfrac{3,71 \cdot 0,6285}{1,982}$ c) $\sqrt{\dfrac{161,1}{0,17}}$ d) $\left(\dfrac{1,25 \cdot 4,38}{0,6888}\right)^{0,1}$

5. a) $40!$ b) $\dfrac{50!}{25!}$ c) $\dfrac{29!}{5!\,(8!)^3}$ d) $30 \cdot 31 \cdot 32 \cdot 33 \cdot \ldots \cdot 55$

Hinweis zu d): Man erweitere den Term mit 29! zu einem Bruch.

6. a) $\binom{64}{24}$ b) $\binom{75}{30}$ c) $\binom{32}{8}\binom{24}{8}\binom{16}{8}\binom{8}{8}$ d) $\dfrac{\binom{96}{19}}{\binom{100}{20}}$ e) $\dfrac{\binom{6}{4}\binom{43}{2}}{\binom{49}{6}}$

---

[1] Fakultäten und Binomialkoeffizienten lassen sich auch mit Taschenrechnern der oberen Preisklasse ermitteln.

[2] Man vergleiche hierzu Heigl-Feuerpfeil, Stochastik, Leistungskurs, Beispiel 5.9.

7. Beim Zahlenlotto „6 aus 49" werden bei jeder Ausspielung etwa 80 Millionen Totoscheine ab-
gegeben. Die Wahrscheinlichkeit, daß bei einer Ausspielung „keine sechs Richtigen" vorkommen, ist:

$$\left(1 - \frac{1}{\binom{49}{6}}\right)^{80 \cdot 10^6} \approx \left(1 - \frac{1}{14 \cdot 10^6}\right)^{80 \cdot 10^6}$$

Zeige, daß die Wahrscheinlichkeit etwa $3{,}3\,^0/_{00}$ beträgt!

Hinweis: Mit $v = 14 \cdot 10^6$ läßt sich der Exponent so umformen, daß mit sehr guter Näherung die
erste Formel von Aufgabe 9 in Abschnitt 11.1.1.G verwendet werden kann.

8. Gib die Lösungsmenge in der Grundmenge $\mathbb{R}$ an!

   a) $10^x = 0{,}6$ b) $1{,}025^x = 2$ c) $\log_4 x = 3{,}2297$

   d) $3^x = 2^{x+1}$ e) $x^{\lg x} = 10^4$ f) $x^{\lg x} = 1000 x^2$

9. Gib jeweils die kleinste natürliche Zahl an, die die Ungleichung erfüllt!

   a) $1{,}25^n > 10^6$ b) $0{,}4^n < 10^{-7}$ c) $\left(\frac{7}{8}\right)^n < 2 \cdot 10^{-4}$

III. Aus der Geschichte der Infinitesimalrechnung

Im Unterricht der letzten Jahre kamen bereits mehrfach Probleme der Infinitesimalrechnung zur Sprache, Probleme also, die zu ihrer einwandfreien Lösung einen Grenzprozeß erfordern. Die wichtigsten davon sind: Unendliche Dezimalbrüche, Existenz von $\sqrt{2}$, Irrationalzahlen, Inkommensurabilität zweier Strecken, Umfang und Fläche des Kreises, Volumen von Zylinder, Pyramide, Kegel und Kugel, Cavalierisches Prinzip. Diese und viele andere Probleme der Infinitesimalrechnung wurden schon lange vor Leibniz und Newton, die im allgemeinen als die Entdecker der Infinitesimalrechnung gelten, gelöst.

Schon im 5. Jahrhundert v. Chr. wurden von Demokrit (etwa 460–370) und Bryson von Herakleia (um 410 v. Chr.) und anderen Denkern infinitesimale Probleme betrachtet und teilweise auch gelöst: Die Berechnung der Kreisfläche und die Bestimmung von Zylinder-, Pyramiden-, Kegel- und Kugelvolumen. Diese Körper dachte man sich in sehr dünne Scheiben zerschnitten. Man verwendete also bereits integrationsartige Verfahren. In das gleiche Jahrhundert fiel die Entdeckung des Irrationalen, die die griechische Mathematik und Philosophie aufs stärkste erschütterte.

Eudoxos von Knidos (etwa 408–355) gelang es, durch seine Exhaustionsbeweise einwandfreie Begründungen für die schon bekannten Inhaltsbestimmungen zu geben. Seine Proportionenlehre nimmt bereits den Dedekindschen Schnitt vorweg. Aristoteles (384–322) führte schon die Summation einer unendlichen geometrischen Reihe durch, wobei die genauen Konvergenzbedingungen angegeben wurden. Auch seine Betrachtungen über die Stetigkeit des Kontinuums und über das Unendliche wurden bedeutsam für die Mathematik.

Im 3. Jahrhundert v. Chr. war es Archimedes von Syrakus (287–212), der für die Infinitesimalrechnung die bedeutendsten Beiträge der Antike lieferte. Bekannt sind vor allem seine einwandfrei begründete Parabelquadratur und seine Kreismessung. Er bestimmte Oberfläche und Inhalt der Kugel und anderer Körper, besonders der Rotationskörper. Dabei löste er im Prinzip bereits schwierige Integrale. In diesem Zusammenhang ist seine Schrift „ἔφοδος" (Zugang) interessant (sie wurde erst 1906 wiedergefunden), in der er Lösungswege für verschiedene seiner Ergebnisse beschrieben hat. Diese mechanischen und atomistischen Überlegungen, die er selbst nicht als mathematisch streng betrachtete, haben sich später als fruchtbar erwiesen. Erst nachträglich sicherte er die Ergebnisse durch unanfechtbare Beweise.

Im 15. und 16. Jahrhundert waren die Schriften der großen griechischen Mathematiker, meist in lateinischen Übersetzungen, wieder bekannt geworden. Bald beschränkte man sich nicht nur auf das Verstehen, Übersetzen und Interpretieren der griechischen Vorbilder, sondern fügte die ersten neuen Ergebnisse hinzu. Dabei konnte man auch auf das aufbauen, was inzwischen von Arabern, Persern und Indern entdeckt worden war. So erzielte man erst im 17. Jahrhundert wesentliche Fortschritte in der Mathematik, die über die Erkenntnisse zur Zeit des Archimedes hinausführten. Schwerpunktsbestimmungen und Quadraturen, dann auch Volumenberechnungen und Extremwerte waren die infinitesimalen Probleme, denen man sich zuwandte. Die bedeutendsten Forscher auf diesem Gebiet waren zunächst François Viète (1540–1603), Johannes Kepler (1571–1630), Bonaventura Cavalieri (1591–1647) und René Descartes (1596–1650).

Gleichzeitig vollzog sich auch ein Wandel in der Darstellung und Auffassung der Mathematik. Die rein geometrische Darstellung der Griechen und die schwerfällige verbale Form wurden durch eine analytische, algorithmische Form abgelöst. Das Rechnen mit Buchstaben und neue Rechenzeichen wurden eingeführt. Allgemeine Methoden traten an die Stelle von vielen Einzeluntersuchungen.

Bedeutende Fortschritte erzielten Evangelista Torricelli (1608–1647), P. de Roberval (1602–1675), Blaise Pascal (1623–1662) und Christian Huygens (1629–1695). Verschiedene Kurven wurden untersucht, Wendepunkte, Längen-, Flächen- und Rauminhalte bestimmt. Pierre de Fermat (1601–1665) kannte die Integration der Potenzen mit ganzzahligen und gebrochenen Exponenten, stellte Bedingungen für die Art der Extremwerte und für Wendepunkte auf, beherrschte zahlreiche Integrationsregeln und vieles andere. Auch das Tangentenproblem rückt jetzt stärker in den Vordergrund. James Gregory (1638–1675), Fermat und Isaac Barrow (1630–1677) arbeiteten schon mit vielen Sätzen der Differentialrechnung. Isaac Barrow entdeckte den Fundamentalsatz der Integralrechnung, die Tatsache also, daß das Tangenten- und das Quadraturproblem zueinander invers sind. Er nützte diesen Satz allerdings noch kaum zur Gewinnung von Integralformeln aus. Barrow, ursprünglich Theologe, trat mit 39 Jahren, nach der Veröffentlichung seiner Arbeit „lectiones geometricae", in der seine großen Ergebnisse stehen, sein Lehramt in Cambridge an seinen genialen Schüler Newton ab und ging als Geistlicher nach London.

Isaac Newton (1643–1727), Sohn eines Gutspächters, studierte zunächst Philosophie und wandte sich erst gegen Ende seines Studiums 1664 der Mathematik zu. Bereits als 23jähriger hatte er die wesentlichen Erkenntnisse der Gravitationstheorie, der Reihenlehre und die Differential-Integralrechnung, die er Fluxionenlehre nannte, abgeschlossen. Er ging in seinen Betrachtungen von der Bewegungslehre aus. Die Ableitung bedeutet die Geschwindigkeit eines Punktes. Er nannte sie Fluxion und bezeichnete sie mit $\dot{u}$, $\dot{x}$, $\dot{y}$ oder $\dot{z}$. In seinem 1670/71 verfaßten, aber erst 1736 veröffentlichten Werk schrieb Newton: „Was in diesen Fragen schwierig ist, kann auf folgende beiden Probleme zurückgeführt werden ...

I. Gegeben die Länge des durchmessenen Weges in jedem Zeitmoment. Zu finden die Geschwindigkeit der Bewegung zu einer gegebenen Zeit.

II. Wenn die Geschwindigkeit zu jeder Zeit gegeben ist, die Länge des beschriebenen Weges zu finden zu einer gegebenen Zeit.

Newton faßte die von seinen Vorgängern erarbeiteten Ergebnisse der Infinitesimalrechnung zusammen, erweiterte sie und zeigte, wie man mit diesen neuen Erkenntnissen arbeiten konnte; dabei löste er viele neue Probleme.

Gottfried Wilhelm Leibniz (1646–1716) war der Sohn eines Universitätsprofessors. Dank seiner ausgezeichneten Begabung – mit 8 Jahren verstand er schon die Liviustexte – konnte er mit 15 Jahren sein Rechtsstudium beginnen, mit 17 Jahren erwarb er das Baccalaureat mit einer Abhandlung über Logik, mit 20 Jahren veröffentlichte er seine philosophische Dissertation. Im Laufe seines Lebens leistete er auf ganz verschiedenen Gebieten Bedeutendes (Philosophie, Physik, Staatslehre, Rechtslehre, Geschichts- und Sprachwissenschaft). Mit der Mathematik kam er 1672 in Paris, wo er auf Grund eines diplomatischen Auftrages bis 1676 weilte, vor allem durch Huygens, in Berührung. 1673 führte er in London eine von ihm erfundene Rechenmaschine vor und wurde Mitglied der Royal Society. Bereits in Paris hatte er die Differential- und Integralrechnung im wesentlichen fertig entworfen. Die Anregung hierzu fand er vor allem in den Schriften von Pascal. Er kam im Gegensatz zu Newton von der Geometrie, vom Tangentenproblem her, zur Infinitesimalrechnung. Das gesamte Wissen seiner

Zeit über dieses Gebiet faßte er, ähnlich wie Newton, zusammen. Darüber hinaus erkannte er, wie notwendig eine geeignete Schreibweise ist, die das Wesentliche in knapper Form ausdrückt und eine bequeme Handhabung ermöglicht. So entwickelte er den Kalkül, der sich rasch durchsetzte und auch heute noch fast unverändert in Gebrauch ist. Er selbst und seine Anhänger, wie Jakob (1654–1705) und Johann Bernoulli (1667–1748) und auch de L'Hospital (1661–1704) wandten den Kalkül auf zahlreiche Probleme der Geometrie, der Mechanik und anderer Gebiete an und bauten ihn weiter aus.

Im Laufe des 17. Jahrhunderts war es verschiedentlich zu Streitigkeiten über Erstentdeckungen zwischen den Gelehrten Englands einerseits und denen des Festlands andererseits gekommen. In besonders scharfer Form entstand nun ein Prioritätsstreit um die Entdeckung der Infinitesimalrechnung. Leibniz wurde des Plagiats beschuldigt. Erst viel später gelang es der historischen Forschung, einwandfrei zu klären, daß Newton und Leibniz unabhängig voneinander zu ihren Ergebnissen kamen, Newton allerdings einige Jahre früher. Beide bauten aber auf vielen Ergebnissen von Vorgängern auf, so daß man auch noch andere, vor allem Fermat, Gregory und Barrow zu den Entdeckern zählen kann. Der Kalkül ist allein die Leistung von Leibniz.

Das 18. Jahrhundert brachte eine stürmische Entwicklung der Infinitesimalrechnung. Die bekanntesten Mathematiker in dieser Zeit waren Brook Taylor (1685–1731), Leonhard Euler (1707–1783), Joseph Louis Lagrange (1736–1813), Pierre Simon Laplace (1749–1827). Auf ihre Forschungsergebnisse kann im Rahmen des Schulunterrichts nicht eingegangen werden.

Im 19. Jahrhundert stellte sich heraus, daß man es über der Fülle der neuen Entdeckungen manchmal an der notwendigen Sorgfalt bei den Begründungen hatte fehlen lassen. Der Gültigkeitsbereich der Sätze war nicht scharf abgegrenzt. Widersprüche tauchten auf. Neben der Weiterentwicklung ging man nun daran, der Infinitesimalrechnung eine logisch einwandfreie Grundlage zu geben und einen exakten Aufbau nachzuholen. Augustin Louis Cauchy (1789–1857), Carl Friedrich Gauß (1777–1855) und andere wiesen auf die kritischen Stellen im Aufbau und in der Anwendung der Infinitesimalrechnung hin. Es zeigte sich, daß die Funktion, die bisher entweder als geometrische Linie oder als analytischer Rechenausdruck verstanden wurde, unzulänglich definiert war. P. G. Lejeune Dirichlet (1805–1859) bezeichnete in moderner Weise die Funktion als Zuordnung.

Die Präzisierung des Begriffs der stetigen Funktion geht auf Bernard Bolzano (1781 bis 1848) zurück, während Richard Dedekind (1831–1916) zeigen konnte, daß sich die Infinitesimalrechnung auf den Eigenschaften der reellen Zahlen aufbaut, die er mit seinen „Dedekindschen Schnitten"[1] exakt erfaßte. Bernhard Riemann (1826–1866) schließlich gab eine Neufassung der Begriffe der Integrierbarkeit und des Integrals, die allerdings später noch verallgemeinert wurden. Den Riemannschen Integralbegriff verwenden wir in diesem Buch.

---

[1] Die Eigenschaften des Dedekindschen Schnittes sind mit der Vollständigkeitseigenschaft der reellen Zahlen gleichwertig.

Sach- und Namenverzeichnis

Weitere Bände aus der bsv Mathematik

Hans Honsberg	**Lineare Geometrie** – Grundkurs ISBN 3-7627-3065-2 Lösungen ISBN 3-7627-3269-8
Franz Jehle, Klaus Spremann, Herbert Zeitler	**Lineare Geometrie** – Leistungskurs ISBN 3-7627-3095-4 Lösungen ISBN 3-7627-3096-2
Helmut Dittmann	**Komplexe Zahlen** ISBN 3-7627-3270-1 Lösungen ISBN 3-7627-3216-7
Franz Jehle	**Boolesche Algebra** ISBN 3-7627-3227-2 Lösungen ISBN 3-7627-3320-1
Friedrich L. Bauer, Karl Weinhart	**Informatik** ISBN 3-7627-3060-1 Lösungen ISBN 3-7627-3144-6
Klaus Flensberg, Ilse Zeising	**Praktische Informatik** ISBN 3-7627-3058-X Lösungen ISBN 3-7627-3148-9
Friedrich L. Bauer	**Andrei und das Untier** 6 Lektionen in Informatik ISBN 3-7627-3047-4

Einführung in Statistik und Wahrscheinlichkeitsrechnung

Rainer Feuerpfeil, Franz Heigl, Helmut Volpert	**Stochastik** – Grundkurs ISBN 3-7627-3063-6 Lösungen ISBN 3-7627-3064-4
Franz Heigl Rainer Feuerpfeil	**Stochastik** – Leistungskurs ISBN 3-7627-3291-4 Lösungen ISBN 3-7627-3062-8

Angewandte Mathematik für elektronische Rechenanlagen

Manfred Feilmeier Hansjörg Wacker	**Numerische Mathematik** ISBN 3-7627-3093-8 Lösungen ISBN 3-7627-3094-6

bsv Bayerischer Schulbuch-Verlag · München · Hubertusstraße 4